"Uma contribuição valiosa para ajudar os casais no enfrentamento de um dos piores problemas de um relacionamento."

John M. Gottman, PhD, autor de
*Oito conversas para uma vida inteira de amor*

"A mágoa continuou por uma eternidade, mas nosso casamento era valioso demais para que simplesmente desistíssemos. O mais importante foi nosso empenho em entender o que aconteceu e como superá-lo. Não teríamos conseguido sem as orientações deste livro."

Ann e Patrick O.

"Há por aí muitos conselhos simplistas e cheios de julgamentos sobre como lidar com uma traição, e é difícil encontrar um livro como este. É, de longe, o recurso mais importante para ajudar a entender o significado da traição e tomar decisões saudáveis para seguir em frente."

Barry McCarthy, PhD, coautor de *Rekindling Desire*

"Depois da descoberta, foi um turbilhão de emoções. O passo a passo deste livro nos proporcionou um método estruturado e cuidadoso para enfrentar os primeiros meses e entender como chegamos a esse ponto crítico em nosso casamento. Superamos um período muito difícil e agora temos um relacionamento mais forte, graças ao entendimento que alcançamos sobre nós individualmente e como casal. Sem sombra de dúvidas, as estratégias deste livro salvaram nosso casamento!"

John e Sarah H.

"Se você está triste por conta de uma traição, este livro pode ajudar na sua recuperação oferecendo esperança, direção e clareza. Esta edição aprimora um recurso já clássico, tornando-o ainda mais valioso para casais de origens e tipos de relacionamento diversos. Este é o livro que eu recomendo para qualquer pessoa que tenha passado por uma traição."

Anthony L. Chambers, PhD, membro do
American Board of Professional Psychology,
ex-presidente da American Academy of Couple and Family Psychology

"Um livro poderoso para qualquer casal que esteja enfrentando as consequências de uma traição. É um guia indispensável para lidar com emoções dolorosas e dar sentido ao caos. Se você estiver se sentindo muito sozinho, este livro pode ajudar a encontrar maneiras de sentir que alguém compreende você."

Rhonda Goldman, PhD, Departamento de Psicologia Clínica, Chicago School of Professional Psychology

"Um livro reflexivo, empático e prático. Os autores conduzem o leitor pelas fases cruciais tanto da descoberta quanto da recuperação da infidelidade. Se você traiu ou foi traído, este livro é para você."

Andrew Christensen, PhD, coautor de *Diferenças reconciliáveis*

"Este livro excepcional é o melhor recurso disponível sobre o tema. Os autores são especialistas renomados com décadas de experiência prática no aconselhamento de casais. Recomendo esta obra a todos que lutam para superar o turbilhão que a infidelidade causa e alcançar uma vida melhor."

William J. Doherty, PhD, autor de *Take Back Your Marriage*

"[Os autores] desenvolveram um programa para ajudar casais a superar a infidelidade, entender o que aconteceu e considerar suas melhores opções. Um dos capítulos é particularmente útil por dar sugestões de como conversar com filhos, familiares e amigos. É repleto de estudos de caso e exemplos para aplicar as estratégias. Recomendamos."

*Library Journal*

"O livro orienta tanto a pessoa que sofreu como a que cometeu a infidelidade, propondo questionamentos instigantes sobre suas vivências. Uma atmosfera subjacente de esperança atravessa suas páginas."

*Journal of Couple and Relationship Therapy*

"Um tesouro de sabedoria clínica solidamente embasado em pesquisa científica. Um livro profundamente empático."

*The Family Psychologist*

# SUPERANDO A INFIDELIDADE

| S675s | Snyder, Douglas K. |
|---|---|
| | Superando a infidelidade : como enfrentar, se recuperar e seguir em frente – juntos ou separados / Douglas K. Snyder, Kristina Coop Gordon, Donald H. Baucom ; tradução : Luísa Branchi Araújo ; revisão técnica : Denise Falcke. – 2. ed. – Porto Alegre : Artmed, 2025. |
| | xii, 296 p. ; 23 cm. |
| | ISBN 978-65-5882-247-9 |
| | 1. Psicoterapia conjugal. 2. Infidelidade. 3. Emoções. I. Gordon, Kristina Coop. II. Baucom, Donald H. III. Título. |
| | CDU 316.856:159.97-055.2 |

Catalogação na publicação: Karin Lorien Menoncin – CRB 10/2147

Douglas K. Snyder

Kristina Coop Gordon

Donald H. Baucom

# SUPERANDO A INFIDELIDADE

Como enfrentar, se recuperar e seguir em frente — juntos ou separados

2ª edição

**Tradução**
Luísa Branchi Araújo

**Revisão técnica**
Denise Falcke
Psicóloga. Professora adjunta do Programa de Pós-graduação em Psicologia da Universidade do Vale do Rio dos Sinos. Mestra e Doutora em Psicologia pela Pontifícia Universidade Católica do Rio Grande do Sul.

artmed

Porto Alegre
2025

Obra originalmente publicada sob o título *Getting Past the Affair: A Program to Help You Cope, Heal, and Move On Together or Apart*, 2nd Edition

ISBN 9781462547487

Copyright © 2023 The Guilford Press
A Division of Guilford Publications, Inc.

Coordenadora editorial: *Cláudia Bittencourt*

Editor: *Lucas Reis Gonçalves*

Capa: *Paola Manica | Brand&Book*

Preparação de original: *Adriana Lehmann Haubert*

Leitura final: *Nathália Bergamaschi Glasenapp*

Editoração: *Matriz Visual*

Reservados todos os direitos de publicação, em língua portuguesa, ao
GA EDUCAÇÃO LTDA.
(Artmed é um selo editorial do GA EDUCAÇÃO LTDA.)
Rua Ernesto Alves, 150 – Bairro Floresta
90220-190 – Porto Alegre – RS
Fone: (51) 3027-7000

SAC 0800 703 3444 – www.grupoa.com.br

É proibida a duplicação ou reprodução deste volume, no todo ou em parte, sob quaisquer formas ou por quaisquer meios (eletrônico, mecânico, gravação, fotocópia, distribuição na Web e outros), sem permissão expressa da Editora.

IMPRESSO NO BRASIL
*PRINTED IN BRAZIL*

# Autores

**Douglas K. Snyder, PhD,** é professor de Ciências Psicológicas e do Cérebro da Universidade Texas A&M, onde foi diretor de treinamento clínico por 20 anos. Pesquisador premiado, é terapeuta de casais em seu consultório particular.

**Kristina Coop Gordon, PhD,** é reitora associada da Universidade do Tennessee, onde anteriormente foi professora da Faculdade de Artes e Ciências e diretora de treinamento clínico do Departamento de Psicologia. Acadêmica e docente premiada, tem um consultório particular especializado em terapia de casais.

**Donald H. Baucom, PhD,** é Professor Emérito de Psicologia e Neurociência pela Universidade da Carolina do Norte, em Chapel Hill. É um dos criadores da terapia cognitivo-comportamental para casais, professor e mentor premiado e oferece terapia de casais em seu consultório particular.

*A todos os casais que compartilharam conosco suas
batalhas mais íntimas para se recuperar de uma traição.
Seus relatos de superação e êxito mostram como o amor,
a dedicação e o esforço são importantes para a recuperação.*

# Agradecimentos

Este livro é fruto de décadas de prática clínica, nossa própria pesquisa empírica e discussões com colegas próximos sobre como ajudar casais que estão tentando se recuperar de uma traição. Desde a sua 1ª edição, publicada em 2007, esta obra orientou dezenas de milhares de casais em seu processo de recuperação e recebeu o selo de mérito da Associação de Terapias Comportamentais e Cognitivas. Também publicamos, em 2009, um livro complementar destinado a profissionais da saúde mental e outros terapeutas que auxiliam casais a se recuperar de uma traição, de modo que milhares já foram capacitados a apoiar na restauração de casais com base nesses recursos.

Nos 16 anos desde a 1ª edição, o caminho para a recuperação se manteve praticamente inalterado, embora a natureza dos relacionamentos amorosos e das traições tenha evoluído. Relações que não se encaixam no modelo tradicional de casais heterossexuais casados se tornaram mais públicas e frequentes. As novas tecnologias facilitam o envolvimento secreto com alguém fora do relacionamento. As mídias sociais aumentam a chance de o trauma da traição se tornar público, o que pode dificultar ainda mais a recuperação. Esta edição reflete esses desenvolvimentos de forma direta e intencional.

Os casos aqui apresentados foram selecionados das nossas pesquisas e da nossa prática clínica e refletem uma diversidade muito mais ampla de casais em termos de relacionamento, etnia e cultura. Em todos os casos, os nomes e as informações de identificação foram alterados.

Ao longo do caminho, várias pessoas nos incentivaram e ajudaram a finalizar este trabalho. Agradecemos aos nossos editores da The Guilford Press, especialmente Kitty Moore. Seu encorajamento e sua paciência se mantiveram mesmo diante de prazos tão apertados. Kitty e seu colega

Chris Benton nos ajudaram na revisão da 1ª edição. O apoio e o incentivo de nossos colegas, alunos e clientes foram vitais. Muitas vezes, nossas reflexões foram enriquecidas por debates acalorados sobre mágoas em relacionamentos, perdão e estratégias para promover a recuperação.

Somos particularmente gratos a Emily Carrino, uma psicóloga clínica talentosa e promissora da Universidade da Carolina do Norte. Seu olhar único e seus comentários ponderados se refletem de maneira importante nesta edição revisada. Emily contribuiu com suas percepções e sua grande sabedoria sobre a natureza mutável dos relacionamentos, as tecnologias emergentes e as considerações especiais para casais não tradicionais, o que enriqueceu muito esta edição.

Acima de tudo, somos muito gratos pelo incentivo incansável de nossos companheiros, sem o qual este livro não seria possível. Sua compreensão e seu amor durante a realização da 1ª e da 2ª edições nos fortaleceram e ampararam nos momentos mais difíceis. Agradecemos por compartilharem conosco o melhor que um relacionamento íntimo pode oferecer.

# Sumário

Introdução     1

## PARTE I
## Como parar de sofrer?

1. O que está acontecendo com a gente?     11
2. Como enfrentar o dia a dia?     30
3. Como conversar?     53
4. Como lidar com os outros?     77
5. Como cuidar do nosso bem-estar?     100

## PARTE II
## Como tudo aconteceu?

6. Será que o problema estava no nosso relacionamento?     117
7. O que o mundo ao nosso redor teve a ver com isso?     150
8. Como a pessoa que amo pôde fazer isso?     167
9. Qual foi o meu papel?     191
10. Como entender toda a situação?     212

## PARTE III
## Como seguir em frente?

| 11 | Como superar a dor? | 227 |
| 12 | O relacionamento tem salvação? | 251 |
| 13 | O que está por vir? | 271 |

| Recursos extras | 279 |
| Índice | 283 |

# Introdução

*Erin sentou-se imóvel na frente do notebook. Não fazia ideia de quanto tempo tinha ficado ali, apenas olhando para a tela, incrédula. "Não vejo a hora de ver você de novo. Você mudou a minha vida. Finalmente encontrei minha alma gêmea." Uma mulher chamada Amber mandou essa mensagem para o marido de Erin. Ela mal conseguia entender o que tinha acabado de ler. Sua mente desligou, e ela ficou paralisada. Aquele momento tão breve mudaria sua vida para sempre. Sentiu-se traída e completamente destruída.*

Se você já passou pela descoberta de que seu par teve um relacionamento extraconjugal, provavelmente sabe como Erin se sente. A avalanche de sentimentos dolorosos que surgem pode tornar difícil seguir em frente e realizar as tarefas básicas do dia a dia. A enxurrada de pensamentos conflitantes sobre como isso pôde acontecer — e os *flashbacks* e questionamentos persistentes sobre o que realmente aconteceu — pode ser tão perturbadora que você não consegue fazer nada. Quando pensa em como *deveria* reagir, as únicas soluções que vêm à mente são clichês dignos de novela que você sempre achou ridículos. Então, o que você *deve* fazer? Como dar sentido a isso e reconstruir sua vida?

Escrevemos este livro para conduzir você durante essa fase angustiante da vida e para ajudar a encontrar as melhores respostas. As melhores respostas para você talvez não sejam boas para o seu par e certamente não são iguais para todos os casais. Mas, com empenho, cada pessoa tem a chance de seguir em frente de forma saudável.

Seguir em frente de forma saudável significa *recuperar-se* da traição a fim de buscar o futuro desejado. Significa saber o necessário sobre o que aconteceu e *por que* aconteceu para tomar uma decisão sábia acerca da manutenção do relacionamento ou da separação. Significa proteger-se para não se magoar de novo, sem carregar o peso esmagador e doloroso da raiva, da suspeita, da culpa e da vergonha pelo resto da vida.

Neste livro, você vai conhecer um processo que ajudou muitos casais a superarem a traição de maneira saudável. Vamos apresentar um conjunto claro, porém flexível, de passos baseados em nosso tratamento cientificamente comprovado para infidelidade. Esse tratamento é fruto de décadas de experiência clínica coletiva e o ensinamos a outros terapeutas há muitos anos. Nós três somos psicólogos clínicos e terapeutas especializados em trabalhar com casais com dificuldades de relacionamento, sendo a infidelidade uma das nossas principais áreas de trabalho. Também somos professores universitários e pesquisadores e realizamos pesquisas sistemáticas sobre essas questões. Escrevemos vários artigos e ministramos oficinas frequentes para terapeutas nos Estados Unidos e em outros países sobre formas de apoiar casais em recuperação da traição. Toda essa experiência em diferentes áreas contribuiu para o processo de recuperação sobre o qual você vai ler aqui.

Por que se empenhar nesse trabalho, especialmente quando você se sente tão triste e impotente pelo trauma da traição? ***Porque os problemas que você está enfrentando agora não desaparecem com o tempo.*** A intensidade da dor pode diminuir um pouco, mas isso não resolverá questões que são essenciais para seguir em frente. Se você apenas esperar a dor passar ou tentar resolver os problemas na ordem errada, pode acabar tomando decisões das quais se arrependerá. Também é provável que fique com muita raiva acumulada e mágoas não resolvidas. Logo após a revelação da traição, as tarefas mais importantes são encontrar uma forma de lidar com a turbulência emocional e saber como enfrentar o dia a dia com a pessoa com quem você vive sem piorar as coisas ou deixar outras esferas da vida desmoronarem. Depois de cuidar dos aspectos imediatos da sua vida, pense sobre o seu par, você e a sua história juntos, para descobrir o que tornou o relacionamento vulnerável a uma traição. Pense em como poderia mudar as coisas no futuro para que essa relação ou um próximo relacionamento esteja em um terreno mais sólido.

Esse *é* um trabalho importante a fazer para se reconstruir após uma traição. Seguir o processo descrito neste livro pode ajudar no desenvolvimento de uma nova compreensão de si e do seu par. Você pode construir uma nova visão do que significa estar em uma relação séria e saudável. Mesmo que não acredite agora, é possível que seu relacionamento fique ainda mais forte e melhor do que era antes da traição, se você quiser.

## PARA QUEM É ESTE LIVRO?

■ Este livro é para qualquer pessoa que já tenha passado por uma traição. Atualmente, cerca de 25% dos homens e 15% das mulheres já se envolveram sexualmente com alguém fora da relação em algum momento da vida. Esse número sobe para quase 45% dos homens e 35% das mulheres quando consideramos envolvimento emocional sem sexo. Além disso, a infidelidade pode se manifestar de diversas formas, nem sempre se encaixando em categorias bem definidas. Isso pode deixar a pessoa confusa, isto é, questionando-se se o que aconteceu foi realmente uma traição. A pessoa sabe que é ruim, sente-se traída, mas não sabe exatamente que nome dar ao ocorrido.

■ Uma traição significa envolver-se com outra pessoa de maneira romântica, emocional ou sexual, quebrando as expectativas e os padrões importantes do relacionamento. Isto é, outra pessoa (ou mais de uma) está incluída na relação de um jeito que deveria ser exclusivo do seu relacionamento, e os limites foram ultrapassados. Para muitos casais, esses limites podem ser definidos como **não** ter envolvimento sexual com outra pessoa ou **não** se envolver emocionalmente com outra pessoa. Mas e se uma das partes estiver apenas fantasiando com alguém e nem sequer falar com a pessoa? Isso é traição? E interagir em salas de bate-papo *on-line* com alguém que nunca vai conhecer pessoalmente? Ou visitar *sites* pornográficos secretamente? Dependendo do casal e do que um espera do outro, essas situações podem significar ultrapassar limites importantes e parecer uma traição. Para alguns casais, no entanto, algumas ações (assistir pornografia, por exemplo) podem ser aceitáveis e estar dentro dos limites do permitido. De qualquer forma, os limites do *seu* relacionamento são específicos, independentemente do que outros casais fazem (ou *não* fazem).

Com o avanço da tecnologia e a diversidade de relações, as formas de ultrapassar limites importantes também se expandem. Não importa o termo usado para definir o ocorrido – traição, infidelidade, caso, relacionamento extraconjugal, sexo casual, entre outros, dependendo da duração ou da intensidade. Às vezes, nenhuma palavra parece ser definidora, mas você sente que seu par "cruzou a linha", o que causa tristeza e confusão, fazendo você duvidar da relação e da pessoa com quem vive. Isso geralmente acontece quando há uma mentira envolvida.

- Este livro é para quem está em um relacionamento sério, seja casamento ou não. Seu estado civil não define o compromisso um com o outro, as expectativas de cada um ou os limites determinados entre vocês como casal e outras pessoas. Da mesma forma, os princípios que fundamentam a importância dos limites se aplicam independentemente do seu gênero ou da sua orientação sexual, embora cada casal tenha sua própria definição de limites. Alguns casais definem limites que abarcam terceiros, como relacionamentos não monogâmicos que envolvem outras pessoas de forma romântica ou sexual. Ainda assim, há muitas expectativas sobre esses relacionamentos em sua diversidade, e os limites podem ser violados.

- Você terá benefícios com a leitura deste livro se acabou de descobrir a infidelidade ou se está sofrendo com ela há tempo. O caso pode ter terminado há muito ou pouco tempo, ou ainda existir. Muitas vezes, a dor e a confusão são intensas, e o processo a seguir é basicamente o mesmo nessas diferentes situações.

- Este livro vai ajudar na sua recuperação, seja você quem traiu ou quem foi traído. Ao usarmos "você", na maioria das vezes estaremos nos referindo à pessoa traída. Nossa experiência demonstra que, *em geral*, a pessoa traída fica mais traumatizada do que a que cometeu a infidelidade; por isso, é mais provável que busque ajuda. No entanto, às vezes, nos dirigimos a quem traiu (e deixamos claro quando isso acontece). Também falaremos com vocês dois como casal, pois há mais chances de superar essa situação e ficar bem quando ambos buscam compreender plenamente o que aconteceu.

- O programa apresentado nesta obra pode ser útil para você, com ou sem a participação da outra parte da relação. Se seu par também lê-lo, mesmo que vocês se esforcem separadamente, *você* é quem ganha. Quem traiu precisa ser sincero consigo mesmo para decidir se está pronto para cortar de vez o contato com a pessoa de fora. Precisa descobrir como demonstrar cuidado com a pessoa traída e arrependimento após o fim do caso, além de entender os motivos que levaram à infidelidade. Se seu par se dispuser a refletir sobre essas questões, a confiança e a intimidade entre vocês poderão ser reconstruídas.

## COMO SEGUIR O PROGRAMA APRESENTADO NESTE LIVRO?

No cenário ideal, vocês leriam cada capítulo e seguiriam juntos o processo de reconciliação aqui descrito. O trabalho sugerido pode ser feito individualmente, em grande parte, mas algumas atividades exigem conversas ou ações em conjunto. Sabemos que a realidade é imperfeita; talvez, por diversos motivos, você precise encarar o programa sozinho, pois talvez seu par seja daquelas pessoas que não gostam de livros de "autoajuda" ou, ainda, simplesmente se recuse a discutir o que aconteceu.

Pode ser que você já tenha terminado o relacionamento por conta da infidelidade, mas queira explorar a experiência para lidar com os acontecimentos. Essa é uma jogada sábia, pois muitas pesquisas (incluindo a nossa) sugerem que, se eventos traumáticos de relacionamento (como uma traição) não forem abordados adequadamente, seu impacto negativo poderá afetar relações futuras. Se você tem filhos com a pessoa, esta leitura pode ajudar a lidar com ressentimentos que, se não forem tratados, podem prejudicar a relação de coparentalidade e, consequentemente, o bem-estar dos filhos.

Sejam quais forem os motivos, a leitura individual desta obra promoverá *insights* e aumentará sua compreensão, fortalecendo você para decidir sobre o futuro do seu relacionamento, caso ainda o tenha. Além disso, depois de aprender a refletir sobre a traição e a abordar sua vida de outra maneira, você poderá, até certo ponto, mudar seu relacionamento, ainda que seu par não esteja envolvido nas mesmas iniciativas. Duas pessoas trabalhando juntas são mais eficazes do que uma para realizar mudanças, mas uma só já é melhor do que nenhuma. Ainda que sua união termine, você pode aprender algo útil para seu próprio crescimento. Portanto, leia este livro por você e pelo seu relacionamento – atual ou futuro. Se você estiver fazendo algum tipo de terapia, converse sobre esta obra com o profissional da saúde mental a fim de que vocês, em conjunto, explorem as possíveis aplicações da leitura.

Apresentamos o conteúdo na ordem que tem sido mais útil para os casais que atendemos, e os capítulos geralmente se baseiam um no outro. No entanto, se certas questões parecerem mais importantes para você no momento, leia na ordem que desejar.

## O QUE GANHO SEGUINDO O PROGRAMA?

Com base nos casais que acompanhamos durante o processo de tratamento, sabemos que o primeiro grande desafio provavelmente será lidar com o sofrimento inicial, evitando causar mais danos ao relacionamento e realizando as tarefas do dia a dia.

*A Parte I aborda como lidar com o trauma logo após descobrir a traição. A leitura pode ajudar você a:*

- enfrentar sentimentos intensos – os seus e os do outro;
- conversar sobre assuntos extremamente desafiadores;
- decidir como seguir com a rotina do dia a dia, desde as tarefas domésticas e as finanças até a criação dos filhos;
- descobrir como continuar morando juntos enquanto se reestruturam (dormir na mesma cama? Ter relações sexuais?) e em quais situações faz sentido a separação imediata;
- estabelecer limites com a pessoa com quem seu par se envolveu, que talvez não queira terminar o caso;
- determinar se e o quanto vocês vão falar sobre a traição a outras pessoas, incluindo filhos, familiares e amigos próximos;
- cuidar de si, mesmo que pareça pouco importante – por exemplo, buscar apoio de amigos e consultar um médico quando necessário.

*Depois de recuperar certo equilíbrio no relacionamento, a Parte II ajudará você a examinar os fatores que podem ter deixado a relação vulnerável à traição. A leitura pode ajudar você a:*

- analisar como foi o relacionamento até então – se ocorreu de acordo com seus sonhos, o que mudou, se seus alicerces foram abalados e por quê;
- entender os eventos que levaram um de vocês a trair;
- compreender o que realmente significa "infidelidade" e como os limites podem acabar sendo ultrapassados, mesmo não havendo intenção de machucar alguém;
- reconhecer como o ambiente, os eventos ou outras pessoas contribuíram para a traição;
- entender como a pessoa que sofreu infidelidade pode, sem querer, contribuir para a vulnerabilidade da relação, mesmo não sendo responsável pela decisão do outro de trair;
- evitar a comodidade de se contentar com explicações incompletas ou parcialmente precisas apenas para não se aprofundar em assuntos difíceis;
- chegar a uma explicação que faça sentido a respeito da traição.

**A Parte III orienta a tomada de boas decisões para seguir em frente — separadamente ou como casal. Sua leitura pode ajudar você a:**

- entender o que significa "seguir em frente" e como superar sentimentos de mágoa que aprisionam;
- prever e lidar com recaídas, seja separadamente ou como casal;
- continuar fortalecendo o relacionamento e minimizando riscos futuros, caso decidam mantê-lo.

Embora não saibamos quais decisões tomará no futuro, temos certeza de que esta obra pode guiar você por um processo saudável de reconstrução. Esperamos que a leitura alivie a dor e a incerteza ao longo do caminho. Neste momento, entender o que aconteceu, descobrir como lidar com o dia a dia e diminuir a mágoa são objetivos importantes. Então, vamos começar.

PARTE I
# Como parar de sofrer?

# 1
# O que está acontecendo com a gente?

"Faz três semanas que descobri. De certa forma, parece que foi ontem e, ao mesmo tempo, parece que faz tempo. Quando começo a achar que estou ficando bem, desmorono de novo. Fico impaciente, sinto ansiedade. Não consigo me concentrar, não consigo dormir, esqueço as coisas em casa e no trabalho. Tentamos conversar, tentamos nos evitar, mas não adianta. Nada resolve. Essa não é a pessoa com quem me casei. A confiança que eu achava que existia entre nós acabou, e não consigo me imaginar confiando de novo. Nada mais faz sentido."

## O QUE ESTÁ ACONTECENDO COMIGO?

Se você acabou de saber que seu par teve um caso, você está tendo uma das experiências mais traumáticas que uma pessoa pode enfrentar. (Se você é a pessoa que traiu, provavelmente também está enfrentando problemas, e falaremos sobre isso mais adiante neste capítulo.) Existem inúmeros tipos de eventos traumáticos, de inundações e acidentes de avião à infidelidade, e qualquer um pode ser devastador. No entanto, desastres naturais e falhas mecânicas são involuntários e geralmente inevitáveis. A traição ocorre por uma decisão deliberada da *pessoa com quem você divide sua vida*, uma pessoa que deve amar e cuidar de você, proteger do resto do mundo e tratar com respeito, dignidade e honestidade. Para muitas pessoas, poucas traições são tão dolorosas e disruptivas.

Compreender o impacto de eventos traumáticos e como as pessoas costumam superá-los pode ajudar você a ampliar seu olhar sobre o que está acontecendo em seu relacionamento e o que provavelmente acontecerá no futuro. Então, primeiro, o que *é* um evento traumático?

> 🖐 O trauma é um evento negativo significativo, ou uma série de eventos, que destrói suposições importantes ou crenças fundamentais sobre o mundo ou sobre pessoas específicas – neste caso, seu par e seu relacionamento.
>
> Eventos traumáticos causam transtornos em todas as esferas da vida – nos pensamentos, nas emoções e nos comportamentos.

Você parte do princípio de que seu relacionamento era um porto seguro e que seu bem-estar estava em primeiro lugar para seu parceiro ou sua parceira, seja nos momentos que passavam juntos ou não. Achava que havia valorização com relação a você e à união estabelecida. Você esperava honestidade e que nada muito importante da vida do seu par fosse escondido de você. Por fim, você esperava que a pessoa honrasse os compromissos assumidos – verbalizados ou subentendidos.

Então, o que acontece que torna uma traição tão dolorosa? Se você for como a maioria das pessoas, é perturbador se seu par tiver ultrapassado limites importantes no relacionamento e que deveriam ser respeitados. Talvez vocês tenham conversado sobre esses limites (por exemplo, "Não gosto que você converse com a pessoa que namorava antes") ou eles parecessem tão óbvios que você achou que seriam respeitados ("Você não pode ter relações sexuais com alguém além da pessoa que está com você; fidelidade é básico, nem precisa ser discutido"). Havendo ou não essa conversa, todos os casais criam limites em torno da relação, e essas imposições ditam a interação com outras pessoas. Exemplo: "*Isso* só a gente faz; *esse* espaço do nosso relacionamento é só nosso, ninguém entra. Não fazemos *isso* com outras pessoas". Tais combinações podem ser diferentes conforme o casal. Em traições, os limites rompidos geralmente envolvem a vida sexual do casal (beijar e tocar intimamente outra pessoa) ou conexões românticas paralelas (encontrar-se com outras pessoas quando o relacionamento é exclusivo, ou tratar colegas de trabalho de forma excessivamente especial). Se essa linha é ultrapassada, é comum sentir-se traído e triste.

Para alguns casais (e talvez também para você), pode ser considerada uma violação dos limites do relacionamento o par demonstrar *sentimento* de intimidade emocional com outra pessoa, mesmo que seja apenas um vínculo emocional sem qualquer ação física (por exemplo, fantasiar e ter fortes sentimentos por outra pessoa). O ponto principal é: *se você descobriu que seu par teve um caso ou agiu de forma infiel, isso é indicativo de que limites importantes do relacionamento foram ultrapassados de alguma forma.* Os limites nos protegem e nos dão segurança. É ainda pior se a outra pessoa tenta esconder, minimizar ou até mentir sobre o que aconteceu, pois fica muito mais difícil restabelecer a confiança.

É importante que as duas partes sejam claras sobre quais linhas foram violadas. Ao longo do livro, vamos conversar sobre diferentes limites que, quando ultrapassados, podem causar uma tempestade na relação. Provavelmente você conhece alguns deles. É importante, também, que o casal entenda como essa violação aconteceu. Considerar que "simplesmente aconteceu" não vai evitar outras traições no futuro.

Embora seja fundamental entender a traição e como aconteceu, muitas vezes isso não é suficiente, pois o impacto vai muito além dessas questões específicas. Descobrir traição da pessoa com quem você divide uma vida pode abalar outras crenças importantes sobre essa pessoa e sobre o relacionamento. Após descobrir a traição, quais dos pensamentos a seguir você já teve?

- Você se questiona se a pessoa é realmente quem você supunha – uma pessoa confiável ou que se importa com você.
- Suas certezas sobre o relacionamento são abaladas – você não vê mais sua união como uma fonte de apoio e felicidade.
- Você chega a conclusões extremas e negativas sobre a traição – ao pensar, por exemplo, que a pessoa traiu *de propósito* para gerar mágoa.
- Você tem medo de que essa não seja a primeira nem a última traição da pessoa no relacionamento em que vocês estão.
- Você se sente impotente e tem a sensação de que o relacionamento está fora do seu controle.

Reconhecer a traição pode levantar questionamentos acerca dos próprios sentimentos e crenças. Por exemplo, você:

- acha burrice não ter percebido a traição antes;
- não confia mais em suas percepções sobre o relacionamento ou se culpa por não ter ouvido seus familiares e amigos;
- pensa que talvez não seja atraente o bastante ou seja inferior.

O risco de episódios de depressão e ansiedade após uma traição é alto, assim como em qualquer perda significativa. A traição envolve muitos prejuízos: perdem-se segurança e previsibilidade, sonhos para o relacionamento e para o futuro, além da inocência e da confiança. Soma-se a isso a perda de elementos únicos e especiais que só o casal compartilhava: sexo, romance e abertura emocional, a qual permitia falar sobre pensamentos e sentimentos mais íntimos.

É possível o surgimento de outros sentimentos negativos, como raiva, ansiedade, medo, culpa e vergonha. A raiva é uma reação comum quando somos tratados injustamente, e as traições parecem muito injustas. Faz sentido ficar com raiva? Com certeza. O medo e a ansiedade surgem quando nos sentimos vulneráveis e a vida parece imprevisível – de repente, não há mais segurança nem estabilidade, pois a traição derruba a estrutura construída no relacionamento.

A culpa geralmente surge se você pensa que tem responsabilidade pelo ocorrido ou fez algo errado. Ao tentar entender a traição sofrida, algumas pessoas concluem: "Em algum nível, deve ser minha culpa. Devo ter feito alguma coisa para que isso acontecesse". Esses sentimentos também são compreensíveis, mas não se engane: ***se houve traição da outra parte, a culpa não é sua***. Na Parte II deste livro, ajudaremos você a descobrir seu papel na construção do relacionamento, mas a pessoa que traiu precisa assumir a responsabilidade pelas próprias ações, o que inclui a decisão de ter um caso.

Quais dos sentimentos a seguir você já teve? Talvez eles ainda não tenham surgido, mas ocorram eventualmente no futuro.

- Você sente emoções fortes e avassaladoras, como raiva, depressão ou ansiedade.
- Às vezes, você não sente nada, apenas vazio e apatia.

- Você se sente muito vulnerável.
- Seus sentimentos são imprevisíveis, mudam conforme o dia ou a hora.
- Você não sabe bem o que sente ou o que quer, seja agora ou no futuro.

A traição desorganiza o estado emocional. Os sentimentos podem mudar de um minuto para o outro ou ser muito confusos, incompreensíveis. Talvez você não esteja sentindo nada e ache isso errado. Pesquisas sugerem que o trauma muitas vezes é seguido pela sensação inicial de apatia, possivelmente como forma de proteção contra a sobrecarga de sentimentos intensos. Geralmente, tais sentimentos afloram no futuro. Com quais das seguintes situações você se identifica?

- Revive lembranças, imagens e sentimentos dolorosos relacionados à traição. (Discutiremos isso mais adiante no Capítulo 2.)
- Sente que suas emoções podem sobrecarregar você ou estão fora de controle.
- Tem períodos de apatia, em que parece não sentir nada.

Se você *está* vivenciando emoções intensas, suas atitudes talvez mudem muito, podendo até ser caóticas em alguns momentos. Quando não podemos mais acreditar no que achávamos correto, provavelmente não agiremos mais da mesma forma. Talvez você grite sem motivo com o atendente do supermercado ou compareça ao trabalho do seu par sem avisar, com a intenção de conversar, mas então mude de ideia imediatamente, indo embora de forma abrupta. Talvez você se veja indo à casa da pessoa pivô da traição sem ter a menor ideia do que fazer nem dizer. É possível que, às vezes, você aja de maneiras contrárias a seus próprios valores, o que pode agravar ainda mais uma situação já complicada. Pesquisas sugerem que algumas pessoas podem se tornar fisicamente agressivas com seu par infiel ou com quem participou da traição. Embora a raiva seja comum, agressões são problemáticas e potencialmente perigosas. Se você está com dificuldade de controlar sua raiva, convém pular para a parte desta obra que aborda como lidar com emoções intensas (Capítulo 3).

Quais das seguintes situações já aconteceram com você?

- Age de forma desorientada, olhando fixamente para o vazio ou andando sem rumo, por exemplo.
- Cria isolamento emocional ou físico, por exemplo, mantendo-se em silêncio por longos períodos, evitando interagir com as pessoas e procurando lugares para ficar só.
- Cobra várias vezes uma explicação sobre o comportamento do par, questionando, por exemplo, "Como você pôde fazer isso comigo?".
- Busca vingança, atacando a pessoa que cometeu infidelidade verbal ou fisicamente, destruindo coisas pessoais ou prejudicando seus relacionamentos com outras pessoas.
- Tenta se reafirmar, tendo relações sexuais mais frequentes e intensas com seu par na tentativa de compensar possíveis queixas anteriores nesse aspecto.

Provavelmente serão percebidas mudanças no dia a dia com seu par, com pensamentos como "Eu realmente vou levantar e fazer café para alguém que me traiu?". Vocês costumavam se despedir com um beijo rápido, mas isso passou a ser estranho. Talvez, quando seu par tentar dar um abraço, você se afaste em razão das lembranças dolorosas. Ou, ao contrário, talvez você queira mergulhar nesse abraço para sentir que ainda há vínculo. Vocês ainda devem sair para jantar com os amigos? Se sim, vocês se mostram frios e distantes ou fingem ser um casal feliz, enquanto, na verdade, tudo o que você quer é gritar? Comportamentos que você considera certos, que se tornaram rotineiros e quase automáticos, passaram a ser estranhos, repugnantes ou perigosos.

A questão é que a traição é algo sério, *traumático*. Envolve limites ultrapassados e crenças fundamentais abaladas, percepções sobre seu par, sobre seu relacionamento e até sobre você mesmo. Provavelmente muitos sentimentos surgirão – a maioria negativos, levando-o a dizer e fazer coisas que não parecem combinar com seu jeito. É doloroso e horrível, mas também é uma reação normal ao que aconteceu. Nossa pesquisa e nosso trabalho clínico com casais nos mostram que, se você passar pelo processo de recuperação de maneira saudável, esses sentimentos não permanecerão tão fortes quanto são no começo e não estarão presentes o tempo todo. Tudo pode melhorar.

## O QUE ESTÁ ACONTECENDO COM O NOSSO RELACIONAMENTO?

Parte do que está acontecendo com vocês como casal é resultado direto da turbulência interna de cada um. Vamos encarar: não importa o quanto seu par esteja lidando bem com os próprios sentimentos – o relacionamento dificilmente fluirá se você ainda estiver enfrentando o trauma inicial da descoberta da traição. É improvável conseguir expressar-se de forma eficaz e escutar o que o outro tem a dizer. Pode ser difícil realizar tarefas rotineiras compartilhadas, como pagar contas, tomar decisões sobre os filhos, mandar o carro para a oficina. Quando essas tarefas não são feitas, as consequências negativas de negligenciá-las podem resultar em mais estresse. A companhia telefônica ameaça cortar seu telefone, um dos filhos se envolve em problemas na escola, o barulho no capô do carro se transforma em um grande conserto e vocês estão sem dinheiro para pagar.

Tudo isso pode acontecer mesmo que seu par esteja lidando bem com os próprios sentimentos, mas a verdade é que as chances de o outro estar lidando bem são mínimas, e é provável que ele também esteja enfrentando um caos interno. Nesse momento, sua mágoa e sua raiva podem ser intensas ao ponto de você não sentir empatia. Isso é compreensível, mas, para interagir de forma mais eficaz, em algum momento você precisará compreender melhor o que o outro está sentindo – quando esse momento chegar, leia as páginas 22 a 27. Por enquanto, lembre-se de que seu par também está enfrentando sentimentos difíceis, como confusão e incertezas sobre o futuro, ansiedade, solidão, mágoa, raiva, culpa ou vergonha. Mesmo *você* lidando bem com os sentimentos, há uma boa chance de o relacionamento ainda estar abalado em razão das emoções do outro.

Seu turbilhão de sentimentos somado ao do seu par pode formar um grande caos. Em certos momentos, você pode se achar disponível para um diálogo construtivo, mas a outra pessoa não consiga, e vice-versa. Ainda, qualquer sentimento enfrentado pode desencadear reações igualmente intensas e difíceis para as duas partes.

Para entender por que isso acontece, é importante considerar que, após uma traição, as conversas têm três funções: comunicar, preservar e reconstruir. Devido ao trauma, o diálogo pode mostrar-se complicado:

1. **É muito difícil para a outra parte da relação ouvir o que você acha que precisa ser dito.** Você quer que seu par entenda a confusão mental e os sentimentos horríveis causados pela traição. Essas emoções são intensas, de difícil expressão. Se a outra pessoa se importa com você, ouvir você expressar seus sentimentos será desconfortável ou até doloroso, especialmente se ela também estiver sentindo culpa ou vergonha, afinal, essa pessoa causou seu trauma. Portanto, ouvir você pode aumentar a angústia e o impulso de recuar ou recusar a escuta quando você estiver expressando seus sentimentos. É provável que, a esse ponto, a voz se eleve, pois aparentemente a pessoa não está ouvindo. Porém, quando o outro lado já está na defensiva ou sobrecarregado pela intensidade dos sentimentos alheios, o afastamento e a irritação se tornam ainda mais evidentes. Isso causa a sensação de que a pessoa não ouve nem compreende o que você está dizendo. É um ciclo vicioso de querer que a pessoa entenda o que você sente, mas, em vez disso, sentir que ela não dá atenção.

2. **A necessidade de segurança resulta na tentativa de se proteger um do outro.** Além de querer compreensão da outra parte, ambos querem ter a sensação de segurança, mas não é possível senti-la se você tiver medo de se magoar novamente. Quando nos sentimos ameaçados, temos como opções lutar ou fugir. Se você escolhe lutar em resposta ao perigo, você parte para a ofensiva e mantém os outros afastados, ameaçando fazer-lhes mal. Por isso, em um esforço para se proteger, você pode acabar punindo o seu par verbalmente: "Como você pode ser tão cruel? Eu odeio você!"; "Você não tem caráter? Vou contar tudo para as crianças."

Forçar o controle da situação pode ser outra forma de lutar pela segurança: "Você nunca mais vai sair de casa sem que eu saiba para onde vai e sem dar notícias."; "Você não é confiável. Quero que todas as nossas contas bancárias fiquem em meu nome." A agressão física pode ser outra maneira de buscar segurança, mesmo quando iniciada por alguém fisicamente menor e menos poderoso. É uma forma de dizer "Fique longe de mim ou vou machucar você". No entanto, em um relacionamento, "lutar" raramente é uma forma eficaz de alcançar a segurança, além de desencadear ataques e retaliações.

Ao optar por fugir em vez de lutar, a pessoa pode recuar fisicamente (exigindo quartos separados) ou verbalmente (ficando em silêncio e recusando-se a interagir). Outros tipos de fuga podem ser mais sutis. Por exemplo, alguns casais levam uma vida juntos, mas conversam apenas sobre assuntos superficiais, ignorando questões mais difíceis, sem reconstruir a relação íntima.

O que torna tudo complicado e confuso é que o esforço para criar segurança pode surtir o efeito contrário. Por exemplo, se sua fala deixar a pessoa irritada e na defensiva, cada um de vocês pode estar tentando se sentir seguro, mas o sentimento será de ameaça. Pode acontecer, também, de você se retrair e o outro tentar contornar a situação com atitudes carinhosas, desencadeando medo e raiva em você, provocando o afastamento.

3. **Para reconstruir o relacionamento, não basta ter boas intenções; é preciso aplicar as estratégias certas no momento certo.** Ainda que ambos estejam tentando, cada um à sua maneira, a reconstrução da relação pode não estar acontecendo. A pessoa que cometeu infidelidade geralmente tenta recuperar o relacionamento afirmando que a relação extraconjugal não significou nada ou que não tinha percebido o quanto o relacionamento era importante. Já a pessoa que foi traída às vezes tenta resgatar o relacionamento simplesmente tentando não pensar na traição ou procurando entender o que a motivou. Embora essas tentativas possam, em última análise, refletir o objetivo correto, podem falhar se não forem bem pensadas.

- **Esta é a coisa certa a fazer?** O esforço pode ser inútil, danificando o relacionamento em vez de restabelecê-lo. Por exemplo, insistir na aproximação pode fazer a pessoa sentir-se sufocada e desesperada para se afastar.

- **Este é o momento certo?** Boas estratégias devem ser implementadas na ordem certa. Insistir em longas discussões sobre o motivo da traição – embora seja parte crucial para restaurar a segurança de longo prazo no relacionamento – não será construtivo se o casal ainda se sentir emocionalmente vulnerável ou achar que não há escuta. O momento certo para ter discussões difíceis pode ser fundamental para ouvir de verdade o que a pessoa tem a dizer.

Felizmente, estratégias ineficazes e discussões em momentos inoportunos podem ser evitadas. A propósito, o objetivo deste livro é oferecer estratégias eficazes de se comunicar, restabelecer a proteção e reconstruir sua segurança individual e do casal – tudo em uma sequência e um prazo que ofereçam maior probabilidade de sucesso.

## NOSSO RELACIONAMENTO TEM FUTURO?

Essa dúvida pode ser o maior problema que você está enfrentando. Vocês podem realmente se recuperar? É possível reconstruir um relacionamento confiante, amoroso e feliz?

Talvez. Mesmo quando o cônjuge descobre um caso extraconjugal, a maioria dos casados oficialmente opta por não se divorciar – cerca de 60 a 75% permanecem unidos. Entre os que permanecem juntos, muitos reconstroem um relacionamento amoroso e seguro. No entanto, há casais que não se separam, fazem esforços para se recuperar da traição e mesmo assim seguem com mágoas, desconfiança e infelicidade.

Não está claro até que ponto a infidelidade causa o término de casais unidos informalmente. Há pouca pesquisa sobre o assunto, e eles não precisam lidar com as complicações legais do divórcio. Portanto, do ponto de vista prático e legal, é mais fácil encerrar esses relacionamentos, mas não necessariamente do ponto de vista emocional.

Casais que aceitam envolvimento romântico e sexual com outras pessoas (como em relacionamentos poliamorosos ou abertos) também estabelecem limites ("Você pode dormir com outras pessoas, mas não se apaixonar por elas"), os quais, às vezes, são ultrapassados (secretamente ou não). Não há dados que indiquem se relacionamentos nesses moldes têm maior probabilidade de romper após uma traição. O importante a saber é que não é possível prever o que acontecerá, pois depende do casal, e há muitos fatores a considerar ao tomar decisões.

Se você estiver enfrentando tantas emoções confusas a ponto de sequer ter convicção sobre *querer* continuar seu relacionamento, saiba que está tudo bem! É compreensível. Será preciso descobrir o que vocês querem, e não apenas o que é possível fazer. Para entender se podem reconstruir uma relação segura, enfatizamos na Introdução que *os casais precisam realizar três tarefas críticas*:

1. encontrar formas de lidar com as emoções dolorosas e diminuí-las;
2. entender os motivos da traição;
3. tomar decisões embasadas e claras sobre como seguir em frente.

Se a infidelidade recém foi descoberta, vocês devem concentrar-se na tarefa número 1: encontrar formas de sobreviver ao problema de forma imediata. Sentimentos confusos e perturbadores dificultam a compreensão do ocorrido e prejudicam a interação com o outro. Isso requer lidar com sentimentos fortes para tomar decisões práticas, além de simplesmente cuidar melhor de si. Vocês devem se tocar, dormir juntos, fazer sexo? Como lidar com a raiva? Como começar a conversar sobre a traição sem piorar as coisas? O que fazer quando a rotina diária é interrompida por lembranças repetitivas sobre o ocorrido? Como lidar com a pessoa com quem seu par teve o caso, e o que vocês vão dizer para seus filhos e para os outros?

Com essas questões iniciais resolvidas, você abrirá caminho para entender o que aconteceu e a motivação. O que tornou seu relacionamento suscetível à traição? Quais atitudes são necessárias para eliminar ou reduzir os riscos de nova ocorrência no futuro? Como assegurar consigo e com o outro o comprometimento de mudar? *Responder a essas perguntas é difícil, mas está no cerne da recuperação.* Você precisa se dispor a olhar atentamente para o relacionamento e além dele, para o seu par e para si, se quiser obter respostas completas. Como dissemos anteriormente, você não é responsável pelo que aconteceu, mas é importante descobrir se contribuiu para um ambiente favorável à traição.

> *Algumas conversas difíceis com Damien levaram Liz a concluir que havia sinais de alerta sobre o distanciamento emocional do marido antes da traição. À época, porém, esses sinais pareciam ameaçadores demais para Liz confrontá-lo diretamente. Para eliminar o risco de o padrão se repetir, Liz concordou que ela deveria questionar Damien sobre o que estaria acontecendo caso ela percebesse novo distanciamento emocional dele. Damien, por sua vez, concordou que seria honesto e direto com ela. Ambos se esforçaram para expressar e responder às preocupações sem raiva. Comprometeram-se a proteger seu relacionamento das situações que podem ter contribuído para a traição no passado e se dispuseram a tornar o casamento sua prioridade. No entanto, foi preciso tempo e empenho para chegar a esse ponto. A recompensa – ambos sentiram – valeu a pena: o casal restabeleceu a segurança emocional, fundamental para um relacionamento íntimo.*

Seguros emocionalmente, Liz e Damien se reconciliaram, assim como muitos outros casais. O objetivo deste programa é chegar a uma decisão saudável e embasada sobre como seguir em frente, o que não significa, necessariamente, reconciliar-se. Você pode sair desse processo de recuperação restaurando seu relacionamento, mudando e fortalecendo-o ou terminando-o. Nesta obra, "seguir em frente" significa interromper o foco na traição e voluntariamente parar de punir o outro. Significa redirecionar sua energia para uma vida emocionalmente satisfatória e produtiva, como casal ou separadamente. A traição nunca será esquecida, mas não dominará mais sua vida.

O passo a passo para se recuperar de uma traição que descrevemos neste livro ajudou muitos casais a seguirem em frente de maneira saudável. A maioria, cerca de 70%, escolhe reconstruir o relacionamento. Muitos deles (quase a metade) reconstroem uma relação íntima mais forte do que antes. Outros casais acham esse processo útil, mas podem continuar enfrentando problemas individuais ou que já estavam presentes em relacionamentos anteriores à traição, como dificuldades sexuais, uso de substâncias e depressão. Há quem passe pelo processo descrito aqui e decida romper o relacionamento; destes, muitos descobrem que o autoconhecimento e a compreensão do outro permite o desenvolvimento de relações mais fortes e profundas no futuro, possivelmente com um novo parceiro.

Recomendamos que a decisão de se separar ou não fique para mais tarde, após melhorar seu entendimento sobre o que aconteceu. Se vocês já tomaram uma decisão de longo prazo, tudo bem, mas sugerimos que mantenham essa definição em aberto e a reavaliem de tempos em tempos, conforme obtiverem novas informações e mais compreensão.

Para tomar qualquer decisão, é importante entender o que estava acontecendo com vocês que "deixou o terreno pronto" para a traição. Se você se dispõe a entender o que o outro está enfrentando no momento, continue lendo. Se ainda não estiver preparado, guarde este livro por um tempo. Para dar andamento ao seu processo de recuperação, você deve continuar a partir daqui e entender melhor a pessoa com quem se relaciona. É comum que nossos relacionamentos mais íntimos e gratificantes também sejam a fonte de nossa maior mágoa e decepção. No entanto, a recuperação é *possível*, mesmo das dores mais profundas. O processo que descrevemos neste livro pode ajudar.

## PARA QUEM TRAIU

*"Eu sei que estraguei tudo. Esse não é o problema. O problema é não saber como melhorar. Estou fazendo tudo*

*o que posso, mas nada parece funcionar. Ela quer conversar sobre a traição e eu não quero. Falar sobre isso só parece deixá-la mais chateada. Mas se eu não falo, ela acha que estou tentando esconder alguma coisa, ou que não entendo o quanto está magoada, ou que não me importo com ela. Claro que me importo, é por isso que evito essas discussões horríveis que acontecem toda vez que ela faz perguntas sobre como eu a traí. Nós repetimos as mesmas falas de sempre. Não sei se há algo ao meu alcance neste momento para melhorar as coisas."*

## O que posso fazer?

Se seu par acabou de descobrir a traição que você cometeu e você está lendo este livro, já deu um passo fundamental.

As coisas mais importantes a serem ditas no momento são as seguintes:

— você quer entender o que está acontecendo com cada um de vocês;

— você se dispõe a tentar entender por que a traição ocorreu;

— você quer descobrir a melhor maneira de seguir em frente.

É disso que este livro trata. Será preciso paciência, compromisso e muita dedicação, mas a leitura é um primeiro passo importante.

Talvez você não queira. Há pessoas que cometeram infidelidade e já fizeram as malas, estão "com o pé na porta". Outras se desculpam e aceitam punições, mas não querem se esforçar para consertar o relacionamento: "Eu terminei com a outra pessoa. O que mais você quer?". Mesmo *querendo*, talvez vocês não consigam salvar o relacionamento, apesar da paciência, do compromisso e da dedicação. Traições acontecem por várias razões, com qualquer pessoa e em diferentes situações. Portanto, não se pode afirmar que seu relacionamento vai sobreviver.

Como mencionado, alguns casais se separam e outros não. Aqueles que continuam juntos podem construir uma relação melhor e mais forte, já outros continuam carregando mágoa, raiva, desconfiança e infelicidade. O mesmo vale para casais que terminam ou se divorciam após a traição. Para quem fez o trabalho de se autoconhecer, entender suas próprias necessidades e vulnerabilidades e encontrar uma forma de encarar a traição de um ponto de vista maior, seguir em frente separadamente pode desenvolver relacionamentos novos e mais saudáveis. Para casais que se separam com raiva, confusão ou por não saberem como tomar boas decisões, a vida pode continuar parecendo tão dolorosa ou tão vazia quanto antes.

Como você pode ajudar no processo de recuperação? Para começar, convidamos você a dar três passos muito importantes. Eles não são fáceis, e cada passo pode ser mais difícil do que o anterior.

1. **Esforce-se para entender pelo que seu par está passando.** Se ainda não fez isso, volte e leia este capítulo desde o início para saber como a traição afetou o outro. Essa leitura pode ser desconfortável e até dolorosa, mas você estará comunicando uma importante mensagem ao seu parceiro: "Eu quero entender como você está se sentindo. Às vezes, é difícil ouvi-lo quando você está com raiva ou perguntar como se sente quando você fica em silêncio. Mas eu realmente quero entender para saber melhor como responder".

2. **Comprometa-se com o *processo* de recuperação.** Vocês não precisam decidir agora se devem permanecer nesse relacionamento por muito tempo. Dedique o tempo e o esforço necessários para entender o impacto da infidelidade, descobrir os porquês e, então, decidir em conjunto como podem voltar à vida plena e enriquecedora, como casal ou separadamente.

3. **Evite causar mais danos.** Por mais óbvio que esse passo pareça, pode ser o mais difícil de todos. No momento, os sentimentos são muito fortes e podem gerar discussões hostis. É muito fácil fazer falsas interpretações e muito difícil evitar a armadilha de ataques e contra-ataques. Nos próximos três capítulos, apresentaremos algumas etapas concretas para evitar mais danos. Citamos, a seguir, algumas atitudes específicas:

- *Tenha paciência*. Não espere que a recuperação seja rápida nem que seu par supere a traição. Não espere responder a tudo com perfeição.

- *Aja com honestidade*. A desonestidade, a dissimulação e as meias-verdades, em última instância, serão mais destrutivas do que a própria infidelidade. Isso não significa que você deva revelar detalhes da infidelidade, pois também poderia ser destrutivo, mas, se disser alguma coisa, diga a verdade. Se seu par fizer uma pergunta e você ainda não puder responder, apenas diga: "Sei que é importante para você. Não quero mais esconder as coisas e mentir, mas ainda não consigo falar sobre isso."

- *Seja confiante*. Especificamente, confie no processo. Havendo comprometimento com o processo apresentado neste livro, vocês sairão dessa situação melhores, com menos mágoa, menos raiva e mais bem preparados para seguir em frente e ter uma vida mais feliz.

## E eu?

*Marcus estava magoado, sentia que Lúcia não lhe dava atenção, completamente envolvida com o bebê e cansada demais para sequer pensar em sexo. Ele imaginou que acessar uma sala de bate-papo com sexo explícito na internet seria uma válvula de escape segura. Não passava por sua cabeça combinar um encontro presencial com alguém. Era tão bom ser desejado, e, de certa forma, ele estava irritado, considerando seu comportamento justo. Mais tarde, quando relembrou a experiência, sentiu-se sujo e envergonhado. Como pôde fazer isso com sua família? O que havia acontecido com ele?*

Seu par provavelmente não é a única pessoa a se sentir incompreendida, pois há boa chance de você também se sentir assim. Talvez você esteja vivenciando uma diversidade de sentimentos.

*Confusão*. "Como me meti nessa bagunça? Como eu saio disso? Como consertar as coisas?"

*Mágoa*. "Ela não percebe que eu não queria machucá-la? O que mais eu posso dizer? Por que ela não pode me desculpar?"

*Irritação*. "Não é só culpa minha. Sim, eu traí. Mas esse relacionamento está longe de ser perfeito, e isso contou muito. Cansei de levar toda a culpa por essa bagunça. Não aguento mais."

*Culpa ou vergonha*. "Eu mereço tudo o que está acontecendo. Quero que ela me perdoe e siga em frente, mas isso é pedir demais. Não suporto ouvi-la falar sobre como se sente. Isso me faz sentir terrível, como se eu fosse um idiota sem coração. Eu gostaria que ela simplesmente deixasse isso para lá."

*Solidão.* "Se eu achava que estava sozinho antes, não se compara a como me sinto agora. Não tenho ninguém. Não sei quanto tempo mais posso continuar assim."

*Incerteza.* "Não sei ao certo o que quero. Sei que trair não foi a solução para o que eu estava sentindo, mas não sei qual é a solução nem como descobri-la."

No processo que está prestes a iniciar, você vai lidar com sentimentos e questões difíceis, estejam vocês trabalhando como casal ou separadamente. No início, seu par pode ter dificuldade em ouvir suas necessidades ou seus sentimentos. A pessoa pode sentir que o relacionamento já está desequilibrado e que você se preocupa só com o que *você* quer. Conforme passa por esse processo e consegue dar atenção à mágoa e à dor do outro, ela pode conseguir ouvir você também.

Recomendamos paciência, honestidade e confiança. Não se pode pedir que vocês façam tudo de uma vez, mas vamos guiá-los pelo caminho. Como terapeutas, testemunhamos a força do trabalho conjunto para recuperar uma união abalada. *Trabalhamos com muitos casais cujo relacionamento se fortaleceu, ficando mais confiável e gratificante para ambos após a infidelidade.* Esperamos que seja assim para vocês, mas, se a separação for necessária, tentaremos colaborar para que ocorra de forma construtiva.

Qual é o próximo passo? Faça os exercícios das páginas a seguir. Se você está lendo este livro individualmente, mas gostaria que seu par se envolvesse, diga algo como: "Sei que isso é difícil, mas quero que encontremos uma maneira de resolver essa situação. Tem um livro que talvez possa nos ajudar. Eu li o primeiro capítulo e parece fazer muito sentido. Por favor, leia esse capítulo e me avise quando terminar. Preciso saber se podemos nos comprometer com o processo para seguir em frente." Encontre uma maneira de expressar seu desejo como um convite ou um pedido, e não como uma ameaça ou uma demanda. O importante é sua fala demonstrar preocupação sincera com o relacionamento. Ninguém precisa se comprometer com nada além do desejo de se recuperar e seguir em direção a uma vida proveitosa e feliz.

Se seu par ainda se recusar a participar do processo apresentado neste livro, há três atitudes importantes que você pode colocar em prática:

1. **Siga os ensinamentos deste livro sozinho.** Comece neste primeiro conjunto de exercícios para sua própria recuperação. Você pode restaurar seu relacionamento entendendo o problema e descobrindo formas de evitar que aconteça novamente. Se seu relacionamento acabar, recompor-se intimamente facilitará a busca por uma vida satisfatória – em uma nova relação ou só.

2. **Não perca as esperanças.** Sua recuperação pode mostrar ao seu par os efeitos positivos do programa e os benefícios de juntar-se a você para completá-lo. Tanto nossas pesquisas quanto a experiência clínica mostraram que, em pelo menos metade dos casos em que a pessoa traída começou o programa só, o outro fez esforços para participar em algum momento.

3. **Faça os exercícios que fecham os capítulos individualmente.** Alguns foram feitos para você; outros, para o casal. É possível fazer os exercícios destinados para o casal alterando alguns detalhes. Você terá nossa ajuda nesses casos.

## EXERCÍCIOS

O objetivo dos exercícios ao final de cada capítulo é que você aplique o que aprendeu. Colocando as ideias aqui discutidas em prática no seu relacionamento, você progredirá em direção à recuperação.

Em alguns exercícios, será necessário escrever – para isso, use um caderno ou um dispositivo eletrônico para responder às perguntas. Se o casal estiver fazendo os exercícios juntos, sugere-se que cada um escreva suas próprias respostas. Para o exercício deste capítulo, recomendamos que, mesmo lendo juntos, vocês o façam separadamente e não compartilhem suas respostas por enquanto. Dedique um tempo para si e descubra o que está acontecendo com *você* agora.

Quando estiver avançado na leitura, você pode voltar nestes exercícios e ver como as coisas mudaram durante a jornada. Escrever suas respostas, portanto, ajudará a visualizar seu progresso. Reserve o tempo que precisar para cada exercício e não tenha pressa para se concentrar, entender e planejar o futuro.

## EXERCÍCIO 1.1 Entendendo suas reações ao que aconteceu

Antes de tudo, você precisa estar ciente de sua realidade. Por enquanto, é necessário saber o que se passa com você. Mais tarde, pediremos que tente entender seu par e a infidelidade ocorrida.

Releia as reações comuns após a descoberta de uma traição (páginas 13 a 16), incluindo pensamentos, sentimentos e comportamentos. Use essa lista para esclarecer quais têm sido as suas reações.

### Pensamentos, suposições e limites

Uma traição não só faz você se sentir mal, mas também destrói suas crenças sobre seu relacionamento, sobre seu par e sobre você. *Liste as principais crenças ou visões que tinha antes e que mudaram por causa da traição. Quais limites foram ultrapassados?* Por exemplo:

> "O que mais me machuca é achar que você era a única pessoa com quem eu podia contar, e agora não posso mais" ou "Eu tinha certeza que nunca faríamos isso com outras pessoas. Como você pode dizer que não é nada sério e que estou exagerando?" ou "Sempre achei que não conseguiria me virar por conta própria. Mas, depois de lidar com tudo isso, acho que sou mais forte do que imaginava."

### Sentimentos

Quais são os principais sentimentos percebidos agora e desde que a traição foi descoberta? Você está com raiva, triste, com medo? Sente confusão, apatia? Sente alívio pela traição ter sido descoberta? Durante a conversa com seu par, você sentiu algo positivo, como carinho, proximidade, segurança ou qualquer outro sentimento bom?

*Liste seus principais sentimentos e tente vinculá-los ao que você está pensando no momento ou o que acabou de acontecer.* Por exemplo:

> "Fico com muita raiva quando você se recusa a falar sobre o que aconteceu." ou "É uma frustração ouvir as mesmas perguntas toda hora." ou "Sempre que discutimos assuntos dolorosos, sinto mais esperança."

### Comportamentos

Quando há mágoa envolvida de ambas as partes, as ações podem ser diferentes do habitual. Isso é compreensível, mas esse comportamento, se duradouro, não promoverá melhora – pode até piorar. *Liste as principais mudanças de comportamento percebidas em você que podem atrapalhar sua recuperação e a restauração do seu relacionamento.* Por exemplo:

> "Digo coisas cruéis, e às vezes isso me faz sentir pior." ou "Me isolo, mesmo sabendo que precisamos conversar." ou "Agora quero saber onde meu par está e o que está fazendo o tempo todo. Questiono várias vezes ao dia."

*Talvez algumas mudanças de comportamento tragam uma sensação boa. Liste-as também.* Por exemplo:

> "Estou conseguindo me defender agora, e isso é bom." ou "Estou falando com mais honestidade agora. Se isso criar conflito entre nós, teremos de lidar com isso. Mas eu gosto dessa nova parte de mim."

# 2
# Como enfrentar o dia a dia?

Allison suspeitou pela primeira vez da traição de Seth quando uma amiga disse que o viu em um "jantar íntimo" com outra mulher quando Allison estava fora da cidade. Anos antes, Seth teve um breve caso com uma pessoa, mas o casal deixou isso para trás e nunca discutiu sobre isso depois das primeiras semanas. Desta vez, Allison insistiu que Seth saísse de casa.

No início, Seth e Allison continuaram se encontrando depois do trabalho para conversar sobre o que havia acontecido. Allison queria saber todos os detalhes da traição e, inicialmente, Seth respondeu à maioria de suas perguntas. No entanto, quando ela exigiu saber o nome e o endereço da outra mulher, Seth se recusou e passou semanas sem falar com Allison. Quando conversaram de novo, Allison pediu que ele voltasse para casa para que pudessem resolver sua situação. Seth concordou em fazer o possível para melhorar o relacionamento, com a condição de não falarem mais sobre sua infidelidade.

Dar um tempo das discussões iniciadas toda vez que falavam sobre a traição foi um alívio, mas Allison ainda se perguntava sobre a traição e a honestidade de Seth. Ela se sentiu desconfortável quando ele tentou beijá-la ou iniciar o ato sexual, e Seth a acusou de não querer se aproximar. Antes que percebessem, mal estavam se falando. Nenhum dos dois queria o divórcio, mas a distância entre eles parecia aumentar a cada dia.

Logo que a traição é descoberta, a vida parece instável. A maioria dos casais descreve o relacionamento como caótico. Com todas as "certezas" destruídas e as regras violadas, eles não têm ideia de como interagir em situações básicas do dia a dia. Como vocês devem lidar com o que está acontecendo no relacionamento? Como vocês devem se falar sem deixar as emoções saírem do controle? Sobre o que falar? Como realizar as atividades rotineiras – preparar refeições, cuidar dos filhos, pagar as contas? Qual o nível de afeto entre vocês? O que fazer se tiverem necessidades diferentes? *Mais importante: o que fazer para não piorar as coisas?*

As três reações a seguir são as mais comuns entre os casais e, muitas vezes, eles tentam várias abordagens, porque nada parece funcionar:

- continuar como se nada tivesse acontecido;
- aproximar-se a todo custo, por exemplo, passando a maior parte do tempo juntos ou fazendo amor com mais frequência, na tentativa de salvar o relacionamento;
- distanciar-se, o que pode reduzir conflitos improdutivos, mas aprofundar a falta de confiança.

O conselho que costumamos dar aos casais que estão enfrentando o dia a dia após a traição é o seguinte:

👋 Por enquanto, apenas se concentrem em não piorar as coisas.

A *recuperação* real não vai acontecer agora, mas a sua recuperação a longo prazo pode ser muito influenciada pelas decisões que você tomar sobre os próximos um ou dois meses. O objetivo deste capítulo e dos dois seguintes é não piorar as coisas.

**Estabelecer limites saudáveis pode ser a maneira mais importante de não piorar as coisas.** Você vai precisar de limites: entre você e seu par, entre vocês e a pessoa pivô da traição e entre vocês e outras pessoas que precisem ou não saber da infidelidade.

Primeiro, você deve estabelecer limites com a pessoa com quem vive, e é disso que falaremos agora. No entanto, se perceber que as conversas entre vocês estão saindo do controle, pule para o Capítulo 3 agora para aprender técnicas e estratégias específicas de comunicação. Se seu par ainda não terminou o caso extraconjugal, talvez seja melhor ler primeiro a parte relevante do Capítulo 4 antes de continuar neste.

## COMO ESTABELECER LIMITES ENTRE VOCÊS

> *"Não podemos simplesmente fugir disso", reclamou Zuri. "Todos os dias é a mesma coisa. Ele não para de fazer perguntas. Jaden não para. Parece um interrogatório! Eu não aguento mais. Sei que o que fiz foi errado. Prometi a Jaden e a mim não mentir mais, mas nós tentamos conversar e nada melhora, muito pelo contrário. Se eu disser: 'Chega!' e quiser parar de discutir, ele fica furioso."*

### Devemos falar sobre a traição?

A maioria dos casais acha impossível *não* falar sobre a traição. Falar é uma maneira de expressar a mágoa e tentar restabelecer a segurança: "Como você pôde fazer isso? Nossa relação não importa para você?" O problema é que vocês talvez não concordem sobre como lidar com o assunto, sobre a frequência das conversas e sobre o que falar. É importante entender sobre o que vocês precisam conversar e como estabelecer limites que ajudem a ter essas discussões sem piorar as coisas. O Exercício 2.1, ao final deste capítulo, pode ajudar nessa situação.

Por mais difícil que seja, falar sobre a traição provavelmente é a única maneira de entender por que aconteceu e de perceber formas de evitar que aconteça novamente. No entanto, nem todos os casais discutem o assunto, pelo menos não no início. Falar sobre a infidelidade pode ser doloroso e assustador. Às vezes, a pessoa que traiu reluta em conversar porque a dor do outro se torna ainda mais evidente nesses momentos. É mais desafiador ainda quando uma pessoa quer abordar o assunto e a outra, não. *Não discutir sobre a traição pode evitar desconfortos a curto prazo, mas é provável que resulte em mais dificuldades a longo prazo.*

Quando Zuri contou a Jaden sobre a traição, ele respondeu que estava magoado, mas que tentaria entender. No início, pediu que os dois esquecessem o ocorrido, mas, meses depois, isso mudou. Ele queria saber tudo. Como a pessoa beijou Zuri, como exatamente foi o sexo. Quanto mais vívidas as imagens se tornavam, mais assombrosas eram, e logo Jaden não conseguia pensar em mais nada. O casal não conseguia distinguir as discussões que precisavam ter para restabelecer a segurança emocional das discussões que precisavam evitar porque, provavelmente, tornariam a recuperação mais difícil.

## Sobre o que falar e sobre o que não falar?

Quando o casal começa a abordar a traição, é importante considerar as três perguntas a seguir:

- O que aconteceu?
- Por que você fez isso?
- A que conclusão chegamos?

### O QUE ACONTECEU?

Para falar sobre "o que aconteceu", os casais precisam chegar a um entendimento comum acerca dos eventos básicos envolvidos na infidelidade. Uma traição envolve ultrapassar limites vitais para o bem-estar de um casal. Que limites foram violados nesse caso? No quadro a seguir, listamos algumas perguntas comuns que os casais geralmente precisam abordar após a infidelidade. Você precisa saber quando a traição começou, quanto tempo durou e quando e como terminou. Por exemplo, um encontro sexual único em circunstâncias incomuns pode ter significado e efeitos diferentes em um relacionamento do que um caso de seis meses com uma pessoa amiga próxima do casal. O caso de Zuri foi uma "aventura" de uma semana que incluiu relação sexual enquanto Jaden estava na Europa, em uma viagem a trabalho que durou dois meses. Apesar de o sentimento de culpa ter sido a motivação de Zuri para confessar sua infidelidade ao marido, ela *acreditava* que eles poderiam deixar o assunto para trás, já que foi um evento passageiro em suas vidas. Jaden pareceu concordar, a princípio, mas as consequências emocionais acabaram sendo tão devastadoras quanto se o caso tivesse acontecido por meses. É importante revelar a intensidade e a duração da traição, porque esses fatores podem ter implicações significativas para o futuro do relacionamento.

## O que aconteceu?

- Quando a traição começou? Há quanto tempo você conhece a outra pessoa? Quando começou o flerte e em que momento se transformou em sexo?
- Quem teve a iniciativa? Um dos envolvidos tentou evitar? Se sim, quem e como?
- A outra pessoa é casada ou está em um relacionamento sério? O par dessa pessoa sabe da traição? Se não, você ou a pessoa pretendem contar?
- Quais limites foram ultrapassados nessa traição?
- Quando e onde vocês se encontraram? Você e a outra pessoa fizeram sexo? Se sim, quantas vezes?
- Qual foi o nível de envolvimento emocional? Com que frequência você e a outra pessoa conversavam, seja presencialmente, por telefone ou internet? O que mais vocês fizeram juntos?
- Quais métodos contraceptivos e de proteção contra infecções sexualmente transmissíveis (ISTs) vocês usaram? Alguma vez não usaram proteção? Você ou a outra pessoa foram testados para ISTs?
- Quanto dinheiro foi gasto na traição? Você recebeu presentes da outra pessoa ou tem lembranças materiais da infidelidade? O que vai fazer com tudo isso?
- O caso entre vocês terminou? Se sim, quando e quem teve a iniciativa? Se o caso terminou, é em definitivo ou temporariamente?
- Desde o término, você manteve contato com a pessoa? Tomou alguma atitude para garantir que não ocorra mais contato? Quais são seus planos se a pessoa procurar você?
- Quem mais sabe sobre a traição? O que os outros sabem e como descobriram?
- Precisamos considerar outras consequências, como complicações no trabalho ou problemas legais? Essa pessoa ou seu par podem nos prejudicar de alguma forma?

Talvez seja preciso saber mais sobre a pessoa de fora e a natureza da traição para poder seguir em frente. Foi essa pessoa que teve a iniciativa? Ela fez algo para o caso continuar acontecendo? O envolvimento foi principalmente emocional ou sexual? Algumas pesquisas sugerem que mulheres podem achar o envolvimento emocional do seu par com outra pessoa mais ameaçador, enquanto homens tendem a reagir mais ao envolvimento sexual de seu par com outra pessoa. Outras pesquisas sugerem que, qualquer que seja o gênero, todas as pessoas se sentem ameaçadas quando veem seu relacionamento mais íntimo e importante em perigo.

É natural querer entender a "magnitude" da pessoa externa e o "tipo de ameaça" que ela representa. Por isso, se você é a pessoa que foi traída, talvez seja inevitável perguntar-se o que seu par e o outro realmente fizeram juntos. O que aconteceu já é muito doloroso, mas existe o risco de acontecer de novo ou seu relacionamento realmente terminar? Para algumas pessoas, avaliar a potencial ameaça social de outros envolvidos também é importante. Ter ciência da infidelidade da pessoa com quem você divide a vida já é muito chocante. A última coisa que você precisa é ter de se preocupar com quem sabe o quê ou com quem está falando sobre você pelas costas.

Claro, determinadas ameaças físicas reais devem ser consideradas, como o risco de uma IST. Se houve sexo desprotegido pelo menos uma vez, ambos devem ser avaliados clinicamente quanto a riscos para IST. Também pode haver ameaças de violência física. Na prática clínica, vimos situações em que a pessoa pivô da infidelidade se tornou fisicamente agressiva com o casal. Às vezes, o par da pessoa externa é quem tem potencial agressivo com ela ou tenta estragar sua reputação espalhando a traição aos outros. Não queremos causar alarme desnecessário, mas sugerimos uma conversa franca e realista sobre a possibilidade de agressão física ou outras formas de retaliação por parte de qualquer pessoa envolvida no caso, seja direta ou indiretamente.

O que os casais devem evitar discutir são os detalhes íntimos do caso, especialmente em termos de comportamentos sexuais específicos. A insistência de Jaden para que Zuri revelasse tudo o que ela fazia na cama não lhe trouxe segurança emocional, não o fez se sentir melhor a respeito dela, nem de si mesmo ou de seu casamento, e não lhe ajudou a entender as coisas, nem a seguir em frente. Em vez disso, ficou ainda mais difícil para Jaden afastar de sua mente as imagens da traição e lembrar dos momentos bons do casal ou vislumbrar momentos bons no futuro.

Claro, saber o que é importante discutir nem sempre é suficiente para garantir conversas produtivas. Como Zuri e Jaden, talvez você e seu par acabem em discussões infinitas que os deixem cada vez mais frustrados e ressentidos. Se isso acontecer, leia o Capítulo 3, em que apresentamos diretrizes para falar sobre sentimentos de forma produtiva e para aprender a ouvir com atenção.

## POR QUE VOCÊ FEZ ISSO?

Entender como a infidelidade ocorreu é fundamental para recuperar a sensação de segurança e tomar boas decisões para seguir em frente. Talvez você ache estranho haver tão poucas perguntas no quadro a seguir, que aborda o porquê da traição. São poucas perguntas não por considerarmos essa questão sem importância ou por esperarmos que fique "em segundo plano" após a descoberta do caso. Muitas vezes, uma das perguntas mais perturbadoras para a pessoa traída é sobre as circunstâncias do ocorrido. No entanto, discussões detalhadas e prolongadas sobre os motivos da infidelidade provavelmente não serão produtivas nem satisfatórias nesse momento – elas serão centrais mais tarde. Uma das razões para isso é que a pessoa infiel muitas vezes *não sabe* realmente por que agiu assim. Em momentos mais avançados do processo de recuperação, já ouvimos manifestações como: "Eu devia estar louco. O que aconteceu comigo?" ou "Quanto mais analiso a situação, mais percebo que os motivos que me levaram a trair não fazem sentido." Pressionar para ter respostas conclusivas agora só resultará em explicações imprecisas ou incompletas, o que pode atrapalhar um olhar mais atento para o quadro geral posterior.

Muitas vezes, a pessoa que cometeu infidelidade não quer dizer o motivo porque sabe que nenhuma explicação vai tranquilizar a outra. Talvez haja

### Por que você traiu?

- Por que você me traiu?
- Você pensou em mim e na nossa família?
- Por que não me contou? (ou: Por que você demorou para me contar?)

um medo sincero de causar mais sofrimento para quem foi traído se falar sobre sua própria infidelidade e suas decepções no relacionamento. Algumas pessoas que traem sentem tanta vergonha e aversão de si mesmas que perguntas insistentes sobre o porquê podem se tornar intoleráveis.

Portanto, em vez de evitar completamente as perguntas sobre o motivo, recomendamos que você evite fazer sempre as mesmas perguntas o tempo todo. Alguns casais ficam acordados conversando noite após noite e ainda sentem que não estão chegando a lugar nenhum. A Parte II deste livro é dedicada a analisar como tudo aconteceu. Seja paciente e leia a Parte I antes de cobrar explicações sobre como o caso surgiu.

## O QUE VAI ACONTECER?

Ainda não podemos saber ao certo como a traição vai afetar você a longo prazo, mas algumas questões precisam ser resolvidas no momento. No quadro a seguir, citamos algumas perguntas comuns que abordam tais assuntos. Algumas delas — por exemplo, como lidar com as responsabilidades diárias da família e da casa e como demonstrar intimidade emocional e física — precisam ser feitas desde o início, embora você precise lembrar que as respostas provavelmente mudarão com o tempo. Outras questões — por exemplo, separação ou divórcio — serão tratadas mais tarde, a menos que vocês já tenham tomado decisões nessa direção. Resumindo, tente separar as decisões urgentes que precisam ser tomadas *agora* daquelas que você terá mais condições de resolver *depois*, quando tiver lido as Partes II e III deste livro. Nelas, vamos ajudar você a entender como a infidelidade aconteceu e como seguir em frente, passo a passo.

Uma das questões mais importantes é decidir se vocês continuarão morando na mesma casa. **De maneira geral, aconselhamos os casais a não se separarem durante a fase inicial do processo, a menos que seja impossível permanecerem juntos no momento.** Restabelecer a sensação de segurança no relacionamento é, muitas vezes, fundamental para a recuperação, e a separação pode dificultar nesse ponto. Além disso, vocês precisam discutir muitos problemas para seguir em frente, e separar-se antes pode dificultar a conversa. Se vocês têm filhos, a separação pode não ser o melhor para eles. Às vezes, essa decisão encoraja a pessoa de fora a perseguir, de forma mais agressiva, a pessoa que cometeu infidelidade, o que geralmente aprofunda as feridas em

> **O que vai acontecer?**
> - Devemos continuar morando na mesma casa por enquanto?
> - Como saber se estamos conversando sobre o que realmente precisa ser conversado?
> - Como lidamos com as tarefas básicas do relacionamento e da casa?
> - Que demonstrações de carinho parecem apropriadas no momento? Por exemplo, ligar para você durante o dia só para manter contato, ou tomar café juntos pela manhã?
> - Que outras expressões de intimidade são bem-vindas? Um abraço ou um beijo? E fazer amor?
> - O que você acha que seria necessário no momento para superarmos isso? Quais compromissos podemos assumir sobre nossa relação no curto prazo?
> - Você já sabe o que quer a longo prazo? Se sim, como você chegou a essa decisão e até que ponto tem certeza de que seus sentimentos não mudarão?
> - Você já considerou o divórcio, entrou em contato com um advogado ou abriu uma conta bancária separada? Podemos combinar de suspender qualquer passo em direção ao divórcio até ter tentado resolver as coisas juntos?

vez de curá-las. Por fim, a separação pode acabar tornando a traição pública, e isso leva a outras complicações, discutidas no Capítulo 4.

Em certas circunstâncias, porém, separar-se pode ser uma boa ideia. Listamos as situações mais importantes no próximo quadro.

É importante saber se alguém já tomou medidas para pedir o divórcio. *Pensar* em divórcio é comum em momentos como esse, mas, se alguém já conversou com um advogado ou recentemente abriu uma conta bancária separada, é importante que o outro esteja ciente do que está acontecendo. Parte do dano causado por uma traição é esconder ou mentir. Não piore as coisas tomando medidas importantes sem o conhecimento do seu par. O objetivo neste momento não é "vencer", mas garantir que, independentemente das decisões de longo prazo que tomarem, vocês consigam seguir em frente com dignidade e sem se machucar ou machucar pessoas queridas.

Vocês devem conversar sobre o que desejam e precisam para o relacionamento no momento. Isso não significa, necessariamente, decidir o que querem fazer a longo prazo. De modo geral, acreditamos que os casais, em sua maioria, não estão preparados para tomar decisões definitivas a longo prazo, pois ainda não contam com todas as informações necessárias, e as emoções estão à flor da pele. Na verdade, estamos falando de decisões a curto prazo sobre o relacionamento. Vocês querem considerar a possibilidade de fazer as coisas funcionarem? Podem se comprometer a entender a infidelidade e o que ela significa para vocês a longo prazo? Conseguem entrar nesse processo juntos?

## Como podemos voltar ao normal ou construir um "novo normal"?

*Para Madison e Chase, tudo parecia estranho depois que Chase confessou a traição. Madison descreveu a sensação como "pisar em cacos de vidro", porque eles tinham que se tratar com muita cautela. O casal sabia que não poderia continuar o relacionamento assim, mas não tinha certeza de como dar os primeiros passos para voltar ao normal.*

### Quando a separação após a infidelidade é a melhor decisão?

- *Quando alguém tem certeza de que quer se separar.* Pode ser mais fácil se separar agora e seguir em frente com o processo de divórcio, mas tenha cautela. O que parece certo agora pode não parecer tão certo na próxima semana.

- *Quando vocês não conseguem evitar as discussões intensas e verbalmente agressivas* (mesmo usando as estratégias do Capítulo 3). Separar-se, por enquanto, pode ser o último recurso para não piorar as coisas.

- *Quando a turbulência emocional em seu relacionamento está contribuindo para a agressão física*, com empurrões, restrições, tapas ou outras formas de violência.

Depois de decidir se continuarão morando na mesma casa, talvez seja necessário conversar sobre questões com as quais vocês não conseguem mais lidar automaticamente. Entre elas estão as tarefas que apenas mantêm o relacionamento ou a família em movimento. Vocês precisam analisar quais tarefas diárias foram interrompidas por causa da traição e decidir como serão realizadas agora. Vocês vão dividir as responsabilidades domésticas como faziam antes? Ainda podem fazer alguma dessas tarefas em conjunto? Conseguem lidar com elas individualmente quando beneficiam as duas partes? Se não, vocês concordam em criar um novo sistema de tarefas para que ninguém se magoe mais e não haja mais danos ao relacionamento? O Exercício 2.2 ajudará a responder a essas perguntas.

Além disso, os atos de cuidado também passam a ser estranhos. Talvez vocês tivessem o costume de ligar ou trocar mensagens durante o dia apenas para estarem em contato, ou fizessem pequenos gestos, como se oferecer para pegar algo na cozinha antes de dormir. Isolar-se em silêncio por dias ou semanas a fio pode corroer a base do relacionamento, no entanto, manter alguns atos de carinho costumeiros passa a ideia de "Eu sei que ainda não resolvemos as coisas e sei que ainda há muita mágoa e tensão entre nós, mas estou fazendo isso para que você saiba que ainda me importo e não vou desistir". Quando o casal não consegue realizar atividades em conjunto, como jogar um jogo ou sair para jantar, recomendamos atividades "paralelas" que permitam ficar junto sem exigir muita interação, como assistir a um filme ou participar de um evento esportivo. Deve haver um equilíbrio. Faça um esforço para mostrar consideração e atenção, mas reconheça que você pode não se sentir confortável agora com algumas maneiras de demonstrar amor ou carinho como era antes.

Por fim, é preciso decidir como lidar com aspectos íntimos do relacionamento, como sexo e demonstrações físicas de afeto, o que pode ser particularmente difícil. Vocês se sentem confortáveis com toques suaves? E abraços ou beijos? Vocês conseguem dormir juntos? Se pararam de fazer amor, vocês já conseguem voltar a ser sexualmente íntimos novamente? As vontades das pessoas variam muito nesse quesito. Para alguns casais, fazer amor após uma traição pode ser uma maneira importante de se reconectar e confortar, embora ainda reconheçam que o relacionamento está abalado. Para outros casais, até mesmo toques suaves podem ser desconfortáveis. Não existe maneira certa ou errada de lidar com isso. O importante é que vocês conversem sem exigências ou hostilidade.

Vocês podem tentar demonstrar carinho como faziam antes, mas algumas formas costumeiras de interação podem não funcionar, especialmente se fizerem você se sentir muito vulnerável. Então, talvez seja necessário criar novos padrões ou um "novo normal" por enquanto. Essas decisões dependem de como vocês estão se saindo agora e quais limites foram ultrapassados com a infidelidade. Se ela envolveu sexo, talvez retomar a vida sexual com seu par não seja a melhor opção no momento. Se houve envolvimento emocional, talvez você não consiga se abrir e mostrar-se vulnerável com o outro agora.

As decisões que toma a curto prazo não impedem você de tomar decisões diferentes no futuro. Além disso, é importante prever mudanças na intimidade emocional ou sexual, principalmente em relação à pessoa que foi traída. O que parece confortável e reconfortante hoje pode parecer estranho ou até traumático amanhã e vice-versa. Geralmente, o melhor jeito de descobrir o que a pessoa quer é perguntando. Muitas vezes, as pessoas tentam interpretar a linguagem corporal uma da outra e acabam entendendo errado o que o outro deseja. Esses mal-entendidos podem piorar se não forem esclarecidos com perguntas diretas: "Quando toquei em você ontem à noite, você se afastou de mim. Queria saber como se sentiu naquele momento".

## POR QUE ÀS VEZES AS COISAS DESMORONAM DE REPENTE? COMO LIDAR COM *FLASHBACKS*?

Estabelecer limites é a maneira mais importante de evitar que as coisas piorem, mas aprender a lidar com *flashbacks* não fica para trás. Quando vocês parecem estar melhor, mas tudo desmorona de repente, é comum sentir como se retrocedessem.

> *Jake e Megan estavam na estrada a caminho de um resort onde passariam o fim de semana. Eles se sentiam bem com o progresso que fizeram após a traição de Megan, que ocorreu há alguns meses, e ambos estavam realmente ansiosos por esse passeio juntos. De repente, Jake parou de falar e, quando Megan se virou para ele, percebeu que estava sério e segurando o volante com força. Ela disse algo que*

*o incomodou? Quando ela perguntou a ele o que havia de errado, Jake disse que eles tinham acabado de passar por um motel da mesma rede que Megan e o amante às vezes iam. Ver um motel com o mesmo nome fez o estômago de Jake revirar de novo.*

*Megan entrou em desespero na hora. Ela tinha medo que eles nunca se recuperassem, não importava o que fizesse. Nunca conseguiria prever essas mudanças de humor. Por que ele teve que trazer à tona tudo de novo, logo agora, e arruinar o fim de semana deles? Por que não seguir em frente?*

As dificuldades de Jake e Megan com as lembranças da traição demonstram uma parte inevitável do processo de recuperação. Passar por um motel com o mesmo nome, ver um carro do mesmo modelo que o da terceira pessoa ou ouvir uma notificação de mensagem chegando no celular do seu par pode trazer à tona sentimentos profundamente dolorosos e traumáticos que acompanharam a descoberta da traição. Além dos detalhes que desencadeiam *flashbacks*, a televisão, os jornais e os filmes estão cheios de referências à infidelidade. Mesmo quando o casal sabe que o caso terminou, as memórias podem surgir em momentos imprevisíveis e são profundamente angustiantes para ambos.

Aqui vamos focar nas lembranças angustiantes que as pessoas que foram traídas costumam ter. No entanto, as pessoas que cometeram infidelidade também podem sofrer com lembranças que provocam culpa, vergonha ou, até mesmo, em alguns casos, sentimentos pela pessoa com quem teve o caso. As orientações apresentadas nas próximas páginas também podem ser úteis para lidar com essas questões.

## Como reconhecer um *flashback*?

No sentido mais restrito, *flashback* se refere a reviver um incidente traumático com as mesmas reações emocionais, cognitivas e fisiológicas sentidas no momento do trauma. Porém, se pensarmos em *flashbacks* como um espectro, teríamos as memórias vívidas em uma extremidade, e, em outra, as memórias dolorosas. *Flashbacks* relacionados a traições costumam ficar no meio desse espectro. As lembranças são dolorosas o suficiente para interromper seus pensamentos e sentimentos, mas normalmente você está totalmente ciente de que o gatilho não é o evento em si. *Flashbacks* em qualquer nível envolvem sentimentos, memórias e imagens dolorosas do passado. Como ocorrem de forma repentina e inesperada, geralmente parecem imprevisíveis e fora de controle.

*Flashbacks* costumam ser muito dolorosos para as duas pessoas da relação, mas podem se tornar ainda mais angustiantes quando mal compreendidos ou mal administrados. Muitas vezes, a pessoa que cometeu infidelidade acha que seu par está tendo *flashbacks* de propósito, por não querer seguir em frente, ou que está usando esses *flashbacks* como um castigo. A pessoa que foi traída, por outro lado, pode se sentir assustada, sobrecarregada e sem esperança de superar a situação. Por isso, a menos que vocês desenvolvam uma forma eficaz de reconhecer e enfrentar os *flashbacks*, eles podem atrapalhar o progresso e, no fim das contas, impedir a recuperação do relacionamento. No quadro a seguir, você encontra um resumo de dicas para lidar com *flashbacks*. O Exercício 2.3, ao final deste capítulo, pode ajudar no uso dessas dicas para criar estratégias específicas de enfrentamento dos *flashbacks*.

Se estiver vivenciando *flashbacks*, você precisa decidir quando e como compartilhá-los. Após descobrir a traição, provavelmente você encontrará muitos gatilhos que provocam tristeza, mágoa, medo ou raiva. No entanto, pedir para seu par falar sobre *cada* lembrança sua da infidelidade, independentemente da intensidade, pode acabar desgastando-o. Por isso, pense se realmente é importante falar sobre o *flashback* em cada situação. Se a memória for muito angustiante para você e precisar de apoio, se estiver interferindo em sua capacidade de interagir de forma construtiva com seu par, ou se ele perguntar sobre seus sentimentos durante um *flashback*, talvez seja bom conversar sobre isso. Mas, às vezes, será importante tentar lidar com essas experiências por conta própria. Para enfrentar os *flashbacks* como casal ou individualmente, use algumas estratégias de autocuidado descritas no Capítulo 5.

## O que devo fazer quando meu par tiver um *flashback*?

Quem cometeu a infidelidade precisa saber o que fazer quando a pessoa que foi traída tiver um *flashback*. Se você acha que seu par pode estar vivenciando

### Orientações para lidar com os *flashbacks*

- Se perceber que está respondendo à pessoa com nervosismo e irritação, dê um passo atrás e avalie a situação e sua reação.

- Se concluir que sua reação é realista, dadas as circunstâncias imediatas, expresse seus sentimentos à pessoa e tente encontrar uma solução mais aceitável. Por exemplo: *"Quando você chega em casa do trabalho com uma hora de atraso e não me liga, fico pensando onde você está e o que está fazendo. É exatamente o que eu sentia logo que descobri sua traição. Precisamos conversar para descobrir o que fazer nessas situações de atraso inesperado"*.

- Se concluir que sua reação provavelmente foi causada por uma lembrança da traição, conte para a pessoa o que está acontecendo. Diga o que está sentindo e qual foi o gatilho. Por exemplo: *"Passar por aquele motel me fez lembrar que você me traiu. Estou muito triste e com medo de novo"*.

- Tente distinguir seus sentimentos e seu nível de nervosismo. Por exemplo: *"Quando seu celular tocou enquanto a gente estava dormindo, tive um* flashback *daquelas mensagens que você recebia tarde da noite enquanto estava me traindo. Meu coração está disparado, e a sensação é tão intensa quanto era naquela época"*.

- Especifique o que seria mais útil neste momento para lidar com seus sentimentos. Você quer apenas que a pessoa reconheça o quanto isso deixa você triste? Quer um abraço, quer que ela tranquilize você, ou precisa de tempo e espaço para ficar só? Por exemplo: *"Me senti mais sozinha e distante de você hoje. Preciso que fique comigo. Queria um abraço. Eu realmente preciso que você fique comigo e apenas me abrace"*.

- Vocês podem tentar reduzir as chances de esses gatilhos aparecerem no futuro. Por exemplo: *"Assistir a filmes juntos era divertido, mas agora é melhor evitar filmes de romance, infidelidade ou qualquer outra coisa que me lembre da traição. Como podemos lidar com isso?"*.

- Busque um equilíbrio entre conversar com a pessoa sobre os *flashbacks* e lidar com essas experiências por conta própria. Isso evita sobrecarga do relacionamento e desgaste com essas conversas difíceis.

um *flashback* ou outra reação emocional causada por lembranças da infidelidade, pergunte se é isso mesmo e peça que converse sobre esses sentimentos com você. No entanto, a pessoa pode não querer conversar no momento. Se for o caso, aceite essa decisão. É mais provável que ela interprete sua atitude como uma demonstração de escuta, apoio e compreensão. Use as orientações para uma escuta ativa apresentadas no Capítulo 3. Descreva especificamente o que você está observando na pessoa sem a atacar e peça para ela esclarecer o que está sentindo: "Você ficou em silêncio de repente e sinto uma tensão no ar. Quer conversar sobre isso?"

Tente ajudar a pessoa a identificar o gatilho (ou os gatilhos) para o que ela está sentindo no momento. O que causou o *flashback*? Foi alguma coisa que você disse ou fez sem perceber? Algum gatilho no ambiente? Algo interno, como se comparar com a pessoa de fora ou ver uma foto dela? Quando identificarem o gatilho, não fique na defensiva. Por exemplo, se seu par teve um *flashback* quando você recebeu uma mensagem à noite, isso não significa que ele acha que você está tendo um caso novamente. Você não precisa se defender nem insistir que a pessoa pare de ter esses pensamentos. Em vez disso, você pode responder: "Sinto muito por isso. Sei que é horrível. Vamos tentar superar juntos". Tente ouvir e ajudar, pois não significa que tenha feito algo errado.

Além de esclarecer o gatilho específico do momento, converse sobre aspectos que costumam desencadear sentimentos tão intensos. Identificá-los pode ajudar a reconhecer situações de alto risco. Em alguns casos, é possível reorganizar-se para evitar situações que provavelmente são gatilhos, como ficar até tarde no trabalho. Nem todos podem ser evitados, mas identificar gatilhos com antecedência pode ajudar a reduzir sua ocorrência e lidar com seu impacto de maneira mais eficaz.

## O que posso fazer para ajudar agora?

Conversar com seu par sobre o que ele precisa de você no momento pode ser uma boa forma de lidarem com episódios difíceis. O que a pessoa precisa pode variar de acordo com a situação – pode ser que ela só queira um abraço, um carinho ou ouvir que você a ama e está ao seu lado. Em outras situações, ela pode querer falar sobre o que está sentindo ou como evitar gatilhos específicos no futuro. Também é possível que, em alguns momentos, ela precise de tempo e espaço para lidar com o *flashback* sozinha.

É importante ter paciência e flexibilidade, pois, às vezes, a pessoa pode não saber exatamente do que precisa ou pode mudar de ideia. Se seu par pedir para ficar sozinho, pergunte mais tarde se o sentimento mudou e se agora prefere ter você por perto. O mais importante é lidar com esses *flashbacks* como um casal. Primeiro, esclareça se a pessoa está tendo um *flashback* para evitar mal-entendidos. Depois, conversem sobre o que ela precisa e como você pode ajudar no momento.

## O que esperar em relação a contratempos?

No momento, é provável que *flashbacks* de diferentes intensidades continuem acontecendo. É bastante desanimador quando essas experiências parecem superadas e surgem novamente. No entanto, ter *flashbacks* não significa que vocês voltaram à "estaca zero", que seu par não está se esforçando ou que está tudo perdido, pois eles fazem parte do processo de recuperação. Em nossa experiência, os *flashbacks* diminuem gradualmente em frequência, intensidade e impacto para o casal. É possível facilitar esse processo mantendo a esperança, trabalhando juntos e utilizando as diretrizes descritas aqui.

O próximo capítulo descreve estratégias para expressar e lidar com os sentimentos do outro, tomar decisões em conjunto e reduzir a tensão durante discussões intensas. Como algumas dessas habilidades e estratégias são úteis para lidar com os assuntos abordados neste capítulo, muitas pessoas consideram interessante ler os Capítulos 2 e 3 juntos para refletir sobre como incorporar as habilidades do Capítulo 3 ao que aprenderam aqui. Você pode voltar aos exercícios deste capítulo depois de aprender mais sobre estratégias de comunicação eficaz, descritas no Capítulo 3.

## EXERCÍCIOS

Os exercícios a seguir foram projetados para ajudar você e seu par a lidar com os desafios da interação. É melhor fazer em dupla, mas você pode fazê-los individualmente, se necessário.

- *Se estiverem lendo em dupla:* primeiro, cada um deve ler os exercícios e anotar suas próprias respostas; depois, mostrem o que escreveram e discutam sobre. As discussões devem durar, no máximo, 30 minutos, mesmo que isso signifique abordar apenas uma pergunta ou parte dela. É melhor fazer de forma eficaz do que acelerar as perguntas ou, ao contrário, gastar muito tempo, pois vocês podem cansar, desanimar e se magoar. Vocês terão mais chances de tentar novamente se conseguirem ter conversas construtivas.

- *Se você estiver lendo só:* leia os exercícios por conta própria e anote suas respostas. Pense se seu par está disposto a conversar sobre os problemas abordados. Se sim, combine um horário em que ambos tenham de 15 a 30 minutos para falar, um de cada vez. Quanto mais construtivas forem essas conversas iniciais, maior a probabilidade de vocês conseguirem ter discussões mais difíceis no futuro. Use os exercícios para decidir como *você* gostaria de interagir com seu par. Concentre-se em seus próprios comportamentos. Independentemente de como fique a situação entre vocês, é provável que você se sinta melhor se puder olhar para trás e saber que agiu da melhor maneira possível.

### EXERCÍCIO 2.1   Conversando sobre a infidelidade

*O que dizer?*

É provável que suas conversas sejam mais produtivas se você limitar o número de perguntas no momento e torná-las o mais específicas possível. *Liste as cinco principais perguntas que você gostaria de fazer agora.* Tente se concentrar nas informações que precisa ter agora para enfrentar as próximas semanas. Por exemplo:

"Quando começou a traição? Que contato você ainda tem com a pessoa de fora?"

"Em algum momento você não usou proteção contra ISTs?"

"Você já decidiu se quer continuar com nosso relacionamento?"

Por enquanto, evite ao máximo perguntar "por que". Chegaremos a essas questões importantes mais tarde. Para evitar uma discussão unilateral, você pode pedir que a pessoa liste as principais perguntas que ela gostaria de fazer.

*Quando e onde conversar?*

É provável que suas conversas fluam melhor se vocês combinarem quando, onde e por quanto tempo elas acontecerão. *Proponha um local e um horário e tentem chegar a um acordo. Se a pessoa não concordar com sua sugestão inicial, busquem outras possibilidades.* Por exemplo:

"Podemos conversar na sala de casa, terça-feira, por 30 minutos, depois que as crianças dormirem, para começar a discutir minhas cinco principais perguntas. Durante esse tempo, não vamos nos distrair com celular, trabalho ou televisão. Depois de 30 minutos, independentemente de onde estejamos na conversa, vamos parar e continuar em outro momento."

### EXERCÍCIO 2.2 Decidindo como interagir no momento

Várias áreas do relacionamento, desde as tarefas domésticas até a intimidade física, podem parecer confusas ou incertas para vocês neste momento. É importante tomar algumas decisões que especifiquem o que cada um de vocês fará ou não e qual será o período de teste (próximos dias ou semanas).

Se não conseguirem chegar a decisões provisórias nas áreas destacadas a seguir, convém consultar as orientações específicas para tomada de decisão discutidas no Capítulo 3.

## Decisões sobre tarefas básicas

Vocês provavelmente precisam tomar decisões sobre uma variedade de tarefas. *Liste as cinco principais tarefas ou áreas de responsabilidade que vocês precisam decidir como lidar na próxima semana ou nos próximos 15 dias. Liste cada tarefa ou preocupação e proponha soluções possíveis.* Por exemplo:

> "Precisamos decidir o que fazer com as atividades das crianças depois da escola. Sugiro manter o esquema de transporte que usávamos antes. Eu gostaria que nós dois continuássemos participando de seus eventos e nos sentássemos juntos, mas sem a necessidade de conversar um com o outro se não quisermos."

Ou

> "Eu gostaria que você continuasse pagando as contas, mas me mandasse uma atualização rápida toda semana sobre o que foi pago e qual é o nosso saldo bancário para que eu possa ficar por dentro das nossas finanças."

## Gestos de cuidado

É comum que alguns gestos de cuidado trocados antes agora pareçam incertos ou constrangedores; por exemplo, ligar ou mandar mensagem só para manter contato, dar uma volta juntos ou preparar um lanche para o outro. Se achar apropriado, *liste quatro ou cinco gestos simples de cuidado que você gostaria de manter nas próximas semanas.* Tente incluir uma ou duas ações em cada uma destas categorias:

- *Unilateral: coisas que vocês podem fazer pelo outro.* Por exemplo:

    > "Gostaria que você ajudasse a buscar as crianças na creche à tarde esta semana" ou "Gostaria que você continuasse fazendo café para mim de manhã."

- *Paralelo: coisas que vocês fazem juntos, mas que não exigem muita interação.* Por exemplo:

    "Gostaria que assistíssemos a um filme juntos."

- *Em conjunto: coisas que vocês fazem juntos e envolvem interação direta.* Por exemplo:

    "Gostaria de ir jantar com você para nos divertirmos, sem discutir o que aconteceu. Preciso que passemos um tempo juntos para relaxar e ter confiança."

### Envolvimento físico e sexual

Vocês precisam decidir como será o envolvimento físico nas próximas semanas. Seus sentimentos sobre isso podem mudar com o tempo, portanto, é importante traçar uma estratégia para conversarem sobre o assunto ocasionalmente. Como vocês podem ter preferências diferentes em relação ao nível de envolvimento afetivo e sexual no momento, sugerimos limitar essas interações ao nível mais seguro necessário para os dois. *Liste o nível de envolvimento físico ou sexual que você gostaria de ter com seu par nas próximas semanas. Diga quem você gostaria que fosse responsável por iniciar esses gestos e o que gostaria que acontecesse se vocês se sentirem desconfortáveis durante esses momentos.* Por exemplo:

"Às vezes, para mim, fazer amor é reconfortante, mas outras vezes não me sinto confortável com você me tocando. Gostaria que nos abraçássemos do lado de fora do quarto, mas, por enquanto, para me sentir bem, eu que quero iniciar se formos ter algo a mais do que um abraço, como fazer amor ou apenas beijar. Se estivermos começando com gestos mais íntimos e de repente ficar desconfortável para algum de nós, precisamos avisar e parar sem dar explicações e sem que fiquemos com raiva."

### EXERCÍCIO 2.3 Enfrentando os *flashbacks*

Como os *flashbacks* são muito comuns após um caso de infidelidade e podem interferir na recuperação, é importante que vocês entendam como surgem e desenvolvam planos para lidar com eles.

#### Como reconhecer um flashback

Tente se lembrar de quando você se pegou pensando sobre a traição em um momento ou lugar inesperado. Quais pensamentos e sentimentos surgiram? Tente se lembrar de momentos em que você percebeu que seu par estava tendo um *flashback* relacionado à infidelidade. O que a pessoa fez ou disse? O que você notou? *Descreva o máximo de sinais ou aspectos dos* flashbacks *que você ou seu par identificaram.*

#### Como identificar gatilhos

Tente identificar o maior número possível de gatilhos que levam a esses *flashbacks*. Onde vocês estavam? O que estavam fazendo? O que estava acontecendo antes e no momento do *flashback*? Quanto mais especificamente você puder identificar os gatilhos, mais raros ficarão os *flashbacks*. Se você já notou em seu par uma mudança repentina de humor que parecia não estar relacionada ao momento presente, você consegue se lembrar do que mais estava acontecendo? *Identifique o máximo possível de gatilhos seus ou do outro.*

#### Como lidar com flashbacks

Pense em várias maneiras de lidar com *flashbacks*. Algumas devem ser para vocês como casal; outras devem ser para que a pessoa que tem o *flashback* lide por conta própria.

*Pense em estratégias para vocês lidarem juntos.* Por exemplo, como você pode informar ao outro se estiver tendo um *flashback*? Se o humor ou o comportamento do outro mudarem repentinamente e você achar que essa mudança está associada a um *flashback*, como você perguntará sobre isso mostrando sua preocupação e sua vontade de ajudar? Quando souber que o outro está tendo um *flashback*, que medidas vocês podem tomar para reduzir sua duração ou seu impacto? Por exemplo, digamos que a pessoa prefira ficar sozinha por um tempo.

O outro deve verificar mais tarde se essa necessidade mudou e ela precisa de conforto?

*Pense também em maneiras de lidar com* flashbacks *por conta própria.* Por exemplo, meditar e fazer atividades individuais, como exercícios físicos, reduz o tempo e a intensidade do *flashback*? Conversar com outras pessoas, como um familiar ou amigo próximo, ajuda você a se acalmar? Lembre-se de que ter esses *flashbacks* não significa que você nunca vai se recuperar. Para cada uma dessas estratégias, pense que tipo de ajuda você pode precisar da outra pessoa. Por exemplo, ela poderia deixar você só por um tempo ou ajudar a cuidar das crianças enquanto você se distrai com amigos. Se tiver dificuldade em pensar em estratégias para lidar com os *flashbacks* por conta própria, consulte o Capítulo 5 para ler sugestões de autocuidado.

# 3
## Como conversar?

Quando Will descobriu o caso de Courtney, o que aconteceu a seguir seguiu um padrão comum: Will ameaçou pedir o divórcio, e Courtney imediatamente terminou seu caso com a outra pessoa. Eles discutiam constantemente, e Will planejava se mudar. Quando ele começou a fazer as malas, os dois perceberam que não estavam prontos para terminar o casamento de 10 anos. Eles deram um passo para trás e buscaram formas de apaziguar as discussões. Durante semanas, forçaram-se a continuar fazendo as refeições em família, indo juntos aos jogos de futebol dos filhos, combinando quem os levaria à escola, e assim por diante.

Não demorou muito, no entanto, para Courtney e Will sentirem o vazio no relacionamento. Estavam dormindo na mesma cama, mas não faziam amor. Quando tentaram conversar sobre a traição e sobre o relacionamento deles, nenhum dos dois conseguiu expressar o que estava sentindo. Quando Will tentava explicar a profundidade da ferida que Courtney causara e por que ele ainda se retraía quando ela o tocava, ele acabava repetindo sempre a mesma fala. Courtney falava que entendia e se desculpava pelo que havia feito, mas Will não se sentia compreendido, e ela não sabia mais o que dizer. Courtney sabia que o marido estava magoado, mas ficar repetindo o quanto estava arrependida não parecia resolver nada. Ela sabia que era a responsável pela dor de Will, e isso a machucava, mas ela também estava enfrentando sua própria mágoa. Há anos Courtney tentava dizer a Will como se sentia excluída da sua vida. Não se sentia mais importante para ele, e esse sentimento, de certa forma, levou-a a procurar apoio e atenção em outro lugar. Não conseguia dizer isso a Will – não depois do que ela havia feito. Mas como reconstruir a relação sem que ele a entendesse?

No fim das contas, Will cansou de explicar como se sentia, e Courtney cansou de tentar compreender.

Sentir que nosso par nos compreende é um dos pilares do relacionamento íntimo. A maioria das pessoas se compromete a longo prazo porque se sente especial na vida do outro. Sente que pode conversar sobre sentimentos profundos, expor partes de si que normalmente não se revelariam. Compartilha uma sintonia tão forte que dispensa palavras. A base da intimidade é poder compartilhar sentimentos profundos, ter esses sentimentos acolhidos e compreendidos e sentir o carinho e o cuidado do outro.

A infidelidade destrói essa base, especialmente para a pessoa que foi traída. Aquele que você acreditava ser fiel e um apoio nos momentos difíceis não é mais confiável. Já não parece seguro expressar sentimentos que deixam você vulnerável, e grande parte da mágoa pode se manifestar como raiva ou fúria. Às vezes, o choque e a dor são tão profundos que você pode ter uma sensação de entorpecimento que ajuda a sobreviver ao dia a dia. Em outros momentos, a raiva pode se somar a inseguranças, levando a uma tristeza profunda. Raiva e tristeza ou ataque e retraimento podem se alternar de forma rápida e imprevisível. Em meio a esse caos, pode ser muito difícil se expressar com clareza, de forma que o outro escute e compreenda, mas é essencial.

Se foi você quem traiu, talvez também esteja lidando com seus sentimentos de mágoa, raiva ou vergonha, o que dificulta ouvir e responder com empatia aos sentimentos alheios.

Neste capítulo, vamos sugerir maneiras mais saudáveis de se comunicar com seu par. Daremos orientações sobre como expressar seus sentimentos e o que fazer em relação aos do outro, facilitando a escuta mútua e a compreensão. Quando as duas partes se sentirem ouvidas, poderão usar as habilidades de resolução de problemas descritas aqui. Para os inevitáveis momentos de discussões acaloradas, daremos orientações para evitar que a situação saia do controle.

## ORIENTAÇÕES PARA AS CONVERSAS

Se a infidelidade foi descoberta há pouco tempo, é comum que as conversas sobre o assunto sejam tensas – não faz sentido esperar que tudo seja tranquilo. No entanto, ter em mente os três objetivos a seguir pode ajudar a manter um diálogo produtivo.

1. Manter o equilíbrio.
2. Manter o foco.
3. Evitar mais danos.

Alcançar esses objetivos pode ser difícil, mas algumas dicas específicas facilitam o processo.

## Como manter o equilíbrio

Uma forma de evitar perder o controle é lembrar que o objetivo das conversas é encontrar uma maneira de seguir em frente. Como regra geral, recomendamos que quem traiu escute as angústias do outro com paciência e sem ficar na defensiva. Com o tempo, porém, conversas centradas apenas em aspectos negativos podem acabar com as esperanças de reconstruir a relação. Por isso, sugerimos que a pessoa que foi traída também tente reconhecer o que havia de bom no relacionamento e por que vale a pena salvá-lo. Não distorça os fatos para fazer parecer que tudo na relação foi ruim, mas não a retrate como se tivesse sido perfeita até o momento da traição.

Outra forma de manter o equilíbrio é garantir que ambas as partes expressem seus sentimentos e pontos de vista. Para seguir em frente, é preciso entender a perspectiva da *outra pessoa*, o que significa deixar as próprias mágoas de lado por um momento e tentar ouvir com atenção. Sabemos que é mais fácil falar do que fazer, mas tente se colocar no lugar do outro e ver os fatos pela perspectiva do seu par.

## Como manter o foco

Manter o foco na conversa significa evitar que a infidelidade se torne o único assunto o tempo todo. Alguns casais acham útil combinar horário e local específicos para discutir questões relacionadas à traição; por exemplo, à noite, depois de colocarem os filhos para dormir. Outros combinam um limite de tempo para cada conversa, como 30 minutos. Se vocês percebem que é quase impossível conversar sem perder o controle, podem tentar escrever em um papel algumas perguntas (não muitas) e respondê-las também por escrito (respostas elaboradas, com mais de duas palavras!). Essa é uma forma de expressar preocupações e compartilhar informações de maneira mais controlada.

É especialmente importante evitar que a infidelidade interfira em momentos reservados para o conforto e o prazer do casal, como saídas especiais ou momentos de intimidade. *Se esforcem para evitar discussões dolorosas nessas ocasiões*. Outra forma de manter o foco é vincular qualquer informação que você esteja buscando a passos ou estratégias que possam solucionar um problema. Por exemplo: "Quero saber onde vocês foram jantar juntos, porque, por enquanto, não consigo nem pensar em ir a esses mesmos lugares com você".

## Como evitar mais danos

Evitar piorar a situação talvez seja o princípio mais importante no momento de abordar a infidelidade. Não continuem discutindo quando a conversa sair do controle, para evitar falas ou atitudes que magoem o outro. É importante reconhecer quando a conversa está ficando tensa demais e fazer uma pausa até que possam retomá-la de forma construtiva. Vamos dar orientações específicas sobre isso mais adiante.

Outra maneira de evitar mais danos é combinar sobre o que, exatamente, vocês conversarão a respeito da traição e em que nível de detalhes. Uma das maiores questões que os casais enfrentam é até que ponto a pessoa que foi traída deve saber sobre as relações sexuais que seu par teve com outra pessoa. ***Recomendamos não discutir esses detalhes porque podem ser muito dolorosos***. É importante saber se houve relação sexual, não os detalhes específicos de quem fez o quê. Saber mais do que isso pode fazer a pessoa que foi traída criar imagens mentais perturbadoras que não ajudarão em nada. No mínimo, deixe esse assunto de lado por enquanto e observe se seu desejo por essas informações permanece tão forte nas próximas semanas ou meses.

# FALAR SOBRE SENTIMENTOS

## O que posso fazer para a pessoa entender?

Quando você tenta expor a mesma ideia várias vezes de maneiras diferentes e sente que a pessoa não entende, é comum pensar que ela precisa ouvir melhor e responder de forma mais assertiva. No entanto, também é possível que você não esteja se expressando claramente, ou que vocês estejam fazendo suposições erradas. Seguir estas dicas para expor seus sentimentos pode ajudar.

## ORIENTAÇÕES GERAIS PARA O CASAL EXPRESSAR SEUS SENTIMENTOS

- *Busque entender e responder aos sentimentos do seu par antes de expressar os próprios sentimentos.* É difícil ouvir de verdade enquanto você pensa na sua próxima fala. Por isso, foque primeiro em compreender o que a pessoa está dizendo em vez de planejar sua resposta.

- *Limite a discussão aos sentimentos relacionados à situação específica.* Por exemplo, se você ficou triste com alguma fala da pessoa hoje, não relembre outras situações em que ela chateou você.

- *Se chegarem a um ponto em que esteja claro que vocês não estão se comunicando bem, façam uma pausa e tentem de novo depois.* Conseguir falar sobre sentimentos profundos e difíceis exige esforço e prática. Uma comunicação ruim pode infligir mais danos e dificultar a recuperação. Quando fizer uma pausa, deixe claro que você não está abandonando a conversa. Explique o motivo da pausa (por exemplo, "Preciso de um tempo para me acalmar") e proponha um horário para retomar a discussão.

- *Deixem claro o* motivo *da conversa.* Vocês querem apenas compartilhar seus pensamentos e sentimentos ou querem tomar uma decisão/resolver um problema?

Compartilhar pensamentos e sentimentos pode aumentar a conexão e a intimidade entre vocês e ajudar a aliviar o peso da situação. Já as conversas focadas em tomar decisões são mais voltadas para objetivos, e a pergunta a ser respondida é "O que vamos fazer?". Os dois tipos de conversa são importantes, especialmente no caso de uma traição. O problema costuma ocorrer quando cada pessoa da relação espera ter um tipo de conversa diferente. Esse desencontro pode causar frustração.

*Meses depois de descobrir a infidelidade de Jamal, Kalisha continuava se sentindo triste e confusa. Ela sabia que o caso havia acabado e via o esforço de Jamal para reconstruir o relacionamento, mas, em alguns momentos, a mágoa e a preocupação com o futuro tomavam conta. Jamal percebia o esforço dela e geralmente perguntava o que podia fazer para tranquilizá-la ou ajudá-la a lidar com seus sentimentos. Kalisha ficava frustrada com a pergunta. Ela só queria que ele entendesse que às vezes ainda ficava magoada e preocupada. Jamal também se sentia frustrado porque já tinha feito tudo o que ela pedia e muito mais. Sentia que não era capaz de ajudar Kalisha a lidar com seus sentimentos. O que mais ele poderia fazer?*

O dilema de Kalisha e Jamal é comum entre casais que estão tentando se recuperar de uma traição. Às vezes, o desafio não é "consertar" os sentimentos, mas simplesmente entendê-los. Kalisha aprendeu que às vezes é melhor começar a conversa dizendo algo como "Agora só quero que você entenda o que estou sentindo. Não espero que você faça nem resolva nada, mas tenho me sentido chateada e sozinha e me sentiria melhor se você pelo menos entendesse pelo que estou passando".

O mais importante é deixar claro se você está tentando resolver um problema ou apenas quer expressar seus pensamentos e sentimentos (veja o quadro na próxima página).

Às vezes, Kalisha precisava de tempo para ficar sozinha até conseguir superar seus sentimentos e se sentir pronta para falar com Jamal novamente. Ela aprendeu a expressar isso diretamente: "Jamal, agora estou chateada e

### Quando conversarem sobre sentimentos:

- Diga à pessoa que você espera compreensão, e não necessariamente uma decisão.

- Se espera uma atitude do seu par — por exemplo, consolar você ou dar espaço para que você tenha um tempo só —, diga exatamente o que quer.

- Se não tem certeza sobre o objetivo da conversa (falar sobre sentimentos ou resolver uma situação), pergunte.

preciso de um tempo sozinha. Não é nada que você fez ou deixou de fazer, eu só preciso de uma noite sozinha. Espero que você entenda isso".

Quando Jamal não entendia que tipo de conversa Kalisha queria, ele perguntava: "Notei que você está chateada, mas não sei o que fazer agora. É algo que precisamos descobrir como lidar ou fazer de forma diferente, ou você só quer que eu a escute?". Em outras ocasiões, ele poderia dizer: "Kalisha, sei que você está chateada agora por causa da traição. Você ainda quer que tentemos nos resolver agora ou prefere um tempo sozinha?".

## ORIENTAÇÕES ESPECÍFICAS PARA EXPRESSAR SEUS SENTIMENTOS

Você pode tomar algumas medidas específicas para expressar seus sentimentos de forma que ajude seu par a ouvir e entender. Seguir essas orientações pode parecer estranho no começo, mas se você as adaptar ao seu jeito de falar, elas vão se tornando mais naturais. Escolha uma ou duas dicas para começar e vá fazendo as outras gradativamente.

- *Fale por si, não pela outra pessoa.* Uma forma de fazer isso é usar frases começando com "eu" que liguem seus sentimentos a uma situação ou um comportamento. Por exemplo, "Quando você me diz para esquecer toda vez que pergunto sobre a traição, eu sinto que não sou importante para você". Ou: "Quando você me pergunta onde eu estava e não acredita na minha resposta, eu desanimo e desisto de tentar explicar". Lembre-se de focar nos seus próprios pensamentos e sentimentos e deixar a pessoa falar por ela.

- *Expresse seus sentimentos reconhecendo-os como experiências subjetivas, e não como verdades absolutas.* Por exemplo, em vez de dizer "Você sempre me ignora", tente dizer "Quando você chega do trabalho e não conversa comigo, eu sinto como se estivesse me ignorando".

- *Foque em seus sentimentos e emoções antes de passar para pensamentos e opiniões.* Sentimentos são menos propensos a causar discussões do que pensamentos ou opiniões que os acompanham.

- *Descreva seus sentimentos da forma mais específica possível.* Quanto melhor você descrever os sentimentos que está vivenciando, melhor seu par conseguirá entender. Considere, por exemplo, várias maneiras de expressar sentimentos positivos e negativos.

- ○ Sentimentos positivos: felicidade, proximidade, segurança, animação, tranquilidade, alegria, sorte, esperança, inspiração.
- ○ Sentimentos negativos: mágoa, desânimo, nervosismo, irritação, cansaço, confusão, solidão, vergonha.

■ *Ao expressar sentimentos negativos ou preocupações, expresse também seus sentimentos positivos.* Tentar esse equilíbrio pode aumentar a chance de a outra pessoa ouvir e compreender seus sentimentos negativos.

*Após o breve caso de Avery com um colega de trabalho, Mark passou a ficar incomodado quando ela usava vestidos justos para trabalhar. Inicialmente, ela recebeu as críticas com resistência; então, ele tentou uma abordagem mais equilibrada: "Avery, você arrasa na academia, e eu acho isso muito bom. Mas gostaria que guardasse essas roupas mais sensuais para quando saímos juntos à noite. Não me preocupo que você faça algo, mas fico louco de pensar em outros caras olhando para você." Com essa forma de Mark falar, Avery se sentiu menos criticada e mais disposta a fazer concessões.*

■ *Limite-se a expressar apenas um sentimento ou ideia principal por vez e dê a oportunidade de a outra pessoa responder.* Quando alguém fala por muito tempo, o outro geralmente para de ouvir em algum momento. Fale um pouco e peça que a pessoa responda, perguntando, por exemplo, "O que você acha?". Espere *pelo menos* 10 segundos ou mais antes de continuar, caso ela permaneça em silêncio.

■ *Escolha suas palavras com muito cuidado.* Frases negativas que começam com "Você sempre..." ou "Você nunca..." raramente são verdadeiras e costumam resultar em uma resposta defensiva.

■ *Escolha o momento certo.* Ao levantar um assunto delicado ou expressar um sentimento doloroso, faça isso quando você e o outro estiverem disponíveis e tiverem a energia emocional para ter uma discussão ponderada.

- *Aborde sentimentos importantes o quanto antes.* Reprimir sentimentos difíceis por muito tempo os torna acumulados, e você vai acabar explodindo em algum momento. Quando isso acontece, pode parecer que você está reagindo exageradamente a um incidente menor.

- *Aceite a responsabilidade por comportamentos que possam ter contribuído para o problema.* Mesmo que você acredite que seu par seja responsável por 90% de determinado problema, pense nos 10% de responsabilidade sua. Quanto mais você demonstrar disposição para assumir o que pode ter contribuído para o problema, mais fácil será para a pessoa fazer o mesmo. Por exemplo, embora você não seja responsável pelas más escolhas alheias, alguns comportamentos seus podem ter influenciado a decisão. É importante reconhecê-los e se esforçar para mudá-los.

## Como entender o outro?

Uma comunicação eficaz requer tanto expressar seus próprios sentimentos quanto ouvir e responder de forma construtiva. Ser bom ouvinte pode ser muito mais difícil do que ser bom falante, especialmente quando vocês têm percepções diferentes. Como ouvir e entender seu par e como *comunicar* melhor essa compreensão? Você precisa: (1) informar sua disposição para ouvir desde o início; (2) responder adequadamente enquanto a pessoa ainda estiver falando; e (3) responder de forma construtiva depois que ela terminar de falar.

### EXPRESSAR SUA DISPOSIÇÃO PARA OUVIR

Quem não se sente ouvido provavelmente responderá desvinculando-se da conversa, elevando a voz ou usando uma linguagem mais enfática. Você pode ajudar a evitar esses problemas demonstrando sua disposição para ouvir com uma das estratégias a seguir:

1. Mostre-se disponível quando seu par pedir para ser ouvido.
2. Convide seu par para conversar com você quando ele parecer angustiado.

Estar disponível significa eliminar as distrações e oferecer toda a sua atenção. Isso pode ser simples, como olhar para a pessoa e ouvir o que ela tem a dizer, ou pode ser mais explícito, como desligar a televisão, guardar os celulares e perguntar: "Sobre o que você gostaria de conversar?". Você também pode demonstrar que está disponível para ouvir por meio de expressões não verbais, como virar-se para a pessoa, relaxar os músculos faciais, adotar uma postura física mais suave ou relaxada e diminuir o tom de voz ao responder.

Para conversar com seu par quando ele estiver angustiado, em primeiro lugar, você precisa reconhecer essa angústia. A pessoa pode parecer mais silenciosa do que o habitual, menos espontânea ou responsiva ao seu toque, mais irritável ou simplesmente mais distraída. Você pode comunicar seu interesse em ouvir das seguintes formas: (1) perguntando como ela se sente; (2) oferecendo-se para ouvir esses sentimentos; e (3) sugerindo um momento para uma conversa mais profunda.

> *Um dia, Mariah percebeu que Antonio estava mais quieto do que o normal e tentou puxar conversa falando como tinha sido seu dia e perguntando sobre o dele, mas ele mal respondeu. Depois, ela disse: "Você está bem calado hoje, Antonio, e não consigo entender o que está acontecendo. Está chateado com alguma coisa?". Mariah teve um caso com Luke, mas eles terminaram há seis meses. Antonio contou a ela que havia visto Luke em uma reunião e que a lembrança da traição foi quase insuportável. Mariah reconheceu que era importante continuar a conversa, mas o momento não era ideal porque os filhos ainda estavam acordados e precisando de atenção. Ela disse a Antonio: "Sinto muito. Eu sei que você ainda está chateado. Podemos conversar melhor sobre isso depois de colocarmos as crianças para dormir?".*

## RESPONDER ENQUANTO A PESSOA ESTIVER FALANDO

Enquanto o outro estiver falando, é importante mostrar que você ainda tem interesse em ouvir, seguindo os princípios a seguir:

- *Não interrompa.* Pode ser difícil ouvir quando a pessoa está abordando assuntos delicados, com falas que magoam ou com as quais você discorda, mas alguém precisa ter disposição para ouvir e demonstrar sua compreensão primeiro. Recomendamos que você faça isso.

- *Não fique pensando no que responder enquanto a pessoa está falando.* Ela não vai se sentir ouvida se ficar claro que você está esperando pela sua vez de falar. Se você estiver *ansiando* por falar, será difícil *não* revelar sua impaciência por meio da linguagem corporal.

- *Evite desafiar, julgar e interpretar.* Evite fazer perguntas, exceto para tirar dúvidas. Por exemplo, não há problema em dizer: "Acho que não entendi o que você disse. Pode explicar melhor?". Não adianta nada dizer: "Como você pode se sentir assim? Me diga *por que* você acha isso". Como regra geral, as perguntas que começam com "por que" provocam respostas mais defensivas ou exageradas, pois seu par se sente obrigado a justificar sua posição. Da mesma forma, evite julgar ou interpretar os pensamentos e sentimentos do outro enquanto escuta. Por exemplo, evite respostas como "Você sempre foi uma pessoa insegura; não é minha culpa".

- *Entenda qual é o objetivo da conversa para seu par.* A pessoa só quer ser ouvida e compreendida ou quer resolver um problema ou tomar uma decisão com você? Se não tiver certeza, pergunte.

## RESPONDER DEPOIS QUE A PESSOA TERMINAR DE FALAR

A melhor maneira de demonstrar que você está prestando atenção é repetir os pensamentos ou sentimentos que a pessoa expressou. Vários termos descrevem esse processo, como *espelhar, parafrasear, identificar os sentimentos* e *ouvir ativamente*. Em um nível mais simples, você pode demonstrar que ouviu com atenção repetindo as falas: "Você disse que acha que fazemos sexo com pouca frequência e gostaria que isso mudasse." Um nível um pouco mais alto de resposta envolve parafrasear pensamentos ou sentimentos, ou seja, dizer com suas próprias palavras. Por exemplo, "Você quer fazer amor com mais frequência e gostaria que pensássemos juntos sobre como melhorar essa situação. É isso?". Falar com suas próprias palavras pode ser mais difícil ou mais arriscado, mas também pode mostrar que você está realmente tentando entender. Confira a seguir as situações em que a escuta ativa pode ser útil.

A escuta ativa por meio da identificação do sentimento e da validação pode ser especialmente útil quando:

- a pessoa não está se sentindo compreendida por você;
- você quer demonstrar que ouviu e entendeu antes de dizer o que sente ou pensa;
- você não tem certeza se entendeu a pessoa, mas quer mostrar o pouco que entendeu antes de fazer perguntas;
- você quer focar no que a pessoa está sentindo e quer que ela continue falando sobre os pensamentos e sentimentos dela;
- a conversa está ficando muito acalorada ou se transformando em uma troca de reclamações e reivindicações.

Às vezes, a pessoa só expressa sentimentos pelo tom de voz ou pela linguagem corporal. Nesses casos, você pode demonstrar sua compreensão identificando o sentimento que está implícito: "Parece que o fato de não fazermos amor com tanta frequência frustra você. Talvez esteja triste por eu não mostrar interesse sexual como antes. É isso?". Perguntando "É isso?", você solicita que a pessoa confirme ou corrija o que você entendeu, além de mostrar que não quer ler a mente dela nem colocar palavras em sua boca.

Identificar o sentimento implícito não é o mesmo que concordar; é uma maneira de mostrar à pessoa que você ouviu e entendeu. Na verdade, um dos momentos mais importantes para fazer isso é quando você discorda de algo. Por exemplo, pode-se dizer: "Eu sei que você está infeliz com a nossa vida sexual e acha que não tenho mais interesse em você, mas isso não é verdade. Eu me afasto de você porque ainda me sinto muito vulnerável quando estamos próximos dessa maneira. Não sei como me livrar desse sentimento."

## TOMAR DECISÕES EM CONJUNTO

*Chloe e Ava revisavam as contas da casa várias vezes, mas não conseguiam entrar em um acordo sobre como melhorar as finanças. Cada discussão terminava em um impasse. Chloe preferia uma solução, e Ava preferia outra. As duas estavam tão decididas a vencer a discussão que não perceberam que o objetivo era encontrar um meio-termo viável para reduzir as brigas frequentes sobre dinheiro. A amargura persistente que veio com a traição parecia se infiltrar em muitas conversas.*

## Como tomar decisões em conjunto?

Mesmo que vocês consigam se ouvir e se expressar, às vezes é difícil tomar decisões em conjunto, pois é muito fácil desviar do assunto principal. Por exemplo, imagine que vocês precisam decidir se vão trocar a máquina de lavar. É possível que comecem a discutir sobre o dinheiro gasto por causa da traição. Vocês podem empacar em um assunto e não chegar a um acordo. Ou você começa uma discussão sobre um problema recorrente no relacionamento, mas o outro se afasta para evitar o assunto.

Dê uma estrutura à conversa e use as orientações a seguir para tomar decisões quando estiverem tristes e com dificuldade de se comunicar.

### DECLARAR O PROBLEMA SEM CULPA

Muitas vezes, os casais saem dos trilhos porque não sabem ou já esqueceram qual é o problema que precisam resolver. No início da conversa, resuma o problema claramente, sem raiva nem culpa. Por exemplo, diga "Quero decidir como vai ser nossa vida sexual por enquanto" em vez de "Precisamos conversar sobre você sempre querer fazer sexo." Se desviarem do assunto, tente reorientar a conversa dizendo "Acho que estamos desviando do assunto. Podemos nos concentrar no problema em questão primeiro?".

### ESCLARECER POR QUE A QUESTÃO É IMPORTANTE

Nem sempre a pessoa reconhece ou entende por que o problema é importante para o outro, o que dificulta a tomada de decisão do casal. Pergunte-se: por que essa questão é tão importante? O que precisa ser levado em conta para ficarmos satisfeitos e do que podemos abrir mão?

> *Sydney não conseguia entender por que Brady insistia em esconder dos próprios pais a traição dela. Sydney achava que Brady tinha vergonha, e Brady achava que ela só queria contar aos pais para aliviar sua própria consciência. A discussão*

*progrediu depois que Brady esclareceu o porquê de isso ser importante para ele: "O mais importante para mim é que tentemos consertar nosso relacionamento primeiro. Tenho medo de que meus pais não superem se contarmos antes de sabermos no que vai dar tudo isso, mesmo se ficarmos juntos." Isso ajudou Sydney a explicar seus sentimentos também: "Não estou tentando confessar nada para os seus pais só para me sentir menos culpada. Mas quero recuperar a honestidade com eles em algum momento, para que ainda possam ter pelo menos algum respeito por mim, apesar do que fiz. O momento exato não é tão importante para mim, e sim ser honesta com eles." Com base nessa compreensão mais ampla do que era importante para as duas partes, eles discutiram soluções possíveis e decidiram adiar a conversa com os pais de Brady por enquanto, com o compromisso de falar sobre isso mais tarde.*

## FOCAR NAS POSSÍVEIS SOLUÇÕES

Os casais costumam focar mais no que deu errado e em apontar o culpado do que em como mudar a situação. É possível interromper o ciclo de um culpar o outro concentrando-se no que *você* se dispõe a mudar, em vez de estagnar no que quer que o outro mude. Por exemplo: "Acho que estamos insistindo em quem tem culpa em vez de pensar no que cada um pode fazer para melhorar no futuro. Vou sugerir o que *eu* posso fazer para ajudar, e talvez você possa me dizer o que *você* pode fazer também. O que acha?".

Muitas vezes, os casais se veem em um impasse quando cada um foca em suas próprias soluções sem considerar as do outro. Nesses casos, tentem gerar o máximo de estratégias possíveis, mesmo que algumas ideias pareçam bobas ou incompletas. Às vezes, incentivamos a estruturação desse processo de *brainstorming* fazendo com que uma das partes anote as diferentes soluções de cada indivíduo, para que não sejam esquecidas no calor do momento e sejam reconsideradas mais tarde na discussão. Suspender a "avaliação crítica" de soluções potenciais conforme são inicialmente propostas permite que surjam novas soluções ou combinações de diferentes soluções.

## ENTRAR EM UM CONSENSO

É improvável que uma solução agrade você e seu par igualmente. Busquem maneiras de incorporar aspectos das soluções propostas por cada um ou considerem o que vocês disseram ao discutir os motivos pelos quais esse problema é importante. Procurem achar uma solução inicial que ambos estejam dispostos a tentar, mesmo sem garantia de que dará certo. Arrisquem-se! Em seguida, escrevam os pontos em que vocês concordaram, para não haver dúvidas depois.

## DEFINIR UM PERÍODO DE TESTE

Ao escrever a solução, definam uma data para começar e por quanto tempo essa experiência será feita. Para certos problemas, a decisão pode ser "permanente" e não exigirá período de teste; por exemplo, a decisão de terminar o caso extraconjugal para salvar seu relacionamento principal. No entanto, concordar com um período de teste para problemas recorrentes pode reduzir o desconforto de não saber com antecedência se você poderia conviver com essa decisão a longo prazo.

> *Joel e Mya sempre tiveram dificuldade para organizar seus horários de trabalho, mas, após a traição de Joel, Mya se sentiu determinada a melhorar nesse aspecto para reduzir o estresse diário. Ela sempre foi responsável por levar as crianças para a escola, mas às vezes acabava se atrasando para o trabalho e perdendo reuniões importantes. No entanto, quando Joel se ofereceu para assumir a tarefa de arrumar as crianças, dar a elas o café da manhã e depois levá-las para a escola, Mya ficou ansiosa com a possibilidade de ele não conseguir lidar com isso, porque Joel também estava com novas responsabilidades no trabalho. Eles saíram do impasse quando Joel propôs um período de teste de 30 dias para ele cuidar das crianças pela manhã. Se não funcionasse, o casal voltaria a discutir e pensaria em outras estratégias.*

Resumindo: evite discussões sobre o passado para não atribuir culpas; explique por que o problema é importante e considere diferentes soluções. Ceda e tente chegar a um acordo. Lembre-se de que suas decisões sempre podem ser renegociadas se não funcionarem bem no início.

## COMO EVITAR MAIS DANOS? O QUE FAZER SE COMEÇARMOS A NOS EXALTAR?

### Façam um intervalo

Apesar de suas boas intenções, em alguns momentos talvez vocês fiquem emocionalmente abalados demais para falar sobre a traição ou outros problemas do relacionamento de forma construtiva. Embora essas experiências sejam bastante comuns entre casais que estão tentando se recuperar de uma traição, se não forem controladas, discussões acaloradas podem criar feridas novas e ainda mais profundas. Para muitos casais, aprender quando e como pedir um intervalo para se afastar de interações destrutivas é a base para não piorar as coisas.

O que seria esse *intervalo?* Basicamente, é um acordo para vocês pararem de interagir quando uma das partes estiver com muita raiva ou medo para continuar a conversa de forma construtiva. É como um intervalo de jogo de futebol para recuperar o foco e retomar a conversa de maneira mais planejada. Pedir um intervalo não é uma forma de evitar lidar com questões difíceis ou de punir o outro por mencioná-las. É uma estratégia para suspender interações que pareçam propensas a sair do controle e causar mais danos, ou dar uma pausa quando alguém precisa de tempo e espaço para refletir sozinho.

Usar o intervalo de forma construtiva pode ser difícil, mas as orientações a seguir podem ajudar. O Exercício 3.1 também auxiliará a usar esse tempo quando as discussões ficarem muito exaltadas.

### MONITORAR SEUS SENTIMENTOS

Vocês precisam prestar atenção aos seus próprios sentimentos e reconhecer quando estão se intensificando a ponto de não conseguirem interagir de forma produtiva. Sinais comuns são gritar ou falar cada vez mais alto, não conseguir ouvir a pessoa, sentir tensão muscular excessiva ou tontura e, até mesmo, querer agredir.

### RECONHECER SENTIMENTOS SEM CULPA

Se sentir necessidade de pedir um intervalo, o objetivo deve ser se afastar por um momento para discutir com mais eficácia mais tarde. Funciona melhor quando você consegue reconhecer que sua própria raiva está aumentando e pede um intervalo dizendo algo como "Estou ficando com muita raiva para continuar conversando agora. Acho que seria melhor fazermos um intervalo de 30 minutos."

## COMPARTILHAR A RESPONSABILIDADE

Fazer um intervalo também funciona melhor quando o casal concorda de antemão que *os dois* podem pedir esse tempo, incluindo a pessoa que está ansiosa por causa da raiva do outro. Se as emoções do seu par parecerem assustadoras ou destrutivas e a pessoa não sugerir um intervalo, reconheça seu próprio desconforto e sugira: "Acho que nossa discussão está ficando muito exaltada e improdutiva. Vamos fazer um intervalo de 30 minutos e tentar de novo".

## DESENVOLVER UM PLANO EM COMUM

Os intervalos também funcionam melhor se você desenvolver um plano para lidar com eles com antecedência. Depois de decidirem pelo intervalo, pode ser melhor cada um ir para locais separados. Mas, antes disso, combinem (1) quanto tempo o intervalo vai durar e (2) quando e onde vocês se reencontrarão. Isso dá a ambos uma noção do que esperar e ajuda a evitar problemas de comunicação, como "Eu saí porque pensei que você não queria me ver mais hoje".

## USAR O INTERVALO DE FORMA CONSTRUTIVA

Também é importante considerar o que fazer e o que não fazer durante o intervalo. Por exemplo, repassar o argumento anterior em sua mente provavelmente só aumentará sua raiva ou outros sentimentos de angústia. Em vez disso, leia um livro, finalize uma tarefa inacabada ou se acalme meditando ou fazendo exercícios físicos moderados. Se uma caminhada ajuda a se acalmar, informe a seu par para onde você está indo e quando voltará.

Durante o intervalo, não faça nada potencialmente prejudicial a você ou a outras pessoas, como beber álcool ou dirigir se estiver com raiva. Use esse tempo para refletir sobre como interagir de forma eficaz quando vocês voltarem a conversar, pensando em possíveis soluções para os problemas em questão ou como esclarecer seus sentimentos sem apontar culpados.

## RISCOS COMUNS

O intervalo pode ser ineficaz de muitas formas, mas alguns padrões são particularmente comuns. Por exemplo, uma pessoa não respeita o pedido da outra para ter esse momento – se um de vocês insistir em "dar a última palavra", a discussão será interminável. Pode acontecer, também, de a pessoa temer que seu par não volte e tentar impedir sua saída. Isso pode gerar confronto físico e se transformar em agressão. Por isso é tão importante que o intervalo seja implementado imediatamente.

Terminado esse período, voltem a se reunir e tentem discutir o assunto novamente. Se ainda não conseguem discutir o problema sem um lado ficar muito exaltado, peça mais um intervalo ou sugira outro horário (por exemplo, no dia seguinte) para continuar a conversa. Não tente continuar se um de vocês estiver se sentindo emocional ou fisicamente esgotado. Seja paciente, confie no processo e use os intervalos para evitar que a situação piore, então volte e tente novamente em um momento mais adequado.

### Escreva uma carta para expressar seus sentimentos

Ao trabalharmos com casais que tentam se recuperar de uma traição, frequentemente sugerimos que escrevam uma carta como forma de ajudar a expressar os sentimentos de forma eficaz.

Produzir uma carta permite que você "se afaste" de seus sentimentos para vê-los por uma perspectiva mais ampla e examiná-los em um nível mais profundo, sem confronto imediato com as reações ou os desafios da outra pessoa. Escrever cartas possibilita expressar uma imagem mais completa do que você está vivenciando *antes* que vocês sejam pegos pelo processamento de alguma parte específica desse quadro. O casal tem a oportunidade de considerar quais sentimentos enfatizar e quais omitir para transmitir sua mensagem. Não é uma estratégia para evitar conversar com a pessoa — as conversas virão na hora certa.

Escrever cartas também aumenta sua oportunidade de refletir sobre a escolha das palavras para expressar seus sentimentos. Quantas vezes você já quis voltar e se expressar melhor, mas percebe que a pessoa se agarrou às suas palavras iniciais, fazendo parecer que seu esforço para "corrigir" o que foi dito não vai resolver? Escrever sobre os sentimentos em uma carta permite que você pense antes de falar, considere *como* deseja se expressar e, em seguida, releia o que escreveu como se fosse o ouvinte, para avaliar o impacto da sua fala *antes* de proferi-la. No entanto, não confunda esses textos (escritos após cuidadosa reflexão) com bilhetes rápidos ou *e-mails* enviados para desabafar, pois estes raramente contribuem para um maior entendimento e acabam aumentando as discussões.

A carta pode ser mais fácil para a outra pessoa processar porque terá uma imagem mais equilibrada e completa antes de reagir aos seus sentimentos. É uma oportunidade de a pessoa lidar com suas próprias reações iniciais em privado e refletir antes de responder. Além disso, ela pode escolher *quando* ler a carta, por exemplo, em um momento de menos cansaço ou angústia.

## COMO DEVO ESCREVER A CARTA?

As orientações para escrever a carta não são muito diferentes das que já abordamos para expressar seus sentimentos. O mais importante é que você tente escrever de forma equilibrada e focada, evitando causar mais danos. Se estiver extremamente triste ou com raiva, há duas alternativas: (1) espere para escrever mais tarde ou (2) escreva uma carta inicial que permita desabafar sua mágoa ou suas frustrações no momento, *mas jogue fora ao terminar*. Quando a outra pessoa lê uma carta de desabafo, as consequências podem ser destrutivas e duradouras, pois esse é um registro permanente de sentimentos negativos mais intensos. Por isso, não salve uma cópia de sua carta se você optar por digitá-la em vez de escrevê-la à mão.

Comece o texto identificando seus sentimentos e descrevendo como você está achando difícil expressá-los construtivamente diante do seu par. Reconheça que a perspectiva da pessoa pode ser diferente. Explique o que você quer do seu par neste momento: entender seus sentimentos? Entender os sentimentos alheios? Tomar uma decisão em conjunto sobre como lidar com uma situação? Tenha foco, enfatizando um ou dois sentimentos principais e a situação específica que dá origem a eles. Peça que o outro proponha um horário e um formato para responder, seja oralmente ou por escrito. O Exercício 3.2 apresenta o passo a passo para escrever uma carta construtiva e bem pensada.

Você também pode escrever nos momentos em que não consegue *ouvir* ou responder aos sentimentos do outro da maneira que gostaria. Se vocês já tentaram conversar sobre um problema várias vezes e não conseguem, escreva uma carta para superar o impasse. Ao escrever, é importante evitar simplesmente expressar seus próprios pensamentos e sentimentos. O objetivo é que você, da melhor forma possível, valide a percepção do outro demonstrando compreensão. Lembre-se: você não precisa concordar, apenas mostrar que você compreende os pensamentos ou sentimentos alheios manifestados.

Se as discussões seguintes continuarem difíceis ou saírem do controle como no início, troquem cartas novamente, mas invertam os papéis, de modo que você expresse seus sentimentos e o outro escreva como compreendeu você. Continuem trocando cartas, alternando papéis como "falante" e "ouvinte", até que os dois se sintam mais compreendidos e capazes de responder também com compreensão ao outro. *Acima de tudo, lembre-se de que as cartas não substituem as conversas.* Elas são um primeiro passo para expressar ou responder a pensamentos e sentimentos difíceis, para que suas discussões sejam mais construtivas.

## EXERCÍCIOS

### EXERCÍCIO 3.1 Planeje os intervalos

Planeje uma estratégia quanto aos intervalos quando a discussão ficar muito acalorada e escreva os termos. Sua estratégia deve incluir os princípios a seguir.

- *O que dizer.* Por exemplo: "Estou começando a sentir muita raiva (ou muito desconforto) para continuar a conversa de forma construtiva. Vamos dar um tempo e tentar de novo mais tarde".

- *Termos para o intervalo.* Por exemplo: "Assim que um de nós pedir um intervalo, vamos para cômodos diferentes por 30 minutos e depois voltamos juntos para o lugar onde estávamos conversando".

- *Termos para continuar.* Por exemplo: "Após o intervalo, perguntaremos se o outro está pronto para continuar a discussão. Se alguém não estiver, vamos (1) aguardar mais 30 minutos ou (2) remarcar a conversa para outro dia ou horário".

Converse com seu par sobre a proposta de fazer intervalos e peça sugestões sobre como fazer isso de forma construtiva. Se necessário, revise a proposta inicial levando em consideração as ideias de ambos. O mais importante é chegarem a um acordo sobre um plano que permita interromper as discussões que ameacem sair do controle e que ambos estejam dispostos a implementar.

### EXERCÍCIO 3.2   Escrevendo a carta

A primeira parte deste exercício envolve escrever uma carta descrevendo como a infidelidade afetou seus pensamentos e sentimentos sobre seu par, você e o relacionamento e como também influencia suas ações agora. Na segunda parte do exercício, seu par escreve uma carta em resposta, que transmita compreensão da *sua* situação, conforme você a descreveu em seu texto. Na última parte do exercício, vocês discutem suas respectivas cartas juntos.

- *Se vocês estiverem lendo este livro juntos:* este é o processo ideal; vocês trocarão *quatro cartas* durante este exercício. Primeiro, a pessoa que foi traída descreverá o impacto da infidelidade em seus pensamentos, sentimentos e comportamentos. Depois, a pessoa que cometeu a infidelidade escreverá uma resposta mostrando sua compreensão. Depois de trocar essas cartas e conversar sobre elas, a pessoa que cometeu a infidelidade descreverá o impacto da infidelidade sobre si mesmo. Por fim, a pessoa que foi traída escreverá uma resposta mostrando sua compreensão.

- *Se apenas você estiver lendo este livro:* ainda assim, escreva uma carta explicando como a infidelidade afetou sua maneira de enxergar a si, a outra pessoa e o relacionamento. Você pode entregar a carta a seu par mesmo que não espere uma resposta, pois o próprio esforço para descrever sua situação pode fazer vocês se entenderem melhor. Ainda, mesmo que você decida não entregar a carta, fazer este exercício pode ajudar a esclarecer como a traição afetou você.

Lembre-se de que o texto deve ser construtivo, focado no objetivo e equilibrado. Releia as orientações para expressar sentimentos, que estão resumidas nas páginas 59 a 61. Escolha suas palavras com cuidado e escreva sobre sua situação de forma que o outro consiga compreender.

### Escrevendo sobre o impacto da infidelidade em você

Em seu texto, descreva como a infidelidade afetou seus pensamentos e sentimentos em relação a você, à pessoa e ao relacionamento e como influencia seu comportamento agora. Tente produzir uma carta de duas a cinco páginas.

*Descreva como a infidelidade afetou seus pensamentos, sentimentos e comportamentos em relação a seu par.* O que você sente acerca de seu par? Por exemplo, sente proximidade, ansiedade, segurança, raiva, carinho? Quão intensos são esses sentimentos ao longo do dia e quanto variam de tempos em tempos? Como esses sentimentos influenciam em sua interação com o outro? Por exemplo, fazem você buscar proximidade, distância ou ambos em momentos diferentes?

*Descreva como a infidelidade afetou seus pensamentos, sentimentos e comportamentos em relação a você.* Por exemplo, a infidelidade fez você se sentir desinteressante, triste ou com vergonha? Como a infidelidade influenciou o que você pensa sobre si? Por exemplo, até que ponto você se sente confuso sobre suas próprias ações antes e depois da traição? Como seus pensamentos e sentimentos influenciam a maneira de lidar consigo mesmo durante esse período?

*Descreva como a infidelidade afetou seus pensamentos, sentimentos e comportamentos no que diz respeito ao relacionamento.* Seus pensamentos e sentimentos sobre o relacionamento mudaram como consequência da infidelidade? As mudanças foram positivas ou negativas? Considerando o que aconteceu, até que ponto você tem certeza do que deseja para o seu relacionamento a longo prazo?

Quando terminar de escrever sua carta, deixe-a de lado por um dia. Então, volte e a releia, fazendo-se as perguntas a seguir:

- *A carta está equilibrada?* Demonstra alguma esperança além de desespero? Algum desejo de proximidade, além do impulso de recuar?

- *A carta está completa?* Você descreveu o impacto da infidelidade na sua vida com a pessoa, consigo e com o relacionamento?

- *A carta é construtiva?* Ela expressa seus pensamentos e sentimentos de maneira que a pessoa conseguirá dar atenção?

Se você respondeu "não" a alguma dessas perguntas, considere esperar mais um ou dois dias e revise sua carta para se comunicar de forma mais eficaz. Quando tiver certeza de que sua carta transmite sua situação com precisão e que você escreveu de forma compreensível, entregue-a a seu par e aguarde que ele leia em outro horário e outro local, sozinho.

### Escrevendo sobre o impacto da infidelidade no outro

Escreva uma carta respondendo ao que seu par disse sobre como a infidelidade afetou sua maneira de pensar e sentir sobre você, sobre ele mesmo e sobre o relacionamento. Este não é o momento de abordar sua própria situação, e sim uma oportunidade de demonstrar quão bem você realmente entende a situação *do outro.*

Comece sua carta agradecendo à pessoa por compartilhar seus pensamentos e sentimentos. Tente resumir os principais temas ou percepções contidos na carta do seu par para você. Especificamente, como seu par se sente sobre você, sobre ele mesmo e sobre o relacionamento após a traição? Tente usar suas próprias palavras para descrever a situação *da pessoa* para demonstrar sua compreensão.

Faça o melhor que puder para reconhecer o ponto de vista do outro, expressando sua disposição para entender seus sentimentos. Lembre-se: você não precisa concordar com a pessoa, apenas mostrar que você a compreende.

Quando terminar de escrever sua carta, deixe-a de lado por um dia. Então, volte e a releia, fazendo-se as perguntas a seguir:

- *Você focou em resumir a situação do seu par em vez de descrever a sua própria?*

- *Você reconheceu toda a gama de pensamentos e sentimentos de seu par na carta entregue a você?* Reconheceu sentimentos positivos e negativos na carta? Entendeu como a infidelidade afetou seu par, a vivência dele com você e a experiência dele no relacionamento? Você explicou, na carta, o que você entendeu?

- *Você reconheceu a perspectiva do seu par?* Ou seja, você mostrou que compreende o motivo de ele se sentir assim?

Quando tiver certeza de que sua carta transmite sua compreensão, entregue-a e aguarde que seu par leia em outro horário e outro local, sozinho.

### Conversando sobre as cartas

Depois que as duas cartas forem trocadas, marque um horário para vocês conversarem. Comecem com a carta explicando o impacto da infidelidade e, depois, prossigam para a carta de compreensão do outro. Tentem esclarecer os sentimentos ainda confusos para qualquer um dos lados. Se a discussão começar a parecer destrutiva ou ficar muito acalorada, façam um intervalo usando as orientações discutidas anteriormente neste capítulo. Depois de trocar esse primeiro conjunto de cartas e discutir sobre, repitam o exercício com os papéis invertidos. Nesse segundo conjunto de cartas, a pessoa que cometeu a infidelidade terá descrito o impacto da traição sobre si, e a pessoa que foi traída trará sua resposta, mostrando o que entendeu.

# 4
# Como lidar com os outros?

*Sara não conseguia parar de pensar em Kate. Rob insistiu que o caso deles havia acabado e que ele cuidava para não ficar sozinho com ela no trabalho. Mas isso não foi o suficiente. Rob se sentiu pressionado a pedir para mudar de equipe. Sara esperava se sentir melhor com essa mudança, mas, mesmo que conseguisse confiar em Rob novamente, ela nunca confiaria em Kate. Achava que a única solução era Rob encontrar outro emprego. Ele resistiu, mas depois cedeu ao ultimato de Sara e pediu demissão.*

*A economia desaquecida dificultou a busca de um novo emprego com salário ou status equivalentes. Rob, então, aceitou um trabalho menos prestigioso e com diminuição significativa no salário. Ele se ressentia por Sara "forçá-lo" a mudar de emprego como forma de "punição" pela traição. Sentia que era justo pressioná-la a voltar ao trabalho para compensar a diminuição na renda, mesmo que ele e Sara tivessem concordado inicialmente que ela ficaria em casa durante os anos pré-escolares da filha. A raiva de Sara em relação a Rob crescia dia após dia. Ele não apenas a traíra como marido, mas agora também a forçara a trair sua filha. A mãe e a irmã de Sara sabiam dos detalhes da traição de Rob e se ressentiam muito. Na opinião delas, Sara deveria deixá-lo, por isso eram hostis durante as reuniões familiares, criando tensão para todos. O ressentimento entre Rob e Sara só piorava. Após dois anos, perceberam que havia pouco a ser salvo entre eles e decidiram se divorciar de forma amarga.*

Como lidar com o contato entre seu par e a pessoa com quem ele traiu? Vocês devem confrontar essa pessoa juntos? Você deve confiar em seu par para cortar contato por conta própria? Deve insistir para que não tenham mais contato, mesmo que isso signifique mudar de emprego? E se a opinião do seu par sobre essas questões for diferente da sua?

Sara e Rob tomaram uma boa decisão? O casamento deles poderia ter sido salvo se tivessem encontrado outra maneira de limitar o contato entre Rob e Kate para ajudar Sara a se sentir segura? Sara havia confiado em sua mãe e sua irmã para obter apoio emocional logo após a traição, mas essas revelações criaram problemas para o casal quando estavam tentando salvar seu relacionamento. Sara fez bem em contar sobre a traição para sua família?

Uma infidelidade afeta o relacionamento diretamente, mas também pode afetar outras relações. Você e seu par devem decidir a quem contar sobre a infidelidade e o que dizer. Como você responderá se os outros perguntarem sobre o que está acontecendo? O que você espera (se é que espera) das outras pessoas? Embora não haja respostas absolutas para a maioria dessas perguntas, alguns princípios gerais podem ajudar na tomada de tais decisões.

## COMO DECIDIR A QUEM CONTAR SOBRE A INFIDELIDADE?

É provável que você precise contar para algumas pessoas sobre a infidelidade ou, de forma mais geral, sobre as dificuldades no seu relacionamento. Por exemplo, seu chefe pode precisar de alguma explicação sobre o porquê de você não conseguir mais trabalhar com um colega, ou a cuidadora do seu filho pode precisar entender a razão pela qual a criança se encontra ansiosa ultimamente. No entanto, nem sempre é necessário revelar a infidelidade em si. O que você vai contar pode variar de nada a praticamente tudo. Às vezes, você pode sentir que precisa se abrir com algumas pessoas, como um amigo com quem sempre compartilha seus segredos mais profundos. Se precisar de ajuda ou apoio, por exemplo, de um familiar com quem você sabe que pode contar, terá de explicar o motivo. O fator mais importante na hora de decidir para quem contar é *saber, de forma clara e honesta, por que contar para aquela pessoa e o que quer contar*. Você pode revelar mais detalhes depois, mas é impossível voltar atrás em relação ao que já foi dito.

Não basta focar apenas nas "boas" razões para revelar a infidelidade, é preciso explorar *todas* as suas motivações. Você pode acreditar que seus filhos merecem saber o que aconteceu, pois os afeta, mas haveria aí um desejo de punir seu par ou atrair os filhos para o seu lado? Você pressiona seu par a contar para o chefe "pelo bem da empresa", mas, secretamente, espera que aquela terceira pessoa seja demitida? Planeja enviar uma carta anônima à pessoa com quem seu par se envolveu porque parece "certo", mas, na verdade, quer apenas ver o relacionamento deles em pedaços, igual ao seu? É fácil encontrar "boas" razões para revelar uma traição, mas, geralmente, os motivos por trás disso são menos nobres. Agir por impulso para se vingar costuma trazer consequências negativas a longo prazo.

Depois de identificar o porquê de querer contar a alguém sobre a traição, pense bem se essa pessoa é a mais adequada. Por exemplo, você deve buscar apoio emocional nos seus filhos, mesmo que já sejam adultos? É apropriado pedir a um casal amigo que dê apoio a você ou tome partido contra seu par? Digamos que vocês decidam ficar juntos, se você contou a um familiar para superar a crise, essa pessoa guardará ressentimento do seu par por ter magoado você? Talvez seja melhor buscar ajuda sigilosa de um profissional de saúde mental, um líder religioso ou alguém de fora do seu círculo pessoal – isto é, alguém que possa orientar com confidencialidade. *Identificar suas necessidades e encontrar a pessoa certa para atendê-las é fundamental para o processo de recuperação.*

## COMO LIDAR COM A PESSOA COM QUEM MEU PAR ME TRAIU?

Seja qual for o *status* do caso, a pessoa de fora teve um papel importante no trauma que você vivenciou, e você pode vê-la como uma ameaça constante. A questão mais importante a se considerar em relação a essa pessoa é como estabelecer limites para proteger seu relacionamento de futuras interferências. Sem limites adequados, será difícil criar a sensação de segurança necessária para o casal seguir em frente. O contato entre seu par e o outro pode parecer ameaçador, aumentar a chance de o caso recomeçar e gerar um turbilhão emocional para todos. No entanto, limitar ou cortar o contato talvez seja complicado, já que a pessoa de fora pode tentar manter comunicação mesmo com o término, ou porque ainda não acabou. Isso se torna ainda mais desafiador quando as pessoas trabalham juntas, têm os mesmos amigos ou se cruzam de alguma outra forma na vida cotidiana.

Os limites ideais para vocês podem variar. Por exemplo, seria aceitável determinado tipo de contato, mas não outro? Ou será necessário cessar qualquer comunicação? Talvez optem por proibir encontros presenciais, mas e quanto a responder mensagens, comentários em redes sociais ou outras formas de interação digital? As decisões que vocês precisam tomar juntos podem não ser tão fáceis quanto parecem.

É possível lidar com essas complicações considerando as seguintes orientações:

- Limites claros e firmes são essenciais para a saúde do relacionamento.
- Não estabeleçam acordos impossíveis de cumprir ou que causem ressentimento.
- Levem em conta tanto o contato pessoal quanto a interação por meios digitais (como mensagens, *e-mails* e redes sociais).
- Definir limites é um processo longo, e as decisões tomadas podem mudar com o passar do tempo.

Vocês precisam ter uma série de conversas para esclarecer o *status* atual do relacionamento com a pessoa de fora, expressar como cada um se sente em relação à possibilidade de contato e se aquela pessoa está disposta a se afastar. É nesse momento que vocês decidirão quais limites serão estabelecidos. *Essas discussões e negociações podem ser um dos momentos mais difíceis que o casal enfrenta após a revelação da traição.* Para a pessoa que foi traída, a simples ideia de permitir qualquer tipo de comunicação com a outra pessoa será dolorosa. Já quem traiu pode precisar lidar com culpa, vergonha, raiva ou tristeza sem ter "permissão" para sentir ou expressar esses sentimentos.

Como essas discussões podem ser perturbadoras, certos casais as evitam. Alguns acreditam que, se o caso terminar, eles não precisam discutir com o pivô da infidelidade. Em nossa experiência, no entanto, esse tipo de evasão não funciona. *A presença contínua da pessoa de fora é uma ameaça crítica, e vocês precisam discutir os limites.*

## Como definir os limites se o caso terminou

*O caso de Derek com Rich deveria ter terminado há dois meses, mas Rich ficou tão arrasado com a ideia de perdê-lo que Derek relutantemente concordou em serem "apenas amigos". Porém, quando Derek não correspondeu às investidas de Rich no último encontro, Rich ficou magoado, furioso e começou a ligar para a casa de Derek todas as noites. Quando este o bloqueou e tentou cortar o contato por completo, Rich passou a mandar mensagens e deixar bilhetes para a parceira de Derek, contando detalhes explícitos do caso. Todos os esforços do casal para salvar o relacionamento ruíram com as constantes brigas sobre como lidar com a perseguição insistente de Rich.*

## DEFINA LIMITES CLAROS E FIRMES APÓS A INFIDELIDADE

Quanto mais claros e firmes forem os limites e quanto menos interação houver com a pessoa de fora, melhor para o seu relacionamento. *Tentar manter a amizade com alguém após a descoberta da infidelidade raramente funciona; pelo menos uma das três pessoas no triângulo provavelmente achará a combinação inaceitável.* Manter contato com a pessoa de fora apenas criará pensamentos e sentimentos dolorosos, podendo bloquear qualquer progresso para restaurar a sensação de segurança da pessoa que foi traída.

A interação contínua também não beneficia a pessoa que cometeu a infidelidade quando o objetivo é terminar o caso e seguir em frente. O contato com a terceira pessoa pode reacender sentimentos positivos e criar confusão sobre decisões importantes no relacionamento. Além disso, a pessoa que cometeu a infidelidade pode se preocupar com a maneira com que esses encontros serão interpretados pelo seu par ou pela terceira pessoa. Manter qualquer tipo de relacionamento pode levar o pivô da infidelidade a acreditar que a pessoa envolvida, na verdade, não quer terminar o caso.

Às vezes, a pessoa que cometeu a infidelidade pode alegar que cortar todo o contato é uma atitude extrema, que já concordaram em terminar o caso e que isso basta. No entanto, se essa é a sua perspectiva, é importante considerar que casos extraconjugais muitas vezes se desenvolvem a partir de pequenas interações que se acumulam ao longo do tempo, mesmo que esses momentos pareçam inofensivos. Por exemplo, colaborar em projetos de trabalho, almoçar em grupo ou fazer exercícios físicos juntos, mesmo que apenas como amigos, pode despertar sentimentos. Acabar com esse tipo de interação com alguém próximo ou com quem você se envolveu ajuda a evitar a possibilidade de as coisas retomarem lentamente, mesmo que sem intenção.

*A conclusão é a seguinte: manter contato com a pessoa de fora geralmente mantém alguém, ou todos, em constante agitação.*

Vocês precisam estabelecer expectativas claras em relação a qualquer contato futuro, como a interação pode acontecer e como lidar com ela. *É preciso decidir se algum tipo de comunicação é aceitável, bem como se alguma situação que resulte em interação é aceitável.* O Exercício 4.1 ajudará com isso. Por exemplo, conversar pelo telefone não tem problema, mas e encontrar-se com a pessoa? Mensagens de texto ou *e-mail* são aceitáveis? Para a maioria das pessoas, a resposta clara para todas essas perguntas é "Não, nada disso é aceitável". No entanto, às vezes essa resposta não é realista, pelo menos no início. Por exemplo, se seu par e a pessoa de fora trabalham juntos e o caso acabou de ser descoberto, pode ser irreal dizer "Nunca mais fale com essa pessoa sobre nada". É por isso que o *ambiente para interações* precisa ser considerado. Mesmo que a pessoa que cometeu a infidelidade e a pessoa de fora com quem se relacionou trabalhem juntos, vocês, como casal, podem decidir que, por enquanto, a interação em grupo em uma reunião de negócios é aceitável, mas reuniões individuais não.

Esses exemplos sugerem um terceiro fator: o *tema* ou *foco* das conversas e quais tipos de interação são aceitáveis. Alguns casais estabelecem um limite de não discutir sentimentos ou nada pessoal com a terceira pessoa, mas aceitam, por um breve período, comunicações necessárias sobre trabalho ou término do relacionamento. Qualquer conversa entre a parte que cometeu a infidelidade e a pessoa de fora sobre saudade ou carinho que sentem um pelo outro cria uma situação de alto risco. Revelar sentimentos leva a mais revelações, o que aumenta a intimidade. Atitudes que antes pareciam aceitáveis e inofensivas passam a ser arriscadas, pois aumentam a chance de uma reaproximação. Isso pode incluir pequenos toques físicos, como abraços de cumprimento ou apertos de mão, mensagens de "feliz aniversário" ou interações breves nas redes sociais. Se seu par está agindo de forma positiva com a pessoa com quem teve um caso, é provável que surjam sentimentos de conexão emocional. Em outras palavras, os limites anteriores precisam ser reavaliados e revisados. O relacionamento de vocês e suas interações com outras pessoas não podem simplesmente voltar a ser o que eram antes.

Às vezes, algum tipo de interação com a pessoa de fora pode ser necessário para estabelecer as regras básicas. Como casal, vocês devem decidir sobre a mensagem e o modo de entrega, como um *e-mail* assinado por vocês dois. Depois que Diego contou a Elena sobre seu caso, eles decidiram escrever um *e-mail* juntos, que Diego então enviou:

> *"Contei para a minha esposa, Elena, sobre o nosso caso e que decidi terminar. Estamos tentando reatar nosso casamento. Sei que essa decisão pode ser dolorosa para você, mas pensei muito nisso, e é o que vou fazer. Estou pedindo que você não me ligue ou mande mensagens, nem venha me ver. Apenas confirme o recebimento deste e-mail. Em alguns dias, entrarei em contato com você para considerar se podemos nos encontrar em algum lugar público para nos despedir. Depois desse encontro, gostaria que não tivéssemos mais nenhum tipo de contato. Preciso seguir em frente com a minha vida e me dedicar ao meu casamento. Diego."*

## FAÇA ACORDOS REALISTAS

Prometer limitar a interação com a pessoa de fora e depois não cumprir a promessa gera mais traições e mina qualquer esforço para restaurar a confiança. Portanto, *só concordem com aquilo que sabem que podem fazer*, mesmo que isso signifique viver um dia de cada vez e renegociar com o passar do tempo. É muito melhor que a pessoa que cometeu a infidelidade seja honesta durante todo o processo do que aceitar uma combinação e depois quebrar o acordo pelas costas do outro, representando mais uma traição.

> *Embora Antonne quisesse que Jazmin cortasse todo contato com Sam, Jazmin estava muito indecisa sobre seu relacionamento para terminar o caso imediatamente. Ela sabia que não poderia concordar de verdade em cortar todo o contato. Tomando coragem, ela expressou esses sentimentos para Antonne. Após uma negociação difícil, eles concordaram que ela poderia se comunicar com Sam por mensagem ou e-mail, mas precisava contar a Antonne o que estava dizendo. Eles também concordaram que ela manteria esse*

*tipo de contato apenas por um tempo, enquanto trabalhava com um terapeuta individual para decidir o que queria fazer. Ao final do período de teste, eles reavaliariam a situação, e Jazmin teria que tomar uma decisão.*

## DEFINIR LIMITES É UM PROCESSO CONTÍNUO

Vocês podem não ter certeza de como reagirão ao longo do tempo em relação aos limites estabelecidos; portanto, talvez precisem encarar a definição de limites como um processo contínuo, com avaliação e possível renegociação. Isso é importante, principalmente se o caso ainda não terminou. Se você descobriu a continuidade do caso, pode ter exigido que seu par encerre todas as formas de interação com a outra pessoa daquele momento em diante. Seu par pode ter concordado, mas falhado em cumprir o acordo. É raro alguém terminar instantaneamente um relacionamento significativo sem nenhum contato futuro com a outra pessoa. Portanto, discutam o que é realista, o que a pessoa que cometeu infidelidade precisa fazer para terminar o caso e como estruturar quaisquer eventuais interações futuras.

É claro que a parte que cometeu a infidelidade não deve usar essa recomendação como desculpa para continuar o caso ou outras interações com a pessoa de fora. Se a decisão foi por terminar, isso deve ser feito o mais rápido possível e em definitivo. Seu foco precisa estar em seu relacionamento enquanto casal, em cuidar do seu par. *Assuma a responsabilidade de estabelecer limites e organize sua vida para poder cumpri-los.* Em determinados momentos, seus sentimentos pela pessoa de fora podem ressurgir, mas estabelecer e respeitar limites consistentes e firmes pode ajudar a superá-los.

### O caso terminou?

- Estabeleçam limites claros para qualquer contato futuro.
- Definam como a parte que cometeu a infidelidade informará a pessoa que foi traída quando esses limites forem violados.
- Planejem como responder se a pessoa de fora entrar em contato.
- Se circunstâncias (trabalho, por exemplo) exigirem algum contato, definam limites claros sobre essas interações.

## O que fazer se a pessoa de fora entrar em contato?

Mesmo que o caso tenha terminado e que seu par respeite fielmente os limites estabelecidos para interagir com a pessoa de fora, vocês precisam decidir juntos o que fazer caso haja um encontro casual ou se essa pessoa de fora tomar a iniciativa do contato. *O princípio mais importante é que a parte que cometeu infidelidade informe a pessoa que foi traída sobre qualquer interação desse tipo e revele o que aconteceu, independentemente de como o encontro surgiu.*

> "A última coisa no mundo que quero fazer é dizer a Claire que Molly me mandou uma mensagem", protestou Carter. "Claire e eu estamos melhorando, então para quê criar problemas? Eu não respondi à mensagem, então por que não deixar as coisas como estão?"

A reação de Carter é compreensível, mas há razões importantes para contar a Claire sobre a mensagem. Primeiramente, esconder a informação perpetua a mentira e o segredo e contraria a promessa de Carter de reconstruir uma relação com Claire baseada na honestidade, independentemente de ela descobrir ou não. E se Claire descobrir sobre a mensagem, as tentativas de reconstruir a confiança serão ainda mais prejudicadas. Por fim, talvez não haja atitude mais poderosa do que Carter compartilhar essa informação para reconstruir a confiança. Revelar interações com aquela pessoa pode ser doloroso a curto prazo, mas geralmente reconstrói a confiança a longo prazo. Portanto, *se você deseja reconstruir uma relação de confiança com seu par, revele as interações com a pessoa de fora, por mais triviais que pareçam ou por mais que gerem turbulência inicialmente.* É claro, você e seu par devem ser realistas ao seguir esse princípio. Se você trabalha com a pessoa de fora, você e seu parceiro podem concordar em não discutir todas as vezes que você recebe um *e-mail* em grupo ou quando senta-se distante da pessoa em uma reunião em que ela está presente. O princípio é revelar quaisquer interações de natureza pessoal e não evitar contá-las ao parceiro. Vocês podem decidir o que faz sentido e modificar esses acordos com o passar do tempo.

O outro lado desse conselho envolve como a pessoa que foi traída vai receber tais informações. Descobrir que seu par e a pessoa de fora tiveram algum tipo de contato quase sempre parece ameaçador e doloroso. Porém, se o contato foi iniciado pela terceira pessoa e estava fora do controle do seu par, explodir de raiva funciona como punição em vez de fortalecer os esforços do seu par para enfrentar sentimentos difíceis com o objetivo de reconstruir a confiança. Se a interação resultar de comportamentos da pessoa de fora, ainda é aceitável expressar sentimentos de ansiedade ou raiva, mas também informe a seu par que você não o responsabiliza pelo contato *atual*. Em outras palavras, faça distinção entre a mágoa ou raiva que você sente pelo caso e seus sentimentos sobre a interação recente com aquela pessoa que seu par está descrevendo.

Pode ser necessário tomar medidas para impedir que a terceira pessoa interfira em seu relacionamento. O casal pode decidir agir em conjunto, por exemplo, escrevendo e assinando uma carta, enviando um *e-mail*, fazendo uma ligação ou pedindo para se encontrar com a pessoa em um local público. Infelizmente, às vezes, as mensagens são ignoradas. A pessoa que foi pivô da infidelidade e que se recusa a desistir pode tentar destruir seu relacionamento, seduzir seu par, ameaçar suicídio ou ameaçar a pessoa traída ou alguém da família. Leve essas ameaças a sério e considere obter ajuda externa. Já atendemos casais que precisaram ameaçar a terceira pessoa com ações judiciais para impedir o assédio ou contatar a polícia para emitir uma ordem de restrição. Em casos extremos, conhecemos casais que necessitaram trocar de emprego ou se mudar para outra cidade para se livrar de alguém que simplesmente não desistia do caso.

### Quando a pessoa de fora insiste

- Conversem sobre outras maneiras de enfatizar para ela que o caso terminou.
- Veja se algum comportamento ou mensagem pode ter sido mal interpretado pela terceira pessoa e cuide para não haver outros comportamentos confusos.
- Quando essas estratégias falharem, procure ajuda (dos supervisores no trabalho ou por meio de ações legais, se necessário) para limitar o contato.
- Em circunstâncias extremas, considere mudar de emprego ou se mudar para outro lugar.

## E SE A TRAIÇÃO ACONTECEU *ON-LINE* OU NÃO ENVOLVEU APENAS UMA PESSOA?

Já discutimos como a infidelidade envolve violações de limites importantes em áreas que normalmente são reservadas apenas ao casal, muitas vezes envolvendo uma forma sexual ou íntima de interagir com uma pessoa de fora. No entanto, também é possível que seu par não tenha traído com uma pessoa específica da vida real, mas se envolvido em atividades *on-line* com uma ou mais pessoas de maneiras que deixem você desconfortável ou que pareçam violar seus limites. Por exemplo, talvez seu par esteja vendo pornografia ou consumindo conteúdo sexual que você considera inadequado ou inconsistente com seus valores. Ou, talvez, seu par sempre fantasie com outras pessoas durante suas relações sexuais (o que você descobriu quando ele acidentalmente disse o nome de outra pessoa durante o sexo), ou pode ter se envolvido com profissionais do sexo em *chats* de vídeo ou por telefone. Para muitos casais, essas atividades não são aceitáveis e são consideradas traição. Para alguns, no entanto, não são necessariamente violações de limites e podem até ser aceitáveis. O importante é que cada casal decida por si mesmo quais limites são importantes para manter, independentemente do contexto (físico ou digital), do nível de envolvimento (ver ou participar ativamente) e se a violação envolve um único indivíduo ou mais de um. Se esses limites forem ultrapassados, o casal precisa decidir o que é necessário para restabelecer a segurança e a confiança nesses domínios.

### Que limites estabelecer se a traição ainda estiver acontecendo?

Se você descobriu que o caso continua, e seu par não sabe que você está ciente, o primeiro passo é confrontá-lo sobre isso e decidir o que fazer. Em nossa experiência, ignorar a traição na esperança de que o caso termine sozinho provavelmente não funcionará. Se você já confrontou seu par e ele se recusou a terminar o caso no momento, provavelmente é porque está incerto se deve continuar o relacionamento com você ou com a pessoa de fora. Às vezes, o indivíduo não quer deixar o relacionamento principal pelo outro, mas o caso extraconjugal é tão gratificante de algumas maneiras que ele não deseja terminá-lo até ser absolutamente necessário. Se esse for o caso em seu relacionamento, recomendamos que você faça o seguinte: *faça o término ser necessário*. Sendo você a parte que foi traída, deixe claro que não vai aceitar a continuação do caso e seja firme em exigir que seu par decida como resolver isso. Estabeleça limites claros, mas evite ultimatos precipitados impossíveis de cumprir.

O que fazer se seu par não estiver disposto a terminar o caso? Não existe uma resposta única para essa pergunta que funcione igualmente bem para todos, e recomendamos que ignore qualquer pessoa que ofereça uma solução definitiva. O principal risco de permitir a continuidade do caso é que algumas pessoas que traem permanecem indecisas por um longo tempo. Já atendemos casais que estavam nesse estado de indecisão por cinco anos ou mais antes de buscar ajuda. A menos que seja absolutamente necessário, há pessoas que simplesmente não decidem entre o relacionamento principal e seu caso.

O principal risco ao forçar uma decisão é que a parte que cometeu a infidelidade termine a relação, mesmo que você ainda queira salvá-la. Se o relacionamento estiver ruim e o caso extraconjugal parecer importante ou gratificante para o seu par, ele pode terminar tudo antes que você tenha a oportunidade de reconstruir a relação, podendo até culpar você por forçar a situação e causar esse desfecho.

Por outro lado, para algumas pessoas que foram traídas, forçar uma decisão é uma forma de recuperar o senso de controle em uma situação que parecia caótica. Muitos consideram emocionalmente abusivo o fato de o par continuar traindo, e forçar uma escolha é uma maneira de encerrar esse tipo de tratamento. Se o relacionamento do casal sobreviver após essa imposição, a pessoa que foi traída deixa claro que tais violações de limites não serão toleradas no futuro.

Porém mesmo que, por qualquer motivo, o caso pareça continuar por algum tempo, ainda é importante estabelecer limites em relação à pessoa de fora. Alguns casais se separam enquanto a infidelidade está acontecendo; se vocês seguirem esse caminho, é importante fazer acordos a curto prazo enquanto decidem juntos sobre o futuro da sua relação. Por exemplo, talvez precisem decidir como lidar com as finanças, como interagir separadamente ou juntos nas atividades dos filhos e quais limites se aplicam à pessoa de fora enquanto vocês estiverem separados.

> **Quando o caso não terminou**
> - Estabeleçam metas de médio e longo prazo. Sejam realistas sobre o que esperar a curto prazo.
> - Combinem um prazo para a pessoa que cometeu a infidelidade chegar a uma decisão sobre encerrar o caso.
> - Definam limites, se houver, sobre o contato com a pessoa de fora.
> - Desenvolvam regras específicas para que vocês contem um ao outro sobre possíveis contatos com a terceira pessoa.
> - Sejam claros sobre os próximos passos a serem seguidos assim que a pessoa que cometeu a infidelidade decidir terminar o caso ou se algum de vocês decidir terminar seu relacionamento.

Se seu par se recusa a encerrar o caso e pede para não terminar o relacionamento com você, o dilema se torna doloroso. Vocês dois terão de viver com as consequências de suas decisões; portanto, muita cautela ao considerar qualquer conselho bem-intencionado de outras pessoas. Permanecer no relacionamento no momento pode ser tão razoável quanto pressionar por uma decisão imediata. *Reserve o tempo necessário. Tomar uma decisão importante sobre a vida quando estamos chateados, cansados ou esgotados pode ser arriscado.* Nesses momentos, muitas pessoas consideram a ajuda de um profissional qualificado com relação às decisões difíceis da vida para oferecer uma perspectiva externa útil.

## O QUE DIZER AOS NOSSOS FILHOS E O QUE FAZER EM RELAÇÃO A ELES?

> Maggie ficou arrasada com a traição de Liam e estava determinada a fazer com que ele não se safasse. Ela contou para as duas filhas adolescentes o que o pai tinha feito e esperou para ver a indignação delas, mas não estava preparada para a profundidade da mágoa e confusão das filhas. Anos depois, a filha mais velha de Maggie confessou

*que saber da traição do pai ainda afetava seus próprios relacionamentos e descreveu o quanto odiava ter ficado presa entre ele e a mãe.*

Se vocês têm filhos e um de vocês se envolveu em um caso extraconjugal, provavelmente está se perguntando o que dizer a eles. A maioria dos filhos, de qualquer idade, percebe quando há uma tensão entre os pais. Vocês podem discutir com mais frequência ou intensidade, ou um de vocês pode mostrar sinais de angústia. Parece importante dizer ou fazer algo, mas o quê?

*Ao decidirem o que dizer e fazer, coloquem o bem-estar de seus filhos em primeiro lugar.* Além disso, usem as diretrizes disponíveis no quadro a seguir. Consultem-nas com frequência como um lembrete após ler as explicações a seguir. O Exercício 4.2 também os ajudará a decidir o que fazer em relação aos filhos.

## Ajude seus filhos a manter um relacionamento amoroso com vocês

Quando o relacionamento do casal é interrompido, seus filhos precisam da segurança de ter uma relação forte com ambos os pais. Talvez você queira explicar seu lado da história, ou sente que seu par não merece o amor e o carinho de seus filhos. Quando esses pensamentos surgirem, sempre volte ao princípio nº 1: *se não for bom para seus filhos, não é a escolha certa.* Pesquisas indicam que as crianças conseguem suportar conflitos entre os pais, incluindo

### Diretrizes para lidar com os filhos

- Ajudar seus filhos a manterem um relacionamento de carinho e amor com ambos os pais.
- Falar apenas o que for necessário.
- Adequar o que vocês vão falar de acordo com a idade e o nível de desenvolvimento dos filhos.
- Evitar interferir na vida dos filhos.
- Evitar que seus filhos sejam cuidadores do casal durante a crise.

o divórcio, se puderem manter um relacionamento amoroso com ambos e não precisarem escolher entre eles.

## Fale apenas o necessário

Uma dúvida crucial para muitos pais é se devem contar aos filhos sobre a infidelidade. Não defendemos que vocês mintam para eles, mas considerem cuidadosamente o que contar. Se muitas pessoas sabem sobre a infidelidade, como amigos dos filhos ou os pais deles, e é provável que seus filhos descubram, talvez seja melhor vocês mesmos contarem para ter algum controle sobre o que eles ouvem e como ouvem.

É importante conversar com as crianças quando há um sofrimento significativo no relacionamento dos pais. Elas podem perceber que *algo* está errado, mas podem ficar confusas sem mais informações. Consequentemente, é importante reconhecer que vocês dois não estão se dando bem e estão infelizes um com o outro no momento. Também pode ser útil para os filhos saberem o que mudará e o que permanecerá igual. Por exemplo, vocês podem informar a eles que talvez não farão mais tantas coisas juntos em família como antes, mas continuarão morando juntos.

Em muitos casos, não há uma razão clara para os filhos saberem sobre o caso extraconjugal, a menos que seja provável que se torne público. Assim como você provavelmente não contaria a seus filhos sobre as dificuldades em sua vida sexual, também não precisa informar a eles sobre a *base específica* de outros problemas no relacionamento. O que eles precisam é de ajuda para entender a magnitude geral dos conflitos de seus pais e o que provavelmente mudará ou permanecerá igual em suas próprias vidas. *Lembre-se de que a informação* **mais** *importante para seus filhos é que ambos os pais ainda os amam muito.*

## Adapte o que dizer à idade e ao nível de desenvolvimento dos seus filhos

Conversem usando uma linguagem que seus filhos entendam, de acordo com sua idade e seu nível de desenvolvimento. Por exemplo, se estiverem falando com uma criança de 10 anos e decidirem que é essencial falar sobre a pessoa de fora, você pode dizer: "Seu pai/sua mãe não tem certeza se quer continuar nosso casamento. Ele/ela se importa muito com uma outra pessoa, então vou contar a você o que vai acontecer." Se seus filhos tiverem idades bem diferentes, conversem com cada um separadamente para adaptar o que dizer ao nível de desenvolvimento de cada um.

Além de decidirem *o que* dizer aos filhos, vocês também precisam decidir *como*. Normalmente, é bom que, juntos, falem com eles se estiverem contando sobre as dificuldades do relacionamento. Isso pode evitar que alguém apresente a situação de forma acusatória e dá a seus filhos apenas um relato; assim eles não se confundem nem se sentem no meio de um conflito.

Alguns casais decidem que cada um vai conversar com os filhos separadamente, porque estão com tanta raiva um do outro que correm o risco de discutir na frente das crianças, ou porque alguém teme ficar muito angustiado para conduzir a conversa se o outro estiver presente. Se decidirem conversar em separado, combinem antes o que cada um dirá, como vão lidar com eventuais problemas e como evitar culpar um ao outro ou colocar os filhos no meio de suas próprias dificuldades.

### Reduza o impacto na vida dos seus filhos

Quando forem conversar sobre os problemas do relacionamento, seus filhos podem ficar preocupados ou tristes. Alguns expressam a angústia por meio da raiva, o que pode resultar em baixo desempenho escolar, enquanto outros parecem quase indiferentes à crise familiar. Independentemente da reação dos filhos, reconheça que os próximos meses podem ser difíceis para eles. Assim como provavelmente ocorreu com você, perda de controle e imprevisibilidade costumam causar medo. *Faça o possível para manter a rotina habitual das crianças.* Além disso, converse com elas sobre qualquer mudança significativa, sobretudo mudanças na moradia, e como os pais continuarão participando de refeições, atividades escolares e comunitárias ou férias em família.

### Evite que seus filhos se tornem seus cuidadores durante a crise

Neste momento difícil, você pode precisar de muito apoio, tanto emocional quanto prático. Embora seja apropriado que seus filhos demonstrem carinho e preocupação, eles não devem ser a quem você recorre para apoio ou conselhos sobre o seu relacionamento, mesmo que já sejam adultos. *Buscar apoio emocional dos filhos costuma forçá-los a escolher entre os pais, uma situação injusta para qualquer idade.*

Além do apoio emocional, quando as pessoas estão sob forte estresse, muitas vezes precisam de apoio prático ou ajuda com várias tarefas. Embora possa ser adequado pedir que as crianças ajudem mais durante esses tempos difíceis, tome cuidado para não exagerar. Ter filhos que ajudam pode ser ótimo, mas é importante deixar que continuem sendo crianças e ajam de maneira apropriada para sua idade e seu nível de desenvolvimento individual. Você também pode levá-los a um terapeuta profissional durante esse período, para terem um espaço seguro onde possam explorar seus sentimentos em relação à situação.

## O QUE DIZER AOS FAMILIARES E AMIGOS?

*Em um acesso de raiva, Luis contou para a família sobre a infidelidade de Daniela. Como ele esperava, todos se uniram a ele em apoio e indignação pela traição. No entanto, nas semanas seguintes, Luis compreendeu que realmente amava Daniela e não queria terminar. À medida que ambos trabalhavam para reconstruir o relacionamento, o apoio da família se transformou em raiva de Luis. Eles não conseguiam entender como Luis a aceitava de volta e o chamavam de fraco e tolo. Daniela ficou furiosa com o tratamento que lhes davam, e ambos acabaram se sentindo isolados da família.*

Talvez você queira contar a familiares ou amigos sobre o caso por achar que eles devem saber ou por querer seu apoio. Pense bem em quem deve saber e o quê. Talvez você queira contar a familiares e amigos que está passando por dificuldades, mas sem compartilhar que essa dificuldade se trata de um caso extraconjugal. Isso pode ser complicado se outros familiares moram com você e percebem a tensão e a angústia entre o casal. Pense se precisa compartilhar alguma informação com eles sobre o que está acontecendo – e o quanto contar –, para que não digam algo sem querer na frente dos seus filhos e acabem piorando a situação. Em outros casos, você pode ter um laço de confiança muito valioso com um familiar ou amigo. As diretrizes resumidas no próximo quadro serão discutidas em detalhes nas próximas páginas. O Exercício 4.3 também ajudará você a tomar decisões sobre como conversar com outras pessoas sobre a situação.

## Contar a essa pessoa prejudicará o relacionamento dela com meu par a longo prazo?

Especialmente se você é a pessoa que foi traída, talvez queira contar a seus pais, irmãos ou amigos sobre o que seu par fez e os efeitos negativos que isso causou em você. Compartilhar essa informação é uma forma de obter apoio, mas, antes de conversar com familiares ou amigos sobre a traição, pense em como seus comentários podem afetar o relacionamento deles com seu par no futuro. Se vocês ficarem juntos, seu familiar ou amigo também conseguirá reconstruir a relação com essa pessoa? Apesar das boas intenções, às vezes os familiares são incapazes de superar a raiva ou o ressentimento em relação a alguém que causou tanta dor a quem amam. Se você tiver outras dificuldades com seu par no futuro, pode ser difícil discuti-las com sua família ou seus amigos, porque eles não apoiam mais o relacionamento. Além disso, às vezes a vergonha da parte que cometeu a infidelidade é tamanha que dificulta a interação com família ou amigos do outro no futuro.

Se você já conversou com um familiar ou amigo sobre a traição e seu par sabe disso, pode ser útil conversarem com essa pessoa na tentativa de reconstruir os laços entre eles. Mesmo que o casal decida se separar ou se divorciar, pode ser importante que seu par mantenha uma relação cordial com sua família, principalmente se há filhos. Portanto, pense com cuidado nas implicações a longo prazo de conversar com familiares ou amigos próximos sobre a infidelidade, reconhecendo que seus próprios sentimentos em relação ao seu par e ao relacionamento podem mudar de maneira inesperada nos próximos meses.

### Diretrizes para falar com outras pessoas

- Contar a essa pessoa sobre a traição prejudicará o relacionamento dela com meu par?
- Posso confiar que a pessoa não contará a ninguém?
- O que exatamente eu espero dessa pessoa?
- Se estou procurando conselhos, essa pessoa pode ter uma perspectiva equilibrada?

## Posso confiar que a pessoa não contará a ninguém?

Outra consideração importante a fazer é se seu familiar ou amigo respeitará seu desejo de sigilo. Em muitas famílias ou grupos de amigos, existe uma regra informal de que informações pessoais importantes podem e devem ser compartilhadas. Muitas vezes, essa informação é transmitida assim: "Maria me contou uma coisa e não quer que ninguém saiba, mas achei que você precisava saber. Então, não conte nada a ninguém, ok?". Se for provável que as pessoas descubram, talvez seja melhor contar diretamente a elas em vez de deixá-las receberem a informação de outrem, com eventuais desinformações e distorções. A preocupação com o sigilo é uma das razões que fazem as pessoas decidirem conversar com profissionais sobre o que estão passando.

## O que exatamente eu quero dessa pessoa?

Você está buscando apoio emocional, conselhos ou outra ajuda com questões práticas ou demandas? Por exemplo, com amigos ou familiares, o que você pode precisar é de um bom ombro para chorar, alguém que compreenda e apenas ouça. Provavelmente, existem outras pessoas a quem você recorrerá para conselhos ou assistência estratégica. Por exemplo, talvez você queira o nome de um profissional de saúde mental ou outro terapeuta para conversar sobre suas dificuldades atuais, ou queira aconselhamento profissional de um consultor financeiro ou advogado. Você pode pedir ajuda a um familiar ou amigo para tarefas específicas que não estão sendo realizadas durante este período de crise no relacionamento, como ajuda com seus filhos, refeições ou transporte. Diga claramente o que você está precisando e conte apenas o que for necessário.

## Essa pessoa pode ter uma perspectiva equilibrada além de apenas ficar ao meu lado?

Familiares e amigos geralmente se sentem na responsabilidade de apoiar você durante momentos difíceis e enxergar as coisas a partir da sua perspectiva. É improvável que eles sejam objetivos em como veem ou respondem à sua situação, mas é importante que a perspectiva deles seja equilibrada. Já vimos muitos exemplos em que familiares e amigos dizem à pessoa que foi traída: "Deixe essa criatura e faça da vida dela um inferno". É fácil focar na dor nesse momento, mas você pode perder de vista o que seu relacionamento proporcionou no passado e o que poderia proporcionar novamente em algum momento no futuro. Somente você — e não seu familiar ou amigo — terá de viver com as consequências de qualquer decisão de longo prazo que tomar. *Portanto, tenha muito cuidado para não supervalorizar conselhos que receber, por melhor que seja a intenção.*

Lembre-se de outro ponto: se você pedir conselho a familiares ou amigos, eles podem ficar chateados se você não o seguir. Peça a eles que respeitem sua decisão final, mesmo não estando de acordo com o conselho dado. Essas pessoas podem apoiá-lo de muitas maneiras durante este momento difícil. Se você pensar bem sobre os amigos e familiares a quem recorrer, se pensar no que quer de cada um e considerar cuidadosamente as consequências de curto e longo prazos de contar sobre a infidelidade, pode ser bom ter o apoio de pessoas que se importam com você.

Confira os exercícios nas próximas páginas e considere quais deles podem se aplicar à sua situação. Alguns desafios que você enfrenta dependem das circunstâncias únicas de sua própria situação – por exemplo, se o caso extraconjugal terminou e se você tem filhos. Se vocês estão lendo o livro e fazendo os exercícios juntos, cada um deve refletir sobre seus próprios pontos de vista e depois compartilhar seus pensamentos e sentimentos sobre essas questões e decidir o que fazer. Se só você estiver lendo o livro e fazendo os exercícios e seu par não quiser discutir esses problemas, você precisará decidir por si só o que fazer, mas, sempre que possível, informe a pessoa sobre seus planos.

## EXERCÍCIOS

### EXERCÍCIO 4.1 Como lidar com a pessoa com quem meu par me traiu?

Definindo limites com a pessoa de fora. Ao estabelecer limites com a terceira pessoa, considere três questões: (1) método de comunicação; (2) locais para interação; (3) conteúdo da comunicação. Talvez seja necessário tomar medidas para impedir que essa pessoa interfira em suas vidas.

## Método de comunicação

Conversem sobre as possíveis maneiras de comunicação entre a pessoa de fora e a parte que cometeu a infidelidade e decidam o que é aceitável. Por exemplo:

> *"Combinamos que você não terá nenhum tipo de contato com aquela pessoa. Se ela entrar em contato com você por e-mail ou mensagem de texto, você vai ignorar. Se ela ligar, você vai desligar imediatamente. Se persistir, você vai bloqueá-la. Se vocês se esbarrarem, não a cumprimentará nem falará nada."*

Se o caso ainda estiver acontecendo, vocês precisam discutir quais limites são aceitáveis por enquanto e como tais limites mudarão ao longo do tempo. Por exemplo:

> *"Combinamos que você terá dois meses para decidir se planeja terminar aquele relacionamento ou o nosso. Nesse meio tempo, você não deve atender ligações aqui, nem enviar e-mails e mensagens dentro de casa. Você também concordou em agir com honestidade e me informar sobre seus contatos com aquela pessoa. Em uma semana, vamos reconsiderar se eu consigo conviver com a situação dessa forma."*

## Locais para interação

Dadas as circunstâncias, pode ser inevitável ter contato com a pessoa de fora. Conversem se é aceitável que seu par interaja com ela em determinados ambientes e definam limites. Por exemplo:

> *"Como você trabalha com essa pessoa, eu sei que não pode evitá-la totalmente. Combinamos que não há problema em estar em uma reunião de grupo com ela, mas que vocês não terão reuniões privadas, seja no escritório ou fora dele."*

*Conteúdo da comunicação*

Se vocês concordarem que algumas formas de comunicação com a pessoa de fora são aceitáveis ou necessárias, precisam especificar o que será discutido ou não. Conversar sobre trabalho é bem diferente de conversar sobre o quanto vocês gostam um do outro. Por exemplo:

> *"Combinamos que você pode discutir questões de trabalho, mas só isso. Vocês não devem debater o relacionamento anterior, como se sentem um pelo outro ou como estão emocionalmente."*

*Outras medidas para definir limites*

Você pode perceber que a terceira pessoa está relutante ou não quer ficar fora da vida do seu par. Nesse caso, talvez seja necessário tomar outras medidas, como consultar um advogado, mudar de emprego ou até mesmo se mudar para outro local. Por exemplo:

> *"Entraremos em contato com nosso advogado e pediremos que envie uma carta àquela pessoa, informando-a de que não deve ter mais nenhum contato com ninguém da nossa família. Se ela não respeitar isso, o próximo passo será entrar em contato com a polícia e denunciá-la por assédio."*

### EXERCÍCIO 4.2 — O que dizer aos filhos e como reduzir o impacto sobre eles?

*O que dizer aos filhos e de que forma*

Decidam o que precisam contar aos seus filhos e como querem comunicar isso. Por exemplo:

> *"Combinamos de contar juntos aos nossos filhos que estamos tendo algumas dificuldades, mas que estamos tendo ajuda para melhorar. Também concordamos em não fazer nenhum comentário direto ou indireto sobre a traição."*

### *Reduzindo o impacto na rotina familiar*

Discutam como a angústia atual em seu relacionamento pode afetar a rotina familiar ou outros aspectos da vida de seus filhos e tomem decisões sobre como minimizar esses transtornos. Por exemplo:

> *"Combinamos de fazer refeições em família e que ambos participaremos das atividades escolares e extracurriculares dos nossos filhos. Combinamos que, durante esses momentos, não discutiremos sobre a infidelidade e interagiremos da maneira mais construtiva possível. Por enquanto, concordamos em esperar um mês para tomar uma decisão sobre as férias de verão."*

### EXERCÍCIO 4.3   Para quem mais devemos contar?

Decidam para quem vocês querem contar sobre o caso e o quanto de detalhes querem revelar. Pense claramente o que você espera, se confiar na pessoa confidente poderia prejudicar a recuperação de vocês como casal a longo prazo e se ela respeitará o seu pedido de sigilo. Por exemplo:

> *"Quero conversar com a minha melhor amiga sobre a traição, pois valorizo seu julgamento e seu apoio emocional e confio que ela não vai contar para ninguém. Se outros amigos me perguntarem o que está acontecendo, direi apenas que estamos tendo alguns problemas no relacionamento, mas que estamos tentando resolvê-los. Por enquanto, prefiro que nossas famílias não saibam dos nossos problemas no casamento. Podemos reavaliar essa decisão em um mês."*

# 5
# Como cuidar do nosso bem-estar?

*A vida de Emma virou de cabeça para baixo quando descobriu que sua parceira, Sierra, voltou a ter contato em segredo com uma ex-namorada. Emma não conseguia dormir, e suas emoções oscilavam entre insensibilidade, raiva e desespero. Ela costumava contar com Sierra nos momentos difíceis, mas agora a parceira parecia uma estranha. Emma não sabia como recuperar o controle das próprias emoções e de sua vida.*

*Sierra também passava as noites em claro, atormentada pela dor que causou em Emma. Mas também sentia muita raiva por ter sido tão negligenciada durante o ano passado. Quando tentavam conversar sobre o ocorrido, a mágoa e a raiva pareciam insuportáveis, e as discussões acabavam em gritos e perda de controle. Isso só piorava a situação, mas nenhuma delas sabia como quebrar esse ciclo.*

Os dias e as semanas após a descoberta de uma traição costumam ser caóticos e traumáticos. É difícil até mesmo enfrentar o dia a dia e dar conta das obrigações. Você precisa de toda a força possível, mas cuidar de si pode ser ainda mais complicado e talvez não pareça prioridade. No entanto, é importante saber disto:

> O autocuidado saudável é fundamental para a recuperação, não só para você, mas também para seu relacionamento.

*Em primeiro lugar, o autocuidado adequado é essencial para combater os efeitos do estresse.* Descobrir ou revelar uma infidelidade normalmente gera alto nível de estresse prolongado para ambas as pessoas. Justamente quando você mais precisa de força emocional e física e apoio dos amigos, pode ser difícil adotar comportamentos que ajudariam a recuperar e fortalecer seus recursos emocionais, físicos e sociais. Por exemplo, você pode estar no limite do cansaço e precisar de uma boa noite de sono, mas, em vez disso, passa a noite em claro, com a mente ocupada com preocupações sobre o futuro ou revisando cada detalhe do passado para tentar entender o que deu errado. A falta de sono só gera mais exaustão e menos resiliência. Além disso, a preocupação com a possibilidade de outras pessoas descobrirem o problema pode levar você a se afastar de amigos e familiares. Nesse caso, o isolamento social tende a aumentar sua angústia emocional. Se antes você confiava na pessoa amada para ter apoio emocional, talvez agora você se sinta muito só. Então, por enquanto, pode ser que precise se cuidar como nunca precisou antes.

*Em segundo lugar, negligenciar o autocuidado piora a situação.* Pesquisas sobre a conexão entre mente e corpo mostram claramente que falta de sono, má alimentação e pouco apoio social levam a reações emocionais e físicas descontroladas, o que pode ser prejudicial e aumentar a chance de você lidar mal com conversas difíceis. *Se você não se cuidar durante esse processo de recuperação, é provável que tanto você quanto seu relacionamento piorem.* O autocuidado saudável ajuda a aumentar sua resiliência e sua força para o trabalho árduo que vem pela frente na reconstrução da sua vida após a traição.

## COMO ENFRENTAR O DIA A DIA?

### Necessidades emocionais

Ansiedade, depressão e raiva afetam sua saúde física, atrapalham o cumprimento de suas responsabilidades diárias e, muitas vezes, interferem em suas interações com seu par, dificultando a recuperação. Estratégias para tornar os períodos de instabilidade emocional mais controláveis estão resumidas no quadro a seguir e descritas com mais detalhes nas páginas seguintes. Utilize o Exercício 5.1 para adaptar essas estratégias às suas necessidades.

> **Estratégias para atender às suas necessidades emocionais**
> - Lembre-se de seus objetivos de longo prazo.
> - Mantenha um diálogo interno positivo para enfrentar medos e sentimentos difíceis.
> - Aguarde até que sentimentos difíceis passem.
> - Desabafe seus sentimentos quando estiver longe do seu par.
> - Redirecione seus pensamentos ou aumente experiências positivas.
> - Pratique meditação, faça uma oração ou tenha outras fontes de inspiração.

## PERSPECTIVAS DE LONGO PRAZO

*Chang continuava repetindo a Ming o quanto a traição o magoara. A culpa consumia Ming, e ela respondia com explosões de raiva, culpando Chang pela infidelidade. Chang, então, se retraía em silêncio e com raiva, sem sequer considerar seu próprio papel no relacionamento. Eles acabaram ficando presos em um ciclo destrutivo de ataques e contra-ataques que interferia na recuperação.*

Se o que você está sentindo parece insuportável no momento, mas suas reações parecem piorar a situação, pense cuidadosamente em seus objetivos de longo prazo para si e para o seu relacionamento. Se seu objetivo de longo prazo é reconstruí-lo, perder a paciência e atacar constantemente a outra pessoa não vai ajudar. Se seu objetivo de longo prazo é ajudar seu par a se sentir emocionalmente mais seguro, não adianta se afastar sempre que ele expressa sentimentos de angústia. Tolerar o sofrimento e evitar reações destrutivas torna-se mais fácil quando você se lembra dos seus objetivos de longo prazo para você e para o relacionamento.

## DIÁLOGO INTERNO POSITIVO

"Diálogo interno positivo" significa conversar consigo para se manter no caminho certo e com foco no que é útil para você e para o seu relacionamento. Essa conversa mental pode ajudá-lo a lidar com sentimentos fortes no momento: "Tudo bem; está horrível agora, mas não significa que sempre será assim. Se eu conseguir superar essa situação um dia de cada vez, tudo pode melhorar". Também pode ajudar você a ter controle sobre seu próprio comportamento: "Não vou deixar essa briga tomar conta de toda a minha vida. Ainda há coisas boas, e eu preciso aproveitá-las".

O diálogo interno positivo também pode ajudar você a desafiar crenças distorcidas e outros pensamentos que podem estar atrapalhando. Quando um relacionamento começa a se deteriorar, as pessoas costumam interpretar o comportamento do outro da forma mais negativa possível. No entanto, pensar que seu par é completamente mau e não tem nenhuma qualidade boa só piora a situação. Desafie suas interpretações questionando-se: "Por que estou tão desconfortável? Há outras formas de explicar ou interpretar o que meu par fez ou disse?".

Já um diálogo interno negativo pode *criar ou aumentar* emoções negativas; por exemplo, ficar pensando que essa situação nunca vai melhorar, culpar-se pela traição, repetir que não há mais esperanças. Dê um passo para trás e pense se algum diálogo interno pode estar contribuindo para emoções negativas. Por exemplo, há diferença entre a pessoa ter feito algo nocivo e ser uma pessoa horrível? O que você fez no passado, quando houve problemas no relacionamento, realmente torna você responsável pela infidelidade do seu par? Será que você vai se sentir assim pelo resto da vida? Ao se afastar e desafiar alguns pensamentos negativos, é provável que você chegue a uma visão mais equilibrada da situação, tornando suas emoções mais suportáveis.

## "NAVEGAR" PELOS SENTIMENTOS

Muitas vezes, sentimentos intensamente dolorosos parecem nunca acabar. No entanto, por mais fortes que estejam no momento presente, se você "navega" por esses sentimentos e "passa pela onda", geralmente eles alcançam um pico e depois diminuem naturalmente. Às vezes, as pessoas aprofundam ou prolongam o sofrimento ao se criticarem por senti-los. Em vez disso, imagine-os como uma onda e lembre-se de que eles vão diminuir. Aumentar a distância emocional também permite que você pense com mais clareza quais são seus sentimentos e o que os desencadeou.

> *Quando Ryan e Dan discutiam, Ryan tinha dificuldade para lidar tanto com a raiva quanto com a ansiedade. Às vezes, ele ia atrás da briga e aumentava o conflito até que um deles empurrava o outro. Quando Ryan aprendeu que as emoções eram como ondas e que ele podia aguentar até que diminuíssem para um nível mais tolerável, ele parou de exigir que Dan fizesse algo para melhorar a situação, o que, antes, provocava discussões ainda mais intensas.*

Aprender a navegar pelos sentimentos difíceis também pode ser útil para a pessoa que cometeu infidelidade, que talvez sinta saudades da pessoa de fora. Se você terminou uma relação extraconjugal e se comprometeu em reconstruir seu relacionamento principal, mas ainda tem sentimentos fortes pela outra pessoa e vontade de retomar o contato, redirecionar seus pensamentos ou atividades para outro lugar e suportar esses desejos pode ser uma maneira eficaz de lidar com suas necessidades emocionais. Já trabalhamos com algumas pessoas que interpretaram mal esses sentimentos, pensando que era um indicador de que o relacionamento com a pessoa de fora "era para acontecer". No fim, elas se arrependeram de voltar para a relação extraconjugal.

## DESABAFAR

Embora às vezes você consiga navegar pelos sentimentos intensos, em outras situações pode precisar de estratégias para aliviá-los, tornando-os mais controláveis. Desabafar é uma forma de torná-los mais fáceis de lidar. Como mencionamos no Capítulo 3, você pode escrever cartas para desabafar e, depois, descartá-las, sem mostrá-las a seu par. Outro jeito de desabafar é conversar com alguém de confiança que ouça sem julgamentos. Um amigo próximo pode servir como válvula de escape para o desabafo, por telefone ou pessoalmente, mas lembre-se de escolher a pessoa certa usando as diretrizes descritas no Capítulo 4. Além disso, não exagere; mesmo bons amigos podem se cansar de sessões longas ou frequentes de desabafo. Um profissional de saúde mental de confiança ou outro profissional de apoio também pode ser um bom recurso nesses momentos.

## DISTANCIAR-SE DA SITUAÇÃO

Você pode se distanciar um pouco da situação usando as técnicas sobre fazer um intervalo, discutidas no Capítulo 3, ou distraindo-se com outras coisas. Sair para caminhar, navegar na internet, assistir à televisão ou se dedicar a um *hobby* pode proporcionar alívio a curto prazo para que você lide com seus sentimentos e depois os aborde de forma mais eficaz, individualmente ou com seu par. Não estamos sugerindo que você evite lidar com os problemas, mas há momentos em que você e seu par precisam se afastar deles. Distrair-se pode ser uma maneira saudável de lidar com a situação quando os problemas parecem insuportáveis.

## EXPERIÊNCIAS POSITIVAS

O autocuidado emocional saudável envolve mais do que apenas lidar com sentimentos negativos – envolve, também, aumentar as experiências positivas. Quando as pessoas estão ansiosas ou tristes, é mais provável que se retraiam e parem de buscar atividades prazerosas ou gratificantes. No entanto, a inatividade tende a aumentar a tristeza e o isolamento, resultando em ainda menos disposição para fazer algo prazeroso. Ficará difícil escapar dessa espiral decadente se você continuar agindo apenas quando "estiver com vontade". É importante se comprometer a fazer algo bom para você regularmente, mesmo que seja apenas um banho relaxante no final do dia, uma massagem semanal ou se encontrar com um amigo depois do trabalho. Comprometer-se com atividades prazerosas é fundamental para garantir reservas emocionais necessárias para superar esse momento difícil e tratar bem as pessoas ao seu redor.

## MEDITAÇÃO OU VIDA ESPIRITUAL

Em tempos de crise, muitas pessoas buscam apoio para sua vida espiritual, enquanto outras tentam recuperá-la, caso essa parte tenha sido negligenciada. Isso envolve refletir de forma mais ampla sobre como você entende o mundo ou repensar sua participação em alguma comunidade religiosa. Atender às suas necessidades espirituais pode promover um sentimento de força interior ou ajudar na reflexão sobre questões mais amplas e complexas, como "O que eu valorizo mais na vida?", "Como posso reconciliar o que valorizo com o que fiz?", "Acredito em perdão e reconciliação?" ou "Como encontro significado ou propósito nessa crise?".

A espiritualidade de um indivíduo é uma experiência profundamente pessoal. Se esse aspecto sempre foi importante para você, ou se você acredita que a espiritualidade pode ser útil durante este momento particularmente difícil, recomendamos que busque vivê-la da maneira que melhor lhe servir. Algumas pessoas podem retomar seu envolvimento em um grupo religioso local; outras se dedicam à meditação ou à oração. Você pode encontrar força ou inspiração lendo relatos de pessoas que superaram experiências traumáticas ou venceram grandes desafios. Não temos a pretensão de dizer a você *como* cuidar de suas necessidades espirituais, mas o incentivamos a considerar sua vida espiritual como uma forma importante de se cuidar.

## Necessidades sociais

O apoio social ajuda a diminuir a turbulência emocional e promove a saúde física em momentos de estresse. Amigos próximos ou familiares podem oferecer cuidado e atenção, ajudar você a conversar sobre seus sentimentos, reduzir a solidão e incentivar que você se cuide emocional e fisicamente.

Lembre-se de deixar claro que tipo de apoio você deseja de cada pessoa. Talvez queira conversar sobre a infidelidade com somente uma ou duas pessoas. Para outras, prefira dizer apenas que você e seu par pararam de sair junto com outros casais por enquanto. Você também pode encontrar apoio social passando mais tempo em atividades em grupo relacionadas ao seu trabalho, à escola dos seus filhos ou ao seu bairro.

> *Kelsey tinha certeza de que a angústia pela traição de Erik estava estampada em seu rosto. Ela se afastou do seu grupo de leitura e evitou os vizinhos, mas logo percebeu que o isolamento estava aprofundando seus sentimentos de desespero. Para combater isso, ela marcou alguns almoços com amigos próximos, sensíveis e solidários. Duas amigas a convidaram para uma noite exclusiva para mulheres em uma galeria de arte. No dia seguinte, o futuro não parecia tão sombrio quanto no dia anterior, e ela prometeu tornar esses passeios eventos regulares.*

## Necessidades físicas

O autocuidado emocional e o autocuidado físico caminham juntos. Por isso, você precisa dormir o suficiente, alimentar-se bem e fazer atividades físicas. Mesmo que acredite estar administrando bem essas funções no momento, leia as estratégias de autocuidado físico discutidas a seguir e pense se há maneiras de implementá-las melhor, agora ou no futuro.

### SONO E DESCANSO

Aprenda e siga boas práticas de sono. Evite cochilos ou limite-os a 20 minutos pela manhã ou no início da tarde, para que você tenha sono à noite. Evite também, em grandes quantidades ou no final do dia, cafeína, álcool ou outras substâncias que alteram o humor, pois provavelmente vão interferir em seus padrões de sono. Tente acordar e dormir todos os dias no mesmo horário e desenvolva uma rotina relaxante para se desligar antes de dormir. Se não conseguir pegar no sono após 20 minutos, em vez de ficar na cama se preocupando, levante-se e passe 20 minutos fazendo alguma atividade tranquila. Evite assistir à televisão, porque provavelmente você vai se entusiasmar com programas de entrevistas ou séries em vez de adormecer. Após 20 minutos, volte para a cama e tente novamente. Evite remédios para dormir sem prescrição médica, pois podem causar efeito rebote e prolongar sua dificuldade após a interrupção do uso. Se você não conseguir recuperar um padrão de sono saudável após aplicar essas estratégias, ou se seus problemas se tornarem graves, talvez seja importante discutir isso com seu médico ou um especialista do sono.

### ALIMENTAÇÃO

Comer de forma saudável é uma forma de se nutrir, literalmente, durante esse momento difícil. Se seus níveis de açúcar no sangue e de proteína caírem muito, sua capacidade de regular as emoções também diminui, fazendo com que você aja impulsivamente e com mais intensidade do que se tivesse se alimentado e descansado bem. Fazer intervalos regulares para comer frutas, consumir proteína e fornecer ao seu corpo alguma forma de carboidrato complexo deve ajudar você a manter suas emoções sob controle.

## ATIVIDADES FÍSICAS

Talvez você esteja sentindo tanto cansaço por causa dos estressores diários ou das emoções intensas que não consegue nem pensar em fazer alguma atividade física. Talvez ache que não tem tempo para se dedicar a isso, considerando sua família e outras responsabilidades. *Nossa visão é: não se exercitar não é uma opção.* Praticar exercícios moderados regularmente ajuda as pessoas a reduzirem a ansiedade e a tristeza de forma significativa. O exercício também aumenta a produção de endorfina, hormônio liberado durante atividades prazerosas, como a atividade sexual.

Se o exercício não fazia parte da sua rotina, comece com pequenas metas; por exemplo, caminhar a passos rápidos três vezes por semana. Programe-se para se exercitar em momentos nos quais distrações ou interrupções sejam menos prováveis, assim como faria com outras tarefas vitais. Variar a rotina de exercícios (até mesmo caminhar em direções diferentes!) pode ajudar a evitar o tédio. Estabeleça metas modestas e, se não conseguir cumprir por um ou dois dias, não deixe que isso impeça você de recomeçar sua rotina.

## SAÚDE

Doenças físicas e problemas de saúde reduzem a sua resiliência emocional e a capacidade de lidar com desafios individuais e do relacionamento. Se você recentemente desenvolveu problemas físicos ou tem adiado a ida ao médico para tratar de uma condição antiga, marque uma consulta hoje mesmo. Reservar um tempo para ir ao médico e seguir o tratamento ajudará a lidar de forma mais eficaz com as suas dificuldades emocionais a longo prazo.

Da mesma forma, faça escolhas saudáveis para limitar o consumo de álcool, cafeína e outras substâncias psicoativas sem prescrição médica, pois tais elementos podem interferir no sono, como mencionado anteriormente, e piorar os problemas de humor que você já tem. A cafeína e a nicotina podem aumentar a irritabilidade; já o álcool tende a suprimir inibições e torna a pessoa mais propensa a ter falas e tomar atitudes das quais pode se arrepender depois. Embora essas substâncias deem uma sensação de alívio em um momento específico, aumentam a probabilidade de você continuar se sentindo mal ou fora de controle a longo prazo.

## PRECISO DE AJUDA PROFISSIONAL?

*O choque e a raiva que Aaliyah sentiu quando descobriu a traição de Khalil gradualmente se transformaram em insensibilidade. As semanas se passaram, mas ela simplesmente não conseguia ser funcional. Em alguns dias, ficava na cama por horas, olhando para a parede. O trabalho começou a ser prejudicado a ponto do seu supervisor avisar que seria demitida se não administrasse melhor suas responsabilidades. Aaliyah precisava se recompor, mas não tinha ideia de como fazer isso.*

### Quando devo procurar ajuda profissional para mim?

Embora não haja uma resposta simples para essa pergunta, a orientação geral é **buscar ajuda se**:

- suas emoções em relação à infidelidade estão tão intensas que podem resultar em sérios danos a você ou a outras pessoas;
- sua angústia continua se manifestando por um longo período, em um nível que impede sua recuperação individual ou a recuperação do relacionamento.

Confira a seguir outros sinais que demandam a busca por ajuda externa:

- *Depressão severa ou persistente:* sérios distúrbios de sono, alimentação ou outros cuidados pessoais que podem levar a consequências negativas para a saúde; sentimentos profundos e inabaláveis de desesperança, inutilidade ou culpa; perda quase completa do interesse pelas atividades diárias envolvendo trabalho, casa, amigos ou família por um longo período.
- *Ansiedade severa ou persistente:* medo ou preocupação excessiva a ponto de atrapalhar sua capacidade de se concentrar ou pensar com clareza; ativação fisiológica aguda, resultando em fortes dores de cabeça, tensão muscular, dor de estômago ou dores no peito; episódios recorrentes de pânico ou medo crônico.

- *Raiva ou agressão física contra os outros:* agressão verbal ou física descontrolada; atos de retaliação contra seu par, dos quais você, depois, se arrependerá, como destruição de bens; explosões repentinas de raiva contra pessoas não envolvidas na traição, como seus filhos ou colegas de trabalho.

- *Comportamentos prejudiciais a si mesmo:* uso excessivo de álcool ou outras substâncias para alterar o humor; gastos descontrolados que criam dificuldades financeiras; infidelidade como forma de vingança. Machucar-se fisicamente é um grande sinal de alerta para pedir ajuda.

- *Incapacidade de tomar decisões:* incapacidade quanto a decisões de curto prazo para lidar com a crise, como confrontar seu par e a pessoa de fora ou decidir se continuam morando juntos; incapacidade quanto a decisões de longo prazo, como comprometer-se a trabalhar em seu relacionamento ou separar-se.

Se você se identifica com alguma das descrições feitas, é importante buscar ajuda profissional individualmente. Você pode optar por buscar ajuda externa mesmo que suas dificuldades não pareçam tão graves quanto as que foram aqui descritas. Buscar ajuda profissional não é fraqueza nem autoindulgência; trata-se de se tornar saudável novamente pelo próprio bem e pelo bem das pessoas que você ama e que se preocupam com você. Entre os benefícios que os profissionais externos podem oferecer estão a experiência em lidar com problemas de relacionamento, a capacidade de oferecer recursos específicos (como medicamentos), a capacidade de manter a objetividade e o compromisso com a confidencialidade. O Exercício 5.2 pode ajudar você a decidir se e como buscar ajuda profissional. Confira a seguir algumas opções de profissionais que você pode considerar.

## Como buscar ajuda tanto para mim quanto para nós como casal?

Os profissionais de saúde mental têm diferentes origens, níveis de estudo e áreas de especialização. Psicólogos têm cinco anos de formação, trabalhando com pessoas que enfrentam problemas emocionais ou comportamentais. Existem terapeutas de casal e de família que geralmente são psicólogos ou assistentes sociais especialistas no tratamento de problemas nos relacionamentos. Psiquiatras primeiro se formam como médicos e depois seguem para uma residência especializada em saúde mental, tendo habilitação para prescrever medicações, se necessário.

Além dessas diferenças de formação, profissionais de saúde mental também adotam abordagens diversas para lidar com problemas individuais ou de relacionamento. Alguns têm ampla formação e experiência no atendimento individual, mas pouca ou nenhuma experiência em trabalhar com casais ou famílias. Alguns focam na comunicação do casal e nos padrões atuais de comportamento, enquanto outros analisam padrões de relacionamento na família de origem ou questões subjacentes, inclusive inconscientes, que contribuem para as dificuldades atuais.

Se você participa ativamente de uma organização religiosa ou outra instituição com líderes que respeita, talvez possa pedir conselhos de alguém de dentro dessa organização que tenha a devida formação. Essa pessoa pode ajudar na sua vida espiritual ou sugerir livros que integrem a espiritualidade às necessidades individuais ou do relacionamento.

Diante de tantas opções, como tomar uma decisão embasada sobre onde buscar ajuda? Você pode começar buscando recomendações de profissionais de áreas relacionadas. Por exemplo, seu médico da família pode conhecer profissionais de saúde mental com especialização em lidar com problemas de relacionamento. Se você mora em uma cidade em que há uma faculdade ou universidade, pode haver uma clínica filiada à instituição que ofereça atendimento individual ou para casais. Você também pode conhecer um amigo ou familiar que tenha feito terapia e possa sugerir um profissional ou indicar alguém para pedir recomendação. Se essas opções falharem, busque na internet por listas de profissionais de saúde mental em sua região e analise cuidadosamente seus históricos e áreas de especialização. Em seguida, agende uma consulta inicial para você ou para o casal com um terapeuta que lhe pareça adequado. Se um de vocês não se sentir confortável com o terapeuta após a primeira consulta, busque outros profissionais em sua região.

Faça os dois exercícios a seguir e incentive a pessoa que você ama a fazer o mesmo. Depois, você pode seguir para a próxima etapa da recuperação, para tentar compreender como aconteceu a infidelidade.

## EXERCÍCIOS

**EXERCÍCIO 5.1**  Cuidando de suas necessidades emocionais

Releia as orientações deste capítulo sobre cuidar de suas necessidades emocionais e pense sobre as estratégias que podem funcionar melhor para você. Inclua pelo menos uma estratégia para lidar com sentimentos negativos e outra para aumentar as experiências positivas. Após uma semana, se alguma das estratégias não funcionou tão bem quanto você esperava, analise o que poderia ser feito para implementá-la de forma mais eficaz ou quais alternativas você poderia usar.

*Escolha estratégias para lidar com seus sentimentos negativos intensos*

Por exemplo:

> "Quando eu sentir que estou prestes a explodir de tanto pensar na traição, vou fazer uma atividade diferente para me distrair e aliviar a tensão. Se isso não funcionar, vou escrever uma carta pra mim mesmo como forma de desabafar e depois vou rasgá-la."

*Defina etapas específicas para aumentar suas experiências positivas*

Por exemplo:

> "Vou reservar 30 minutos todas as noites para fazer algo por mim, como caminhar, meditar ou arrumar minha estante de livros."

**EXERCÍCIO 5.2** Decidindo se é preciso buscar ajuda profissional

Pense nos benefícios de buscar ajuda externa, seja para você, seja para o casal. Se não souber como buscar ajuda, pense em alguém que poderia dar uma indicação confiável. Por exemplo:

*"Prefiro que façamos terapia juntos para nos ajudar a lidar melhor com o conflito e tomar decisões importantes como casal. Vou ligar para o meu médico de família para ver quem ele recomendaria. Se meu par não quiser fazer esse esforço comigo, vou buscar terapia individual para mim."*

PARTE II
# Como tudo aconteceu?

# 6
# Será que o problema estava no nosso relacionamento?

> *"Precisamos encerrar esse assunto e seguir em frente", disse Trevor com firmeza. "Eu sei que errei e não vou fazer isso de novo. Agora precisamos focar em nós e no nosso futuro, não no passado." Arianna também queria seguir em frente. Para Trevor, isso significava não falar mais sobre o caso. Arianna, no entanto, não conseguia parar de pensar na traição, por mais que tentasse. Como ele pôde fazer isso? Será que algo estava faltando no relacionamento? Se sim, ela poderia confiar na fidelidade de Trevor na próxima dificuldade que enfrentassem? Até ter certeza de que ambos entendiam como e por que a traição aconteceu, Arianna não conseguiria acreditar que a situação não voltaria a acontecer. Ela não conseguia seguir em frente.*

Se você trabalhou com sucesso nos capítulos anteriores, seja com seu par ou individualmente, sua vida pode estar parecendo menos caótica e mais sob controle. Retomar algumas rotinas diárias, diminuir as discussões e a distância emocional e cuidar-se pode resultar em alívio considerável para ambos neste momento.

***Então, por que remexer tudo de novo?*** Por que perguntar o motivo? Por que houve a traição? Como você ou seu par pôde ter feito isso? O que deu errado? As razões para perguntar o motivo são simples, mesmo que as implicações de fazer esses questionamentos sejam complexas.

- Se você é a pessoa que foi traída, precisa entender o máximo possível os motivos da infidelidade, voltando a ter a segurança emocional necessária para que haja confiança e intimidade.

■ Se você é a parte que cometeu a infidelidade, precisa explorar o motivo da traição **porque é o que seu par precisa**. Além disso, pode ser benéfico para você, pois precisa entender seu próprio comportamento e suas decisões, pelo menos para ter certeza de que não cometerá o mesmo erro novamente.

É necessário entender como a infidelidade aconteceu para retomar a sensação de segurança emocional da pessoa que foi traída. Essa é a única maneira de colocá-la em um terreno sólido o suficiente para considerar se o relacionamento pode ser reconstruído com confiança e intimidade. Se você é a pessoa que traiu, também há benefícios diretos para você, como autoconhecimento e menor propensão à infidelidade ou a outros erros.

Nessa busca por entender o que houve, é importante distinguir entre *motivos* e *desculpas,* bem como entre *compreensão* e *concordância*. Se você é a pessoa que foi traída, nenhum motivo justificará a infidelidade. Se você é quem cometeu a infidelidade, talvez nem esteja pedindo desculpas. Nosso objetivo é que ambos entendam por que ocorreu esse caso extraconjugal, mas sem concordar com a decisão. Compreender exige olhar para o contexto geral — ou o que chamamos de "pano de fundo" — da infidelidade, analisar todos os fatores que aumentaram o risco ou a vulnerabilidade para que acontecesse. Nenhum desses fatores, isolados ou em conjunto, foram a *causa* da traição. Em última análise, a responsabilidade por ter um caso extraconjugal é da pessoa que optou por ele, de forma consciente ou não, em resposta ao que quer que tenha criado o risco ou a vulnerabilidade. Novamente: *se você teve um caso, você é responsável pelo seu comportamento.* Ao mesmo tempo, queremos ajudar você e seu par a entenderem os fatores que podem ter deixado o casal vulnerável às decisões que tomaram.

Nos próximos quatro capítulos, vamos explorar sistematicamente uma ampla gama de fatores que podem ter contribuído para a vulnerabilidade do relacionamento ao ponto de ocorrer infidelidade. Essa exploração exige revolver assuntos delicados e tolerar certo desconforto de curto prazo. Pode haver problemas no relacionamento ou aspectos individuais difíceis de reconhecer e talvez dolorosos de discutir. No entanto, em décadas de experiência coletiva com casais que tentavam superar uma traição, percebemos que **chegar a uma compreensão mais completa do porquê é, simultaneamente, a etapa** *mais difícil e a mais importante da recuperação*. Casais que se comprometem com esse processo usam a crise da infidelidade para identificar mudanças que podem fazer para recuperar a segurança emocional e a alegria entre eles. Muitos relacionamentos ficam ainda mais fortes do que eram antes de tudo acontecer.

Casais que evitam esse processo correm, principalmente, dois riscos:

1. Após um período inicial de estabilidade, que pode durar alguns meses ou até anos, as dúvidas e perguntas sem resposta sobre a infidelidade costumam ressurgir. Nesse ponto, fica muito mais difícil lidar, e o relacionamento termina em confusão e amargura.

2. As perguntas sem resposta são enterradas e ignoradas, mas continuam criando problemas. Casais que seguem esse caminho podem permanecer juntos, mas a intimidade emocional, a alegria e a paixão podem desaparecer. O distanciamento emocional toma conta da relação.

## O que precisamos saber?

Muito! Um relacionamento extraconjugal coloca tudo em questionamento. Da perspectiva da pessoa que foi traída, nos lugares mais inesperados pode estar o perigo – a chance de que o que levou a essa traição possa levar a outra. Cada um dos próximos quatro capítulos aborda um conjunto diferente de fatores que podem ter aumentado a vulnerabilidade do relacionamento à infidelidade. Provavelmente você já pensou em muitos deles, mas, a seguir, há uma prévia.

### O QUE ESTAVA ACONTECENDO NO RELACIONAMENTO?

Uma traição não acontece necessariamente porque o relacionamento está ruim. Muitas relações conturbadas não terminam em infidelidade, e traições podem acontecer mesmo quando a pessoa diz estar satisfeita e apaixonada por seu par. Sugerimos que vocês nunca coloquem a culpa no relacionamento. No entanto, também é importante que ambos olhem com atenção para o que estava acontecendo na relação que a tornou mais vulnerável ou suscetível a alguém decidir ter um caso. Mais adiante neste capítulo, ajudaremos você a explorar o seguinte:

- níveis e fontes de conflito;
- conexão emocional;
- intimidade física;
- papéis e expectativas no relacionamento.

## O QUE ESTAVA ACONTECENDO AO NOSSO REDOR?

Manter um relacionamento forte exige muito trabalho, e este se torna ainda mais difícil quando (1) outras pessoas minam ativamente seus esforços para cuidar um do outro e permanecerem fiéis, ou (2) vocês não recebem apoio e incentivo para o relacionamento. No Capítulo 7, vamos ajudá-lo a considerar cada um dos seguintes aspectos:

- intromissões e distrações;
- fatores estressores externos;
- tentações;
- rede de apoio.

## QUAIS ASPECTOS DA PESSOA QUE COMETEU INFIDELIDADE CONTRIBUÍRAM PARA A TRAIÇÃO?

Estando no lugar de pessoa que foi traída, você precisa descobrir por que seu par foi infiel, independentemente do que mais estava acontecendo entre vocês ou ao seu redor. Enxergar a pessoa apenas de forma negativa (como alguém naturalmente falho e sem caráter) pode condizer com a mágoa e a raiva que você sente, mas não ajudará a recuperar o sentimento de proximidade ou segurança. Você precisa ver a pessoa com uma lente mais ampla, considerando tanto seus pontos fortes e suas virtudes quanto suas falhas e seus defeitos, para decidir sabiamente como seguir em frente.

Se você está no lugar da pessoa que cometeu a infidelidade, também é importante examinar cuidadosamente os aspectos relacionados a você que contribuíram para a traição. Entender-se em um nível mais profundo, considerando suas necessidades ou seus conflitos pessoais, ajudará a evitar que isso aconteça novamente, quer você permaneça nesse relacionamento ou não. *Prometer que nunca mais vai trair não é suficiente.* Entender o que o levou a trair e o que precisa mudar ajudará a cumprir suas promessas.

O Capítulo 8 oferece uma compreensão mais completa com a análise das seguintes áreas:

- aspectos pessoais que podem ter aumentado a vulnerabilidade à infidelidade;
- crenças sobre infidelidade e comprometimento com o relacionamento;
- barreiras que impedem de seguir em frente.

## QUAIS ASPECTOS DA PESSOA QUE FOI TRAÍDA CONTRIBUÍRAM PARA A INFIDELIDADE?

Lembre-se: ninguém obriga alguém a ter um caso. Aconselhamos as pessoas que foram traídas a fazerem os seguintes questionamentos: "Se meu relacionamento se tornou vulnerável a uma infidelidade por causa de conflitos, distanciamento emocional, compromissos externos ou qualquer outro motivo, eu contribuí para essa vulnerabilidade? O que eu poderia ter feito de diferente?". Ao responder a essas perguntas, você pode identificar e corrigir suas possíveis contribuições para essa vulnerabilidade da relação, de modo a se proteger melhor no futuro. Vocês são responsáveis por seu comportamento na relação, e quem traiu é responsável por esse erro.

Se você é a parte que cometeu a infidelidade, somente *você* sabe como seus sentimentos em relação ao relacionamento e ao outro podem ter influenciado para o contexto da situação. Seu par precisa da sua perspectiva, assim como do seu incentivo para compreender o próprio papel no relacionamento e os passos para torná-lo mais forte e seguro, lembrando que ele não é responsável pela infidelidade.

No Capítulo 9, vamos orientar a pessoa que foi traída a analisar possíveis fatores que podem ter influenciado a situação, alguns semelhantes aos que já identificamos para a pessoa que cometeu a infidelidade, e outros, exclusivos:

- sentimentos sobre si mesmo;
- contribuições para o relacionamento;
- respostas a feridas pessoais.

## Um passo de cada vez

Se você se apressar demais nesta etapa, talvez não consiga compreender alguns fatores com atenção e profundidade. Isso pode levá-lo a (1) continuar sentindo inquietação ou frustração com questões persistentes que não foram abordadas, ou (2) construir um quadro incompleto que deixe o relacionamento mais vulnerável no futuro. Adapte o processo aos recursos emocionais e ao tempo que cada um pode dedicar, considerando também se vocês estão conseguindo manter as conversas produtivas. Além disso, reservem um tempo juntos todas as semanas, *não* para discutirem o ocorrido, mas para resgatarem formas positivas de estarem juntos e que vocês gostavam no passado. Cuidar de vocês e do relacionamento dará a esperança e a energia emocional essenciais para superar a próxima fase.

Uma abordagem para trabalhar nos próximos quatro capítulos é reservar um ou dois momentos por semana, de cerca de 30 minutos cada, para discutir o que vocês leram ou compartilhar suas respostas de um exercício. Ao final de cada interação, tentem combinar quando se encontrarão novamente e o que lerão ou trabalharão até lá. Evitem ficar presos por muito tempo em uma única questão. Vocês podem voltar a um assunto anterior e fazer intervalos, o que pode ajudar a reconsiderar questões anteriores de uma perspectiva diferente.

Se você quer passar para a próxima etapa e analisar os fatores que podem ter contribuído para a traição, mas seu par reluta em participar do processo, considere as opções a seguir:

- Converse sobre os motivos da relutância de seu par, para que vocês possam abordar os fatores e depois trabalhar de forma colaborativa. Diga como é importante compreender o que levou à infidelidade e as potenciais vantagens dessa compreensão. Expresse sua confiança na capacidade de lidar com isso. Por exemplo, aponte o progresso que vocês fizeram até agora ou relembre momentos anteriores do relacionamento em que conseguiram trabalhar em conjunto para resolver problemas. Use o Exercício 6.1 para ajudar nessa discussão.

- Você pode fazer a maior parte do trabalho só, mas, depois, tente compartilhar os resultados de seus esforços com seu par. Por exemplo, talvez a pessoa não esteja pronta para ler os capítulos e exercícios com você, mas esteja disposta a ter discussões com base no que você leu. *Qualquer* trabalho em conjunto é melhor do que nenhum; então, tente encontrar um meio-termo inicial que permita compartilhar seus pensamentos e sentimentos ao longo dos próximos capítulos.

Se é você quem resiste, entenda que pedir à pessoa amada para contar seus esforços, sem que você também trabalhe nessas questões, acabará não sendo suficiente. O relacionamento não se recuperará por completo até que ambos estejam convencidos do compromisso de cada um em fazer o que for preciso para seguir em frente. Fazer esse trabalho é um sinal importante de que você se dispõe a reparar o dano causado à relação por causa da traição.

- Você pode seguir o processo completamente só e usar o que aprendeu para trabalhar na mudança — seja para permanecer no relacionamento, seja para se conhecer melhor e entender os relacionamentos em geral, caso decida terminá-lo.

## O PROBLEMA FOI O NOSSO RELACIONAMENTO?

*Abby e Colin acreditavam ter "o relacionamento perfeito". Foram muito felizes nos primeiros anos como casal e construíram juntos um negócio bem-sucedido. A vida estava boa, eles decidiram formar uma família e tiveram dois filhos nos três anos seguintes. Abby entregou o negócio a Colin para ficar em casa cuidando das crianças. Inicialmente satisfeitos com essas decisões, nenhum dos dois estava preparado para seus novos papéis.*

*Abby tinha poucos amigos e recorria cada vez mais a Colin para que ele ficasse com as crianças à noite quando ele chegava em casa. Quanto mais ela precisava de Colin, porém, menos disponível ele parecia estar. Suas horas de trabalho aumentaram e sua paciência em casa diminuiu. Colin também estava com dificuldade para se adaptar, pois a paternidade não era o que esperava. Sentia-se desconfortável segurando os meninos quando choravam e ficava impaciente com a constante demanda de atenção.*

*Abby não conseguia entender as dificuldades dele com os filhos e frequentemente parecia zangada por motivos que ele não compreendia.*

*Quando os filhos tinham 2 e 4 anos, foram colocados na creche durante duas tardes por semana, para que Abby pudesse fazer um curso de administração. Lá, ela encontrou pessoas da sua idade que estavam equilibrando os desafios do trabalho, da família e dos estudos. Um deles, Ben, foi muito gentil com Abby e parecia especialmente compreensivo. Ben era divorciado e tinha uma filha, e Abby admirava sua dedicação à menina. Abby se sentia cada vez mais atraída por Ben, que demonstrava empatia pela solidão dela e, certo dia, acabou revelando sua crescente atração emocional e física.*

*Depois de uma semana em que Abby e Colin discutiram quase constantemente e dormiram em quartos separados, Abby foi ao apartamento de Ben. Ela se sentia abandonada por Colin. Sabia que trair seria errado, mas o desejo de ser abraçada e confortada a dominou. Ela e Ben acabaram na cama naquela tarde e mais duas vezes na semana seguinte.*

*Pelos dois meses seguintes, Abby lutou contra a culpa e a confusão sobre a vida dupla que levava. Ela terminou o relacionamento com Ben, mas, duas semanas depois, revelou o caso a Colin e pediu que vivessem separados por um tempo para ter espaço e tomar uma decisão sobre o relacionamento. Ambos ficaram magoados, furiosos e confusos. Colin se sentia devastado e completamente traído por Abby, pois não havia feito nada para merecer isso, mas também não queria perdê-la. Ele e Abby concordaram que precisavam de ajuda para decidir o que fazer. Na terapia de casal, conseguiram tomar algumas decisões de curto prazo sobre como interagir um com o outro e com os filhos. Depois de superarem a crise inicial, começaram a refletir sobre tudo o que havia dado errado. Como isso foi acontecer? Eles tinham um relacionamento maravilhoso antes. Como tudo desmoronou?*

Quando seu par tem uma relação extraconjugal, você pode se perguntar: "O problema foi o nosso relacionamento?". A resposta para isso é um firme "Não". A responsabilidade recai sobre a pessoa que escolheu ter o caso.

No entanto, você *deve* considerar como o relacionamento se tornou vulnerável a uma traição. Faltaram qualidades importantes? Havia maneiras de vocês terem fortalecido a relação? Ao olhar para trás, você pode identificar vários aspectos do relacionamento que não eram tão saudáveis ou satisfatórios quanto gostaria.

O objetivo de pensar em como chegaram até esse ponto não é encontrar culpados, mas descobrir como tornar o relacionamento mais seguro. Neste momento, sua mente pode estar repleta de pensamentos negativos sobre o outro: "Traiu porque não me ama", "porque não é confiável", "porque não consegue se comprometer". Você tem todo o direito de querer saber como seu par pôde ter feito algo tão doloroso, mas lembre-se de que essa é a mesma pessoa por quem você se apaixonou e espera passar boa parte da sua vida. É provável que as mesmas qualidades pelas quais se apaixonou ainda estejam presentes. Para entender como essa pessoa amada pode ter provocado em você tanta mágoa, é importante considerar como o relacionamento pode ter influenciado seu par a tomar a decisão de trair.

Quem cometeu infidelidade também precisa ter esse entendimento. Pode-se dizer que ninguém faz um voto de compromisso tendo a *intenção* de ser infiel. Muitas pessoas com quem trabalhamos, na verdade, dizem não entender como chegaram a esse ponto. Para compreender seu próprio comportamento, tanto a pessoa que foi traída quanto a que cometeu a infidelidade precisam analisar não apenas fatores individuais, mas também fatores de risco externos, incluindo o próprio relacionamento.

No restante deste capítulo, apresentaremos um processo para fazer exatamente isso. Orientaremos você a analisar vários aspectos do relacionamento nos três a quatro meses anteriores ao início da traição e, em seguida, a ver o relacionamento de uma perspectiva mais ampla, considerando os aspectos que fizeram vocês se aproximarem e os padrões de interação desde o início. Por fim, ajudaremos você a enfrentar uma das perguntas mais importantes: **considerando tudo o que você e seu par podem descobrir sobre as possíveis vulnerabilidades no relacionamento, o que seria necessário para torná-lo mais seguro agora?**

Ao ler este capítulo, lembre-se de que você está olhando apenas para uma parte do quebra-cabeça. Tente evitar conclusões precipitadas sobre como a infidelidade aconteceu, já que suposições baseadas em uma visão limitada podem impedir a análise do panorama geral. Os Capítulos 7, 8 e

9 ajudarão a examinar outros aspectos da sua vida como casal e como indivíduos. Mais tarde, você poderá dar um passo atrás e juntar todas essas peças, formando uma história coerente. Além disso, tente distinguir diferentes períodos do relacionamento; por exemplo, durante o namoro, os primeiros anos como casal e os últimos anos. Por mais difícil que pareça, tente não deixar que a traição determine como você se lembra da relação nos anos anteriores. Entendendo os períodos bons e ruins, você pode analisar seu relacionamento quando estava no seu melhor momento e começar a identificar fatores que podem ter contribuído ou ainda contribuem para as dificuldades que vocês tiveram.

## COMO ESTAVA NOSSO RELACIONAMENTO ANTES DA INFIDELIDADE?

As perguntas a seguir abordam uma variedade de problemas que podem expor o relacionamento à angústia e podem tê-lo deixado mais vulnerável. Embora uma relação conturbada não *cause* necessariamente infidelidade, enfrentar muitos conflitos ou insatisfação pode ser um motivo para que algumas pessoas tenham um relacionamento extraconjugal. Essas perguntas não cobrem todas as preocupações possíveis, mas podem ajudar você a iniciar esse processo.

### Como lidávamos com as desavenças?

Uma das queixas mais comuns entre casais com problemas é a dificuldade de lidar com o conflito. A forma que esse conflito assume pode variar muito. Para alguns casais, mesmo pequenas desavenças ou diferenças se transformam em grandes discussões. Um padrão de conflitos intensos com poucos acordos gera acúmulo de diferenças não resolvidas que afastam as pessoas nos âmbitos emocional e físico. Para outros casais, é raro que as diferenças sejam reconhecidas ou discutidas abertamente; no entanto, uma das partes pode se sentir frustrada ou ressentida quando questões importantes para si não são reconhecidas ou resolvidas. Outros casais descrevem um padrão de discussões frequentes que corrói o sentimento de proximidade ou afeto. As tensões podem explodir em grandes conflitos ou ficar evidentes em pequenas (mas frequentes) brigas sem um padrão previsível.

Qualquer um desses padrões pode aumentar o sofrimento e a vulnerabilidade do casal a uma relação extraconjugal. Para entender como vocês lidavam com as diferenças antes da infidelidade, considere o *nível geral de conflito* que havia no relacionamento, bem como as *várias áreas que levavam a ele*. Além disso, é importante entender como vocês lidavam com o conflito e o quanto essas abordagens eram eficazes. Apresentaremos algumas perguntas iniciais para você considerar. Em seguida, use o Exercício 6.2 para desenvolver uma imagem mais clara de como vocês dois lidaram com os conflitos no passado e como poderiam fazer isso de forma mais eficaz no futuro.

## NÍVEIS DE CONFLITO

O que importa não é o fato de vocês discordarem — praticamente todos os casais têm desavenças —, mas como lidam com tais discordâncias. A frequência, a intensidade e a duração dos conflitos podem aumentar a vulnerabilidade do relacionamento. Com que *frequência* vocês brigavam nos meses anteriores à infidelidade? As discussões se tornaram mais comuns, talvez refletindo uma crescente frustração com o relacionamento? Ou ficaram menos frequentes, talvez porque um de vocês desistiu de resolver as diferenças em questões importantes?

Qual era a *intensidade* dos conflitos? Costumava envolver pequenas discussões, ou eram grandes brigas que aumentavam sem controle? Eles levaram alguém a ameaçar ou considerar o término do relacionamento? E quanto tempo duravam as brigas (minutos, horas, dias)? Depois de um desentendimento, *quanto tempo* geralmente demorava para vocês se reconectarem, seja resolvendo a diferença ou aceitando-a e seguindo em frente? Vocês tinham "tempos de recuperação" diferentes? Como vocês se reaproximavam após um conflito para se reconectar ou tentar resolvê-lo e seguir em frente?

Havia momentos em que vocês conseguiam lidar com as diferenças de forma eficaz (talvez usando algumas das habilidades de comunicação descritas no Capítulo 3)? O que diferenciava as vezes em que vocês lidavam melhor com o conflito daquelas em que não conseguiam lidar bem?

## FONTES DE CONFLITO

Se você perguntar a alguém sobre quais tópicos os casais mais discutem, as respostas comuns seriam sexo, dinheiro, filhos e sogros. Muitas vezes, porém, o quadro é mais complexo. Conflitos sobre filhos, por exemplo, podem envolver diferenças em valores fundamentais, expectativas em relação às responsabilidades de cada um na criação ou crenças sobre os melhores métodos de disciplina. Se vocês tiverem dificuldade em identificar as principais fontes de conflito no relacionamento ou discordarem sobre o que poderia eliminar ou reduzir as desavenças, questionem-se: "O que mais pode estar acontecendo aqui que não estamos reconhecendo?".

A seguir, listamos no quadro e descrevemos com mais detalhes as fontes comuns de conflito nos relacionamentos. Ao pensar em cada uma dessas áreas, reflita sobre os pontos fortes e sobre os problemas da sua relação.

*Conflitos em áreas específicas*: pense em quais áreas vocês vivenciaram conflitos frequentes ou intensos; por exemplo, finanças, filhos, vida sexual, lazer e divisão de responsabilidades domésticas. Tente classificar essas situações nas duas ou três áreas de maior conflito, aquelas que realmente atrapalham e geram mais problemas. Como as desavenças nessas áreas mudaram ao longo dos anos? Tente também identificar momentos em que vocês lidaram com as diferenças com menos desentendimentos. O que fizeram de diferente nessas ocasiões que pareceu funcionar melhor?

---

Fontes comuns de conflitos em relacionamentos:

- Conflitos em áreas específicas: finanças, filhos ou responsabilidades domésticas.
- Desacordos sobre limites: tempo juntos ou separados, com amigos ou familiares.
- Divisão de recursos compartilhados: dinheiro, tempo ou espaço físico na casa.
- Desequilíbrios de oportunidades ou responsabilidades: decisões de carreira.
- Diferenças em preferências ou valores: horários de sono ou visões políticas.
- Diferenças de personalidade: modo de expressar sentimentos, ritmo de vida e disposição.

*Desacordos sobre limites*: é essencial definir limites relativos ao que o casal compartilha e ao que o mantém individualizado em relação a outras pessoas. Vocês podem ter diferentes visões sobre esses limites. Por exemplo, um pode querer conversar com os pais sobre as finanças do casal ou sobre o plano de ter um filho em breve, enquanto o outro considera esses assuntos "privados", e não um tema para conversas com os pais. Mais diretamente relacionado à infidelidade, cada um pode ter crenças sobre o que é aceitável compartilhar com outra pessoa (amigo, colega de trabalho ou conhecido) fora do relacionamento. Esses problemas em relação a limites podem afetar muito a proximidade que o casal sente com pessoas de fora.

> *Bryce era o primeiro e único relacionamento sério de Shawn, mas Shawn sabia que Bryce havia tido vários relacionamentos anteriores. Quando foram morar juntos, Shawn presumiu que Bryce não falaria mais com as pessoas com quem havia se relacionado antes, mesmo aquelas que se tornaram apenas amigas. Bryce tinha expectativas diferentes. Ele tinha se comprometido com Shawn, mas não via necessidade de romper a amizade com pessoas do seu passado. Ele ainda valorizava a opinião delas quando precisava de conselhos e não via problema em tê-las como parte de sua vida. As breves discussões de Bryce e Shawn sobre esse assunto nunca terminaram bem, e cada vez mais eles evitavam o tema. Quando Shawn soube por um amigo em comum que Bryce continuava se encontrando com uma dessas pessoas para almoçar uma vez por semana, ele se sentiu enganado e traído. Quando Shawn trouxe o assunto à tona, Bryce se sentiu injustamente atacado, porque eles não tinham um acordo explícito sobre os limites do relacionamento.*

Um casal também pode ter preferências diversas em relação aos limites que desejam entre si. Por exemplo, um pode querer momentos a sós com amigos, enquanto o outro quer que ambos estejam incluídos sempre que houver interação com eles. As diferenças de preferência em relação a vários tipos de limites contribuíram para conflitos no relacionamento no passado? Vocês concordam sobre quanto tempo passar separados ou com outras pessoas? Vocês concordam sobre quais tipos de comunicação e interação devem ser reservados apenas para vocês dois?

*Divisão de recursos compartilhados*: alguns casais têm dificuldade em definir "seu, meu ou nosso" em diferentes áreas, desde dinheiro e bens materiais até tempo e espaço físico na casa. Mesmo quando parecem triviais, esses conflitos podem desencadear sentimentos fortes – por exemplo, a forma de dividir o espaço em um armário de roupas apertado. Quais estratégias vocês usaram para promover a sensação de justiça para ambos?

*Desequilíbrios de oportunidades ou responsabilidades*: o casal às vezes tem dificuldade para equilibrar suas oportunidades e responsabilidades individuais. Por exemplo, buscar uma carreira pode ser visto por um como uma *oportunidade* de crescimento individual e pelo outro como uma *responsabilidade* de prover financeiramente a família. Quando o casal se considera uma equipe, ambos podem contribuir em momentos diferentes ou de maneiras diferentes que pareçam justas e mutuamente encorajadoras. De que forma vocês tentaram agir como uma equipe no relacionamento, de modo que os dois se sentissem bem com suas contribuições?

*Diferenças em preferências e valores*: conflitos no relacionamento podem resultar de diferenças em preferências ou valores fundamentais. Por preferências, nos referimos a atividades que gostam ou não (ir ao cinema ou assistir a séries em casa, por exemplo), e essas diferenças podem ser toleradas ou negociadas para encontrar um meio-termo. No entanto, mesmo pequenas diferenças nas preferências podem se tornar pesadas se parecer que quase tudo precisa ser negociado, como preferências alimentares diferentes, horários de sono, estilos de férias e assim por diante.

Valores fundamentais, por sua vez, envolvem o que alguém considera profundamente importante e podem incluir princípios espirituais ou morais. As diferenças nesses valores podem ser mais difíceis de resolver, pois as pessoas não abandonam ou mudam facilmente seus ideais fundamentais. Por exemplo, não ser sincero ao declarar o imposto de renda pode parecer imoral e inaceitável para um, mas não representar um problema para o outro. Além disso, alguns casais têm dificuldade em resolver diferenças porque rotulam quase tudo como um valor fundamental e nada como mera preferência. Quando muitas diferenças são enquadradas como questões críticas envolvendo valores fundamentais, o casal pode se encontrar muito preso a visões opostas e sem vontade de ceder para uma posição intermediária. Com que frequência, no passado, você e seu parceiro ficaram "paralisados" porque não conseguiam resolver pequenas ou moderadas diferenças de preferência, brigaram por causa de algum valor fundamental ou entraram em um impasse porque as preferências eram tratadas como se envolvessem valores fundamentais conflitantes?

*Diferenças de personalidade*: casais podem enfrentar dificuldades nesse aspecto, como modo de expressar sentimentos, ritmo de vida, disposição para diferentes atividades, estilo de tomada de decisão, entre outros. No início dos relacionamentos, essas diferenças podem parecer complementares ou ajudar a equilibrar um ao outro (como em "os opostos se atraem"), mas mais tarde podem se tornar polarizadoras e parecer incompatíveis. Por exemplo, o estilo despojado de um pode parecer empolgante para o outro, mas, anos depois, desorganizado e frustrante. Quais conflitos resultaram de diferenças de personalidade relacionadas a, por exemplo, quem prefere estar no comando, o nível de disposição de cada um, quem prefere discutir sentimentos, quem prefere resolver problemas? Em vez de minar o relacionamento, como vocês poderiam usar essas diferenças para fortalecê-lo?

> Uri e Olivia discutiam constantemente sobre planejamento e pontualidade. Olivia gostava de se antecipar e planejar tudo nos mínimos detalhes para que tudo desse certo. Uri era tranquilo e gostava de encarar a vida de forma mais espontânea. Não surpreende que eles percebessem o tempo de forma diferente. Olivia preferia chegar cedo para qualquer atividade e ter uma folga extra caso algo desse errado. A visão de Uri era "Não tem problema se atrasar um pouco; relaxe". Com o tempo, eles reconheceram que nenhum dos dois mudaria de atitude em relação a planejamento e tempo, mas poderiam decidir juntos quais ocasiões mereciam mais programação e pontualidade e aquelas em que poderiam ser mais despreocupados e espontâneos.

## DIFICULDADES NO MANEJO DE CONFLITOS

Certo nível de conflito é inevitável em relacionamentos íntimos; por isso, os casais precisam de estratégias para identificar diferenças, evitar que as desavenças se transformem em discussões destrutivas e tomar decisões juntos de uma forma que resolva as diferenças ou as torne mais toleráveis. Estratégias ineficazes para lidar com o conflito podem acabar resultando em:

- descontrole ou controle excessivo das emoções;
- diferenças de abordagem de conflitos;
- diferenças de tempo para resolver conflitos;
- tentativas de ganhar a discussão a todo custo.

*Descontrole ou controle excessivo das emoções*: alguns casais agem de forma muito impulsiva. Qualquer desentendimento ou frustração, por menor que seja, leva a uma discussão sobre "o que está errado", ignorando "o que está certo" no relacionamento. Há, também, relacionamentos "frios" demais – o casal busca paz e conforto evitando discussões difíceis, mas importantes, o que pode levar a uma crescente sensação de distanciamento. Antes da infidelidade, qual era o seu equilíbrio na hora de lidar com conflitos, discutindo questões importantes do relacionamento, mas deixando de lado pequenas irritações ou aborrecimentos?

*Diferenças de abordagem de conflitos*: existem evidências de que geralmente as mulheres são criadas para discutir sentimentos como forma de promover a intimidade, enquanto os homens são encorajados a tratar conflitos como problemas a serem resolvidos por meio de uma análise desprovida de emoções. Nenhuma abordagem é melhor do que a outra; na verdade, boas soluções geralmente levam em conta a emoção *e* a lógica. É importante que o casal entenda suas formas de abordar conflitos e aprenda a acomodá-las. Essas diferenças relacionadas a emoção *versus* lógica podem ser uma das razões para os casais às vezes se sentirem "desconectados" nas discussões. Isso acontece no seu relacionamento?

*Diferenças de tempo para resolver conflitos*: algumas pessoas sentem forte necessidade de resolver as tensões imediatamente, enquanto outras precisam de um tempo sozinhas para pensar e controlar melhor seus sentimentos antes de discutirem o assunto. Quando uma pessoa busca resolução imediata e a outra precisa de tempo para se acalmar emocionalmente ou refletir sozinha antes de conversar, os esforços para resolver o conflito juntas podem não ser produtivos. Vocês têm necessidades diferentes de tempo para resolver conflitos?

> Ao lidar com diferenças de opinião, Ethan tendia a se exaltar, mas depois se acalmava e buscava entrar em um consenso. Haley, às vezes, sentia-se magoada pelos comentários de Ethan. Ela continuava triste muito tempo depois que ele já havia se acalmado e não se sentia pronta para retomar a discussão, uma reação que Ethan considerava implacável e punitiva. As discussões deles melhoraram quando Ethan exerceu melhor controle sobre como expressava suas opiniões e quando Haley aprendeu a tolerar um pouco do próprio desconforto com o conflito.

*Tentativas de ganhar a discussão a todo custo*: quando os esforços para resolver diferenças são mais focados em quem está "certo" em vez de serem focados na colaboração, o relacionamento acaba perdendo. *Ninguém pode vencer uma discussão sem que o outro perca*. As estratégias para resolver conflitos funcionam melhor quando ambos mudam o foco do que querem para o que o *relacionamento* precisa. Com que frequência os esforços para resolver conflitos ficaram paralisados porque pareciam uma disputa para ver quem ganharia? Costumava acontecer de cada um apresentar argumentos fortes sobre suas próprias preferências e, então, vocês chegarem a um impasse porque ninguém queria ceder? O que seria necessário para *você* desenvolver um senso mais forte de união e colaboração?

A maioria dos assuntos que levantamos até agora envolvem dificuldades para lidar com aspectos complexos ou negativos do relacionamento de maneira produtiva. No entanto, é importante que os casais também vivenciem os aspectos positivos do relacionamento. Poucas experiências positivas também podem levar a um relacionamento menos gratificante, algo que vamos ver a seguir.

## Estávamos emocionalmente conectados?

Provavelmente você sentiu atração pela pessoa que hoje ama porque gostava da companhia dela e vice-versa. Estar com ela lhe fazia muito bem. Pode ser porque vocês compartilhavam interesses semelhantes e se divertiam juntos, ou porque você achava que essa pessoa era fácil de conversar e conseguia entender seus sentimentos, ou, ainda, talvez ela tenha sido atenciosa durante um momento difícil. Essas experiências ajudam a gerar uma sensação de conexão emocional.

O casal pode se sentir emocionalmente desconectado mesmo quando não está passando por conflitos. Nesses casos, o relacionamento talvez esteja parecendo um pouco "sem graça". Ao pensar em como sua relação se tornou vulnerável à infidelidade, é importante refletir se vocês se afastaram e como isso aconteceu. No quadro a seguir, listamos algumas situações que podem levar a uma sensação de desconexão emocional. Depois, descreveremos estratégias que os casais usam para promover o sentimento de proximidade emocional no relacionamento.

## COMPARTILHAR EXPERIÊNCIAS

As pessoas se sentem mais próximas quando arranjam tempo para trabalhar lado a lado com o único propósito de passar um tempo juntas. Por exemplo, alguns casais fazem questão de preparar refeições ou cuidar do jardim juntos, outros leem histórias para seus filhos ou fazem compras juntos. Ainda, buscam conexão conversando sobre experiências do dia a dia ou sentando-se próximos no sofá para assistir à televisão.

Em um nível mais profundo, casais geralmente se sentem mais conectados emocionalmente quando um fala sobre seus sentimentos, suas decepções ou outras emoções vulneráveis, e o outro escuta com carinho e atenção. Compartilhar sentimentos profundos, saber que alguém nos escuta e compreende e sentir que há cuidado e ternura no relacionamento são partes muito importantes das relações íntimas. Pensando sobre seu relacionamento,

O que pode levar à desconexão emocional:

- não trabalhar em equipe para realizar tarefas comuns;
- dificuldade em compartilhar sentimentos ou sentir-se incompreendido;
- não compartilhar planos ou sonhos para o futuro;
- não reservar tempo suficiente para se divertirem juntos.

como vocês demonstravam interesse e preocupação antes de acontecer a infidelidade? Vocês tinham o costume de compartilhar seus pensamentos e sentimentos mais profundos e se ouvirem genuinamente?

## COMPARTILHAR PLANOS

As pessoas se sentem conectadas emocionalmente quando têm um plano comum. Pode ser simples, como planejar o paisagismo do jardim, ou mais complexo, como buscar uma vida significativa ou guiada por valores juntos.

Já ouvimos muitos casais descreverem que, no início do relacionamento, costumavam passar horas conversando sobre planos de como seria a vida familiar: quantos filhos teriam e quais seriam os nomes, lugares para onde viajariam juntos ou de que forma queriam contribuir para o mundo. Anos depois, porém, a experiência de compartilhar planos de alguma forma se perdeu. Seus sonhos podem ter ficado sufocados pelo peso das decepções atuais, ou a realidade das demandas do presente oferecia pouca oportunidade para sonhar sobre o amanhã.

Conversar sobre os planos para o futuro pode ser tão importante quanto conversar sobre sentimentos atuais. Agora, o futuro da sua relação pode parecer incerto demais para isso, mas tente se lembrar dos três ou quatro meses anteriores à infidelidade. Com que frequência vocês compartilhavam sonhos para o futuro juntos?

## DIVERTIR-SE JUNTOS

Dar risada juntos, ter atividades em comum e simplesmente relaxar juntos são algumas formas de conexão. Pesquisas mostram que casais que passam um tempo significativo juntos em atividades comuns, fora do trabalho, também relatam maior satisfação com o relacionamento. Em outras palavras, *casais que se divertem juntos têm mais chances de ficarem juntos.*

Existem dois tipos gerais de atividades prazerosas que os casais usam para se reconectar. Atividades "paralelas", como assistir a um filme, ler em silêncio na mesma sala ou ir a um evento juntos, podem ser uma forma de compartilhar tempo e espaço quando as tensões entre o casal estão dificultando a interação sem conflitos ou discussões dolorosas. Por outro lado, atividades "conjuntas", como preparar um jantar romântico, dar um passeio relaxante, praticar um *hobby* ou outras atividades que exigem interação direta, geralmente funcionam melhor quando as tensões são menores ou podem ser deixadas de lado.

Alguns casais abdicam do tempo de lazer em razão de demandas como criação dos filhos, responsabilidades no trabalho ou compromissos com a comunidade. Antes da infidelidade, vocês reservavam tempo para se divertirem juntos? Se sim, vocês tomavam cuidado para não deixar discussões sobre problemas do relacionamento atrapalharem? Quando não podiam ou não queriam mais fazer as atividades que mantinham a conexão entre o casal, vocês achavam novas maneiras de se conectar por meio do lazer? Com a ajuda do Exercício 6.3, identifique os passos para retomar ou criar mais proximidade emocional entre vocês.

## Como era nossa intimidade física?

Assim como a proximidade emocional, a intimidade física ocorre em diferentes níveis. Para muitos casais, o toque e o abraço são tão importantes quanto a intimidade sexual. Confira a seguir alguns fatores que fazem os casais ficarem fisicamente desconectados, além de estratégias para promover mais proximidade.

### INTIMIDADE NÃO SEXUAL

Ao considerar a qualidade da intimidade física entre vocês antes da infidelidade, pense primeiro na proximidade física além do sexo. Com que frequência vocês se tocavam de maneira carinhosa, mas não sexual? Por exemplo, costumavam dar as mãos enquanto assistiam a um filme juntos? Trocavam toques gentis ou tranquilizadores ao se cruzarem no corredor ou na cozinha? Com que frequência se tocavam ou abraçavam na cama fora do momento do sexo?

As pessoas são diferentes em relação a quão confortáveis se sentem com o toque físico e a quanto desejam o toque de forma não sexual. Quão importante é para vocês estarem fisicamente próximos de maneiras não sexuais? Como cada um expressa sua necessidade de tal proximidade ou responde às necessidades do outro? Se vocês diferem nessas questões, como tentaram encontrar um meio-termo? Vocês eram afetuosos na época em que a infidelidade aconteceu?

O que faz um casal se desconectar fisicamente:

- toques, abraços ou outras formas de proximidade física não sexual insuficientes;
- diferenças nos níveis de desejo sexual;
- baixa frequência de intimidade sexual;
- insatisfação com a qualidade da intimidade sexual;
- dificuldades em falar sobre sexo;
- obstáculos para a intimidade sexual.

## INTIMIDADE SEXUAL

Para muitas pessoas em um relacionamento, a intimidade sexual está muito ligada ao quão emocionalmente conectados os parceiros se sentem. A intimidade sexual tende a ocorrer com mais frequência quando o casal se sente emocionalmente próximo, ou a proximidade emocional pode surgir após a intimidade sexual, ou ainda, ambos os fenômenos podem acontecer ao mesmo tempo. Outros casais conseguem manter uma vida sexual satisfatória mesmo quando não estão se dando bem em outros aspectos. De qualquer forma, quando a intimidade sexual diminui ou se rompe, as reações dos parceiros podem incluir mágoa, decepção, confusão ou retraimento emocional e físico.

> Raini gostava das relações sexuais com Dyani e estava quase sempre disposto. Dyani também gostava do sexo com Raini, mas, depois que foi promovida no trabalho, o aumento do estresse afetou seu desejo sexual. Em geral, ela preferia fazer amor de forma mais relaxada e prolongada, mesmo que com menos frequência. Isso contrastava com a preferência de Raini por sexo mais frequente, mas às vezes mais rápido. Dyani não gostava de desapontar Raini e, da mesma forma, ele não gostava da ideia de pressioná-la. Depois de um tempo, ambos acharam mais fácil evitar lidar com as diferenças em relação ao sexo, e suas relações sexuais se tornaram cada vez menos frequentes. Nenhum dos dois se sentia feliz com a situação, mas pareciam não conseguir encontrar maneiras de discutir isso para melhorar.

*Diferenças no desejo sexual e baixa frequência de relações sexuais.* Não é incomum ter níveis de desejo sexual diferentes em geral ou em determinado momento. Cerca de 15% dos homens e 25% das mulheres relatam que o desinteresse pelo sexo é um problema para eles ou para o relacionamento. Para muitos casais, a intimidade sexual é gratificante quando ambos a consideram uma parte importante do relacionamento, se sentem livres para expressar seu desejo sexual e assumem alguma responsabilidade por iniciar e responder a iniciativas de sexo. Remorso, pressão e culpa prejudicam o prazer da experiência sexual. O mesmo acontece com mágoa, ressentimento e infelicidade geral com o relacionamento.

A frequência com que os casais fazem sexo varia muito, e há algumas tendências gerais comuns à medida que envelhecem. Casais com cerca de 20 anos tendem a ter relações sexuais com mais frequência do que casais na faixa dos 50 anos, mas há grandes variações dentro das faixas etárias. Quando o sexo ocorre com pouca frequência a ponto de parecer que não faz parte da rotina do relacionamento, pode haver constrangimento e ansiedade em relação à intimidade sexual. Às vezes, essa preocupação pode até desencadear um padrão de evitar o afeto, como toques físicos, abraços ou beijos, com medo de que isso dê foco mais explícito ao sexo. Esse padrão de evitação pode alimentar mais ansiedade, o que por sua vez causa mais evitação, e os casais ficam presos nesse ciclo. Esse padrão do que os próprios casais podem considerar sexo infrequente é comum, já que cerca de um em cada cinco casais tem relações sexuais menos de 10 vezes por ano.

No seu relacionamento, quando um queria ter relações sexuais e o outro não, o que vocês faziam? Vocês se sentiam bem em relação a quem tomava a iniciativa em diferentes ocasiões? Já ficaram sem ter intimidade sexual por muito mais tempo do que gostariam? A frequência de suas relações sexuais nos últimos seis meses mudou muito em relação ao início do relacionamento? Se sim, alguém expressou preocupação com isso? Como o outro reagiu?

*Insatisfação com a qualidade da intimidade sexual.* Vocês podem gostar de situações diferentes nas relações sexuais. Para algumas pessoas, a qualidade do sexo depende muito do nível de romance envolvido, como música suave, velas ou intimidade não sexual prévia. Para outras, a intimidade sexual é intensificada pela experiência de paixão física mútua durante a atividade sexual. Algumas pessoas gostam de antecipar o sexo ao longo do dia, com toques ou olhares como lembretes da intenção de transar mais tarde. Outras, por sua vez, preferem sexo sem planejamento, espontâneo. Os casais nem sempre consideram os mesmos aspectos excitantes ou confortáveis durante as relações sexuais, e pode ser difícil lidar com essas diferenças.

Às vezes, as pessoas sentem-se pressionadas a fazer um "sexo maravilhoso" sempre. Embora as experiências variem muito entre os casais, cerca de 40 a 50% das experiências sexuais são muito boas para ambos os parceiros; 20 a 25% são muito boas para um parceiro e aceitáveis para o outro; 20 a 25% das relações sexuais são relatadas como aceitáveis, mas sem nada de especial, e 10 a 15% são medíocres ou insatisfatórias. Portanto, uma variação na qualidade das experiências sexuais é completamente normal. Não reconhecê-la dentro do mesmo relacionamento pode levar a desapontamento, frustração, culpa ou ressentimento desnecessários. Antes da infidelidade, um de vocês sentia insatisfação com a qualidade de suas relações sexuais?

*Dificuldades para conversar sobre sexo.* Talvez vocês tenham dificuldades para conversar sobre intimidade sexual. Isso não é incomum; muitas pessoas acreditam que sexo deve acontecer naturalmente e que os casais não precisam conversar sobre isso. Por exemplo, você pode ter dificuldade em expressar seus sentimentos sobre sexo, ou seu par pode ter dificuldade em ouvir ou responder a esses sentimentos com atenção. Alguns casais conseguem se comunicar efetivamente sobre qualquer coisa, *exceto* sobre sexo. Além disso, às vezes, as conversas sobre o assunto acabam acontecendo na cama, quando uma das pessoas está se sentindo frustrada, e essas conversas acabam não sendo construtivas.

Vocês tinham dificuldades para conversar sobre suas relações sexuais — por exemplo, frequência ou o que gostam e não gostam? Quando havia diferenças, vocês procuravam um meio-termo? Em caso afirmativo, como faziam isso? O que você poderia mudar em sua atitude para que as discussões sobre sexo sejam mais eficazes?

*Obstáculos à intimidade sexual.* Mesmo que vocês tenham desejos e preferências sexuais semelhantes, outros fatores podem ser obstáculos para a intimidade sexual. Por exemplo, um dos empecilhos mais comuns relatados pelos casais é a pressão do tempo por causa do trabalho e da criação dos filhos. Outro empecilho comum envolve questões de saúde física e emocional.

Algumas pessoas não gostam de transar se estiverem com alergias, dor crônica ou fadiga física. Outras estão quase sempre prontas para o sexo, mesmo que tenham tido um dia ruim. Além disso, o desejo, a excitação e o desempenho sexual costumam ser afetados por fatores emocionais, como ansiedade ou depressão, bem como por medicamentos usados comumente para tratar essas condições.

Talvez vocês estejam enfrentando situações mais específicas na vida sexual – isso também não é um fato isolado. São problemas comuns para casais a dificuldade para ter ou manter a excitação física mesmo com desejo sexual, a dificuldade para ter orgasmo (seja muito rápido, seja nenhum) e a dor durante a relação. Grande parte das pessoas, talvez até metade, pode ter um desses problemas sexuais específicos em algum momento. Curiosamente, problemas sexuais específicos costumam não estar relacionados à satisfação sexual ou à felicidade geral no relacionamento. É somente quando esses problemas contribuem para outros sentimentos, como a pessoa sentir que não é desejada ou não é importante, que os casais correm maior risco de se tornarem emocional e fisicamente desconectados.

Qual papel vocês querem que a intimidade sexual tenha no relacionamento? Existem obstáculos à intimidade sexual entre vocês? Sabendo do que sabem agora, como poderiam reduzir esses obstáculos como casal? O Exercício 6.4 foi elaborado para ajudar a pensar como as dificuldades na conexão física podem ter tornado o relacionamento mais vulnerável à infidelidade, além de maneiras de promover a intimidade física no futuro, se esse for um objetivo que vocês compartilham.

## NOSSO RELACIONAMENTO FOI SAUDÁVEL EM ALGUM MOMENTO?

No caos inicial após uma infidelidade, é difícil ter uma visão mais ampla do relacionamento em uma perspectiva de longo prazo. Pode ser difícil para a pessoa que foi traída relembrar momentos anteriores em que ela confiava no amor e no comprometimento que vivenciou, pois se sente profundamente magoada, ou agora vê esses sentimentos anteriores com suspeita, talvez duvidando do seu julgamento ou questionando o quanto o outro foi honesto. Já para a pessoa que cometeu infidelidade, pode ser difícil se concentrar no que mais valorizava no relacionamento, por parecer tão contraditório com a sua decisão de ter um relacionamento extraconjugal.

Para avaliar se vocês podem fazer esse relacionamento dar certo – e se vocês querem isso –, é necessário não apenas considerar o que estava acontecendo nos meses anteriores à infidelidade, mas também se questionar sobre o panorama geral do relacionamento desde o início. Algumas questões importantes estão listadas no quadro a seguir e discutidas em seguida. Por que vocês se tornaram um casal? Quais foram os seus melhores momentos juntos? Pode haver vulnerabilidades importantes no relacionamento desde o início ou que existem há algum tempo. Vocês precisam examinar a base desse relacionamento desde o início para avaliar quais vulnerabilidades podem ser de longo prazo, como abordá-las e o quanto elas podem ser difíceis de mudar.

## Por que ficamos juntos no início?

O que atraiu vocês um para o outro? Casais costumam dizer que se sentiam à vontade para conversar, achavam o outro fisicamente atraente, compartilhavam momentos divertidos juntos ou tinham boas relações sexuais. Outras razões comuns são ter interesses ou origens semelhantes e compartilhar valores importantes. O que levou vocês a decidirem se comprometer? Vocês valorizam as mesmas coisas no relacionamento agora como valorizavam à época?

Relacionamentos amadurecem e precisam se adaptar às mudanças, assim como as pessoas. Vocês podem ter entrado no relacionamento por conta

> Questões para uma perspectiva mais ampla do relacionamento:
> - Por que ficamos juntos no início?
> - Estávamos felizes com nossos papéis na relação?
> - O que estava dando certo?
> - Quais desafios superamos no passado?
> - Como a crise atual se encaixa no panorama geral?
> - O que seria necessário para retomar ou criar uma relação forte agora?

de qualidades que eram importantes à época, mas que agora não são, ou talvez tenham entrado no relacionamento por motivos que não eram muito saudáveis, como medo de envelhecer sem se casar ou sem ter filhos, ou para escapar de uma situação familiar difícil. Às vezes, é possível perceber que havia sinais de alerta desde o início que foram ignorados; por exemplo, o namoro era caótico, com rompimentos ou ameaças de término frequentes. O fato de a relação não ter sido ótima desde o início não significa que vocês não possam melhorá-la. No entanto, pode ser importante avaliar se vocês tiveram um bom relacionamento no passado e de alguma forma se desviaram do caminho, ou se precisam construir uma base sólida agora pela primeira vez.

*Ninguém é perfeito.* Relacionamentos que dão certo são aqueles em que as pessoas crescem juntas apesar de seus defeitos, cuidam uma da outra apesar de suas falhas e diferenças e nutrem suas respectivas forças para manter o que é positivo e minimizar o que é negativo. Quais foram as qualidades boas que os atraíram um para o outro? Vocês ignoraram falhas importantes no relacionamento ou um no outro? Quais eram as partes boas do relacionamento e o que seria necessário para recuperá-las?

## Estávamos felizes com nossos papéis na relação?

As pessoas se comprometem com o relacionamento tendo várias expectativas e descobrem mais tarde que a experiência foi bem diferente. Chegada dos filhos, reveses financeiros ou desafios inesperados relacionados à saúde física ou outras questões podem mudar drasticamente o papel de cada um dentro e fora de casa. Mesmo planos mais bem elaborados podem ser interrompidos por circunstâncias que ninguém poderia ter previsto, ou talvez vocês nunca tenham discutido suas expectativas sobre seus respectivos papéis. Mesmo que ambos se sentissem satisfeitos com isso em algum momento, à medida que a vida passa, vocês podem mudar e não achar mais esses mesmos papéis gratificantes, ou descobrir que novos papéis não se encaixam bem para nenhum dos dois.

A decepção com expectativas não atendidas pode facilmente levar à insatisfação ou ao ressentimento. Pense nos papéis que você e seu parceiro desempenharam mais recentemente no relacionamento, como prover recursos financeiros, ser responsável pela casa ou pela família, ser um parceiro ou uma parceira para a intimidade, ser pai, mãe ou cuidar de outra pessoa. Alguém sentiu frustração ou achou que teve menos oportunidades do que o outro em áreas importantes? Vocês conseguiram conversar sobre esses desafios de forma mutuamente compreensiva e atenciosa? Se você sente insatisfação com os papéis que desempenhou, o que precisaria ser feito para mudar e de que tipo de apoio precisaria?

## O que estava dando certo?

Apesar do trauma da infidelidade e das dificuldades anteriores, os casais muitas vezes conseguem identificar aspectos de sua experiência que se destacam como particularmente valiosos ou especiais; por exemplo, criar os filhos juntos ou trabalhar juntos para construir um negócio ou criar um lar confortável. Para alguns, as melhores partes de ser um casal envolvem amizade ou apoio mútuo em tempos de crise. O que vocês teriam perdido se não estivessem juntos? De que sentiriam falta se terminassem o relacionamento agora?

Ao refletir sobre as melhores partes do relacionamento no passado, pense: como elas surgiram? Por exemplo, aconteceram espontaneamente ou exigiram esforço consciente e determinação? Reconstruir o relacionamento geralmente exige muito esforço e dedicação, caso essa seja a decisão tomada. Haverá momentos de aparente retrocesso em vez de progresso. No entanto, será mais fácil manter os esforços de reconstrução se conseguir se lembrar dos melhores momentos vividos juntos e de como foram alcançados. Isso pode dar motivação e orientação para superar as dificuldades atuais. Você também precisa decidir o quanto deseja "voltar a ser como éramos no passado" e o quanto quer usar esse processo de recuperação como uma oportunidade para mudar seu relacionamento de um jeito novo e construtivo.

## Quais desafios superamos no passado?

Antes da infidelidade, vocês podem ter passado por momentos difíceis ou desafiadores, como crises financeiras, demandas altas na criação dos filhos, doenças de um de vocês ou de um familiar, perda de emprego ou mudança para uma parte diferente do país. Esses desafios podem desgastar um relacionamento, deixando-o enfraquecido ou gerando desapontamentos e ressentimentos duradouros. No entanto, muitas vezes, os casais podem olhar para essas ocasiões com certa satisfação se reconhecerem que resistiram e saíram fortalecidos.

Quais foram os momentos mais difíceis que vocês enfrentaram juntos antes da infidelidade? Quais estratégias vocês usaram para superar os momentos mais desafiadores? Você se lembra de momentos no passado em que um de vocês sentiu profunda mágoa ou insatisfação com o outro? Se sim, como vocês lidaram com essas situações? Talvez você nunca tenha sentido uma mágoa tão forte no relacionamento quanto está sentindo agora. No entanto, pensar em momentos em que vocês foram capazes de superar esses sentimentos juntos e seguir em frente — mesmo que a mágoa não tenha sido tão forte — pode ajudar a pensar em estratégias possíveis para superar a crise.

## Como a crise atual se encaixa no panorama geral?

As pessoas *são* capazes de mudar. As perguntas importantes a se considerar são quais mudanças são necessárias, se ambos estão comprometidos com essas mudanças e o quão realista é fazer essas alterações específicas. Quando a pessoa que foi traída tem dúvidas se algum dia se sentirá segura novamente, aconselhamos que olhe para o panorama geral do relacionamento. A pessoa com quem você decidiu dividir a vida foi fiel e honesta no passado, antes dessa traição? Ela conseguiu se responsabilizar por ações que causaram mágoa no passado, comprometeu-se a mudar e cumpriu o prometido? Se problemas no relacionamento deixaram a relação mais vulnerável à infidelidade, esses problemas são recentes ou existem desde o início?

A pessoa que cometeu infidelidade também precisa ver seu relacionamento e seu par dentro de um contexto mais amplo. A turbulência emocional e o conflito que se seguem a uma traição podem não mostrar uma imagem precisa de como era o relacionamento antes ou como poderia ser no futuro, caso vocês decidam ficar juntos e superar esse desafio. Não é justo com o outro nem é do seu interesse decidir o que fazer com o relacionamento com base no que está acontecendo agora. Uma base melhor para avaliar o futuro requer olhar para o panorama geral, reconhecendo tanto os bons momentos quanto situações em que foi necessário lutar juntos para superar.

## O QUE É NECESSÁRIO PARA CONSTRUIR UM RELACIONAMENTO FORTE AGORA?

*Abby e Colin, o casal descrito anteriormente neste capítulo, passaram muitas horas conversando sobre como seu relacionamento havia se tornado vulnerável. Abby reconheceu que, por ter sido totalmente absorvida pelo papel de gerenciar a família e a casa, havia se afastado de amigos próximos que conhecia há anos e proporcionavam apoio emocional. Ela aprendeu a abordar Colin com um tom mais suave ao expressar suas necessidades de proximidade e a encorajá-lo quando ele se sentia sobrecarregado no trabalho ou ineficaz em casa. Colin se esforçou para ser mais receptivo às sugestões de Abby sobre como lidar com as crianças quando estavam chorosas ou difíceis de controlar. Ele também aprendeu a ouvir com mais atenção os sentimentos de frustração de Abby, sem ficar na defensiva ou sentir que era necessariamente o culpado.*

*Com o tempo, Colin e Abby começaram a reconstruir seu relacionamento. Fizeram do tempo a dois uma prioridade. Juntos, tomaram decisões sobre finanças e cuidados com os filhos, permitindo a Abby retomar um papel no negócio do casal uma vez por semana, enquanto Colin levava as crianças para um passeio previamente combinado. Durante os primeiros seis meses, ambos continuaram lidando com sentimentos difíceis de mágoa, culpa e apreensão sobre o futuro juntos. O relacionamento deles passou por vários altos e baixos, mas o comprometimento e os esforços para identificar vulnerabilidades no relacionamento e fazer mudanças essenciais acabaram valendo a pena. Um ano depois da traição de Abby, eles superaram a crise e encontraram maneiras de mudar seus papéis em casa e se aproximar como casal.*

Ao analisar seu relacionamento com mais detalhes, quais vulnerabilidades você identificou? Quais pontos fortes do relacionamento você reconheceu (agora ou no passado)? A menos que você já tenha decidido terminar o relacionamento, identifique tudo o que puder fazer por conta própria para reduzir conflitos desnecessários e criar um ambiente que permita a vocês se sentirem mais realizados em seus papéis dentro e fora de casa. Em seguida, comprometa-se a implementar o máximo de mudanças que puder por um período específico (por exemplo, 30 ou 90 dias). Durante esse tempo, busque oportunidades para trabalhar no relacionamento junto com seu par. Quando as oportunidades não surgirem, tente fazer isso por conta própria. Veja a seguir um exemplo de como expressar suas intenções para o outro.

> *"Sei que estamos passando por um momento difícil, mas ainda quero fazer nosso relacionamento funcionar. Vou me esforçar para ser uma pessoa melhor com você. Às vezes, posso não conseguir, mas continuarei tentando. Espero que uma parte de você também queira que nosso relacionamento dê certo e que possamos nos esforçar juntos para isso. Vou tentar dizer com mais clareza o que preciso de você e espero que faça o mesmo."*

À medida que tenta fortalecer o relacionamento, observe se seus esforços estão tendo impacto. Questione-se, por exemplo, se você se sente melhor consigo, se tem mais confiança em sua capacidade de decidir sua vida e se você se respeita mais. Seus esforços parecem estar afetando o outro? Você reconheceu os esforços do seu par como forma de incentivá-los ainda mais? Os conflitos estão menos frequentes ou menos intensos? Vocês parecem estar mais próximos ou têm conseguido realizar tarefas e atividades juntos?

Não se preocupe se houver retrocessos ocasionais. Muitas vezes, é impossível saber do que vocês são capazes até que ambos se esforcem para mudar. Fazer esse esforço é uma parte importante para mostrar o seu potencial como casal. Se conseguirem perseverar e superar essas dificuldades, vocês poderão dar passos importantes e duradouros em direção a uma relação mais forte juntos. Se não, isso ficará mais evidente. De qualquer forma, se esforçar primeiro coloca vocês em uma melhor posição para tomar decisões importantes sobre o futuro do relacionamento.

## EXERCÍCIOS

### EXERCÍCIO 6.1   Identificando os objetivos do processo

Pense por que é importante analisar a infidelidade e tentar entender suas razões. Por exemplo, a pessoa que foi traída pode pensar:

> *"Preciso entender o motivo de isso ter acontecido, pois não consigo entender nosso relacionamento agora. Se eu compreender melhor o que motivou a infidelidade, talvez possa avaliar se é provável que aconteça novamente ou o que precisamos mudar."*

Já a pessoa que cometeu infidelidade pode pensar:

> *"Nunca pensei que faria algo assim. Preciso entender melhor como isso aconteceu para saber se podemos fazer as mudanças necessárias para que nosso relacionamento dê certo."*

Escreva pelo menos dois objetivos. Em seguida, compartilhe-os com seu par e discutam por que precisam entender o que aconteceu e como acreditam que isso beneficiará cada um de vocês.

### EXERCÍCIO 6.2   Identificando e lidando com conflitos

Identifique as principais fontes de conflito no seu relacionamento, sejam elas aspectos de cada pessoa, a forma como interagem como casal ou a maneira como se relacionam com outras pessoas. Esclareça quais conflitos já existiam antes da infidelidade e quais surgiram depois. Por exemplo, talvez a dificuldade em concordar sobre economia ou gasto de dinheiro sempre existiu, ou agora surgem tensões quando uma pessoa amiga oferece conselhos não solicitados sobre como lidar com problemas entre vocês. Saber há quanto tempo o problema existe pode ajudar a entender a dificuldade de resolvê-lo.

Reconhecer o que cria conflito entre vocês é importante, mas fazer algo a respeito é mais importante ainda se quiserem manter o relacionamento e torná-lo o melhor possível. Para cada fonte de conflito identificada, descreva o que podem fazer, individualmente ou como casal, para lidar de forma mais eficaz. Por exemplo, se vocês brigam muito porque acham que os amigos se envolvem demais em seus problemas, cada um pode ter uma conversa individual com eles especificando que tipo de apoio consideram útil e explicando que vocês precisam resolver as questões do casal sozinhos.

### EXERCÍCIO 6.3 Promovendo a intimidade emocional

Liste as principais formas de interação que levavam vocês a se sentirem emocionalmente próximos no passado. Algumas delas podem ter sido afetadas pela infidelidade, mas pensem no relacionamento antes disso. Por exemplo:

> *"Eu costumava me sentir mais próxima quando a gente brincava um com o outro em casa. Às vezes, quando a música tocava ao fundo, começávamos a dançar e depois voltávamos para as tarefas. Nunca consegui fazer isso com mais ninguém."*

Também pode haver meios de se sentirem próximos e que vocês não experimentaram no passado ou que gostariam de desenvolver. Liste maneiras que gostariam de explorar para criar mais intimidade emocional e planos específicos para desenvolvê-las. Por exemplo:

> *"Costumávamos conversar sobre nossos sonhos e o que queríamos para o futuro juntos. Agora, parece que só tentamos superar cada dia. Eu gostaria que criássemos um novo futuro juntos; por exemplo, sentando pelo menos uma vez por mês para tomar um café e sonhar juntos, sem ninguém por perto."*

## EXERCÍCIO 6.4 Promovendo intimidade física

Liste as principais formas de afeto físico que vocês tinham no passado e que levavam a um sentimento de proximidade. Por exemplo:

*"Um dos meus momentos favoritos era de manhã, quando acordávamos e ficávamos abraçadinhos por alguns minutos. Eu preciso disso para começar o dia e me sentir conectada."*

Sugira outros meios de demonstrar afeto. Por exemplo:

*"Gostaria muito que andássemos de mãos dadas na rua. Também gostaria que nos sentássemos perto um do outro no sofá ou deitássemos juntos para assistir a uma série."*

Descreva também o que vocês gostavam nas relações sexuais no passado ou como gostariam de melhorar esse aspecto. Por exemplo:

*"Cada vez mais, parece que estamos sempre muito cansados ou distraídos para transar. Pelo menos de vez em quando, gostaria de planejar as relações sexuais com antecedência, para termos mais tempo e não estarmos cansados ou distraídos."*

# 7
# O que o mundo ao nosso redor teve a ver com isso?

*Como muitos casais, Ira e Hannah enfrentavam dificuldades para dar conta da vida corrida. Trabalhavam em tempo integral, tinham três filhos e acabavam não reservando tempo para a vida social, a não ser, raramente, sair para jantar ou assistir a um filme. Ira havia assumido responsabilidades extras no trabalho e quase nunca chegava em casa a tempo do jantar. Hannah passava as noites ajudando as crianças com a lição de casa e lidando com afazeres domésticos após um dia inteiro dando aula. Depois de 19 anos de casados, eles se sentiam como dois estranhos na mesma casa e praticamente não tinham vida sexual. Conversavam sobre esse afastamento e decidiram mudar as coisas, mas geralmente se sentiam muito cansados ou estressados para levar adiante.*

*Para Ira, às vezes era mais fácil conversar com a colega de trabalho, Morgan, cujo marido viajava muito a trabalho. Com o tempo, começaram a falar sobre seus casamentos e frustrações, embora deixassem claro o compromisso que tinham com seus pares. O caso pareceu surgir sorrateiramente, após semanas rindo das piadas um do outro, sentando-se um pouco perto demais e, então, tocando as mãos por mais tempo do que o necessário quando Morgan passava material para Ira no escritório. Quando começaram a ter relações sexuais, ambos se sentiram culpados. Em diferentes momentos, ambos tentaram se afastar, mas sempre acabavam voltando.*

*Hannah percebeu que Ira estava cada vez mais distante. Quando ele começou a chegar mais tarde, ela o confrontou. Ira admitiu a infidelidade, mas insistiu que terminaria tudo se Hannah o perdoasse. Nem Ira nem Hannah queriam o fim do casamento, só não tinham certeza se um dia poderiam consertá-lo.*

Quando as pessoas entram em um relacionamento sério e prometem fidelidade, geralmente estão sendo sinceras. No entanto, relacionamentos se tornam vulneráveis, podendo enfraquecer tanto por questões internas quanto por fatores externos. Durante os primeiros anos de um relacionamento típico, a vida a dois pode ser relativamente simples. Costuma haver pouco estresse relacionado à vida financeira e bastante tempo para o casal devido à ausência de filhos. Além disso, possivelmente, empregos e carreiras ainda não sobrecarregaram cada parceiro de responsabilidades. É provável que cada pessoa do casal seja jovem e saudável, com poucos compromissos externos com a comunidade, e que seus pais não estejam em um estágio da vida em que se tornam dependentes.

Entram em cena, então, o tempo e as complicações. Se vocês têm filhos agora, sabem quanta energia e tempo eles precisam e merecem. Nem precisamos listar os gastos que se somaram ao orçamento e as obrigações à rotina diária. A vida ficou mais cheia e, possivelmente, mais difícil. Por si só, esses desafios normais e previsíveis raramente causam o fracasso de um relacionamento sério. No entanto, quando vários fatores estressantes ocorrem juntos, podem prejudicar muito a quantidade e a qualidade do tempo que o casal tem para o relacionamento. Considere as influências externas comuns descritas a seguir e listadas no quadro e faça o Exercício 7.1. Pense se o tempo e a energia dedicados a outros compromissos colocaram o relacionamento em risco e como vocês podem minimizar essas interferências para o proteger e nutrir.

> A seguir estão listadas algumas interferências comuns em um relacionamento:
> - demandas de trabalho que consomem tempo e energia;
> - responsabilidades na criação dos filhos;
> - compromissos externos, como trabalho voluntário ou ativismo;
> - responsabilidades com família ou amigos, como encontros frequentes ou necessidade de cuidar de familiares doentes ou idosos;
> - tarefas domésticas;
> - *hobbies* e interesses.

## COMO AS PRESSÕES EXTERNAS NOS AFASTARAM?

### Trabalho

Para algumas pessoas, o trabalho define boa parte da autoestima. Quando a carreira se torna a base da sua identidade, essa área da vida pode dominar as demais. Mesmo que você trabalhe em casa ou tenha um emprego de meio turno, é possível acabar dedicando cada vez mais horas a responsabilidades profissionais, ficando indisponível emocionalmente para a pessoa com quem se relaciona.

O trabalho pode ser sedutor. Às vezes, sabemos como ter sucesso na carreira, mas não sabemos como ser o parceiro ou a parceira que o relacionamento precisa nem o pai ou a mãe que nossos filhos merecem. Além disso, as recompensas do trabalho costumam ser mais imediatas e tangíveis. Somos incentivados a trabalhar duro e progredir, mas isso pode facilmente se tornar um ciclo do qual não conseguimos sair. Quanto mais trabalhamos e somos bem-sucedidos, maiores são os incentivos para o esforço ainda maior, seja para obter recompensas financeiras e reconhecimento ou para ter simplesmente um senso de realização pessoal.

Como terapeutas de casal, constantemente ouvimos de nossos clientes que eles precisam trabalhar muito para conseguir sustentar a família. Se relaxarem no trabalho, eles e a família sofrem. As contas não serão pagas, as férias serão canceladas, a faculdade dos filhos ficará fora de cogitação. Na maioria dos casos, há verdade em cada uma dessas afirmações, o que os faz sentir que estão sem saída, afinal, as contas *precisam* ser pagas. No entanto, em todos os casos, também existe uma escolha. Se, ao se empenhar tanto para sustentar a família, você acaba por *perdê-la* porque o relacionamento se torna vulnerável a uma infidelidade, vale a pena o esforço?

De que você poderia abrir mão em termos de trabalho pelo bem do seu relacionamento? Que limites poderia definir para o tempo e a energia dedicados ao trabalho, considerando que se dedicará para fortalecer sua relação? Quais passos seriam necessários para implementar esses limites? Como você pode aumentar o apoio, no trabalho ou em casa, para a sua decisão de priorizar o relacionamento?

## Criação dos filhos

Depois do trabalho, a criação dos filhos é a exigência mais citada quando o assunto é o tempo escasso dos casais. Cada fase da criação pode competir de diferentes maneiras com o tempo dedicado ao relacionamento. Educar crianças é tão exigente e cansativo que a *única forma* de fazer bem essa tarefa é garantir, como casal, tempo e energia para o próprio relacionamento. *Um dos melhores presentes que os pais podem dar aos filhos é um lar seguro, onde o amor e o cuidado entre o casal servem de exemplo de um relacionamento amoroso.* Colocar o relacionamento em risco dedicando todo o tempo e toda a energia aos filhos, em detrimento do cuidado entre o casal, não dá certo. A curto prazo, dedicando tempo para si, os pais precisam arriscar que os filhos se frustrem e se decepcionem; a longo prazo, isso promoverá seu bem-estar. É saudável que as crianças, para seu próprio desenvolvimento emocional, passem por frustrações e aprendam que suas necessidades não estão no centro do universo parental. Além disso, o exemplo de como cuidar do outro e do relacionamento é importante para o crescimento e os futuros relacionamentos de seus filhos.

Equilibrar os compromissos com as crianças e com o relacionamento requer esforço contínuo. Por exemplo, pode envolver contar com outros casais para revezar as noites de cuidado com as crianças. Ou pode incluir ajudar os filhos a entenderem que os pais precisam de um tempo exclusivo juntos antes de participarem de atividades familiares. Acima de tudo, é preciso um compromisso constante para reservar tempo de qualidade ao casal, colocando o relacionamento como prioridade – não porque você não se importa com seus filhos, mas porque você *realmente* se importa. Ao dar alta prioridade à sua relação, você está mostrando como ter um relacionamento íntimo saudável e amoroso. Esse modelo é tão importante quanto o envolvimento físico com os filhos. Eles não serão prejudicados se você reservar um tempo para o casal; muito provavelmente, vão se beneficiar.

De que forma as demandas da criação dos filhos prejudicaram o tempo e a energia que vocês reservavam para si como casal? Por exemplo, se vocês permitiram que seus filhos fizessem muitas atividades extracurriculares, consumindo o tempo de todos, como podem reduzir essas atividades? Identifique recursos que possam ajudar vocês a terem oportunidades de se concentrar no relacionamento. Que passos poderiam seguir para garantir que tenham, pelo menos, um breve período de sossego juntos todos os dias para conversar e se reconectar?

## Compromissos externos

O trabalho e os filhos não são as únicas esferas da vida que competem pelo seu tempo e pela sua energia. Vários grupos, como escola, organizações religiosas, atividades políticas ou organizações comunitárias, dependem da contribuição de voluntários. O sentimento de satisfação por contribuir com essas causas, em níveis adequados, pode enriquecer a vida individual e trazer energia positiva para o lar. No entanto, assim como com o trabalho, é uma questão de equilíbrio e prioridades.

Quanto tempo vocês dedicam a compromissos fora de casa, além do trabalho? De que forma esses compromissos interferem no tempo dedicado ao relacionamento? Quais limites precisariam ser definidos em relação a esses compromissos externos para reduzir os riscos causados por tanto tempo separados?

## Responsabilidades com familiares e amigos

Para muitos casais, a família de origem e as amizades próximas representam uma fonte importante de apoio emocional. Ao mesmo tempo, o envolvimento com familiares ou amigos próximos pode gerar mais demandas e tensões. Não é incomum ter expectativas diferentes sobre quanto tempo ou energia dedicar à própria família, à família do outro e às amizades importantes. Essas diferenças podem levar a ressentimentos se um dos dois se sentir menos priorizado na vida do outro ou privado de manter vínculos emocionais importantes com outras pessoas.

Outra responsabilidade com outras pessoas que pressiona o relacionamento do casal ocorre quando um dos parceiros assume a função de cuidador de algum familiar. Um exemplo comum é cuidar de um parente idoso, mas também pode envolver o cuidado de avós ou irmãos com desafios físicos ou mentais. Pessoas envolvidas em tais cuidados de longa duração geralmente têm profundo senso de responsabilidade enraizado em valores familiares admiráveis. No entanto, assim como no cuidado dos filhos, é importante manter um equilíbrio que proteja e nutra o relacionamento do casal.

O seu envolvimento ou o do seu par com familiares ou amigos próximos prejudicou o tempo e a energia que vocês dedicavam ao relacionamento?

Como? Se o envolvimento decorre de responsabilidades de cuidado, como vocês podem redefinir seus papéis para estabelecer limites razoáveis que preservem recursos emocionais e tempo, que são vitais para o relacionamento? Quais outros recursos vocês poderiam buscar para equilibrar esses compromissos de forma mais eficaz?

## Tarefas domésticas

Todo casal precisa lidar com as obrigações da casa, como lavar roupa, limpar, cozinhar, cuidar da casa e do carro, pagar contas. Mesmo que o casal divida essas tarefas, muitas vezes o problema é encontrar tempo para o relacionamento com tanto para fazer. Quando há discordância sobre a divisão das tarefas, ou um dos dois sente que o outro não está colaborando, o ressentimento costuma aparecer. Além disso, o casal pode até concordar com a divisão, mas discordar sobre a forma como realiza as tarefas ou sua importância em comparação a relaxar ou se divertir juntos.

Pensando em como vocês lidam com as tarefas domésticas, considere estas perguntas: vocês geralmente concordam em relação à divisão ou um de vocês sente que faz mais do que o outro? Até que ponto vocês estão dispostos a deixar de lado as tarefas de casa para ter tempo de relaxar e se divertir juntos? Como vocês poderiam colaborar para equilibrar o trabalho e a diversão em casa de uma forma que agrade a ambos? As tarefas domésticas deixam algum de vocês tão exausto que sobra pouca energia para o relacionamento?

## *Hobbies* e interesses

*Hobbies* e atividades de lazer podem reduzir o estresse, aumentar o bem-estar emocional e físico, tornar a pessoa mais interessante e até promover o lazer conjunto quando ambos gostam da mesma atividade. No entanto, podem se tornar uma distração quando tomam muito tempo, especialmente quando o casal já tem pouco tempo um para o outro.

> *Alondra adorava a energia e os benefícios dos exercícios físicos para a saúde, então dedicava uma hora por dia após o trabalho e pelo menos um turno por fim de semana. Devon se ressentia do tempo que passava sozinho em casa, mas não queria acompanhar Alondra na academia. Ele sempre gostou*

*de restaurar automóveis, então começou a viajar com seus amigos para ver exposições de carros fora da cidade nos fins de semana. Nem Devon nem Alondra queriam abandonar seus próprios interesses, mesmo quando ficou claro que estavam passando pouco tempo juntos há várias semanas seguidas.*

Vocês deixaram *hobbies* ou interesses atrapalharem a relação? Como poderiam mudar isso? Até que ponto vocês estão dispostos a reduzir o tempo que dedicam a interesses separados? Será que algum de vocês poderia aceitar melhor os *hobbies* do outro se também passassem mais tempo juntos?

## COMO O ESTRESSE NOS AFASTOU?

Níveis baixos de estresse ou situações estressantes temporárias, mas mais sérias, costumam ser administráveis e podem até ser positivas se levarem a pessoa a pensar ou agir da melhor maneira a longo prazo. O estresse severo ou crônico, porém, pode causar problemas maiores e mais duradouros, inclusive no relacionamento.

A seguir, você encontrará uma lista de fontes comuns de estresse que podem prejudicar a relação.

Fontes de estresse comuns que podem comprometer um relacionamento:

- dificuldades financeiras duradouras;
- transições complexas de vida, como tornar-se responsável por uma criança ou começar um novo emprego;
- problemas de saúde persistentes;
- conflitos contínuos com outras pessoas, como familiares ou colegas de trabalho;
- experiências de preconceito ou discriminação, seja individualmente ou como casal;
- tensões na comunidade em geral, como criminalidade, agitação social ou política, pandemias e desastres naturais.

O estresse excessivo ou prolongado pode colocar a relação em maior risco de infidelidade se os fatores estressantes fizerem os parceiros negligenciarem a si mesmos ou o relacionamento. Às vezes, alguém que está sob pressão tenta escapar emocionalmente para o conforto de um relacionamento extraconjugal, que, geralmente, está alheio às realidades do dia a dia. Outras vezes, uma pessoa sobrecarregada pelo estresse se torna emocional ou fisicamente indisponível, fazendo com que seu par se sinta abandonado e vulnerável à atenção de outra pessoa. Quando o estresse permeia a casa, as pessoas podem ficar irritadiças e impacientes, tendo maior propensão a culpar umas às outras por problemas pelos quais nenhuma é realmente responsável. Aos poucos, instaura-se um ciclo de acusações mútuas e ressentimento.

## Estresse por discriminação ou exclusão

Alguns casais enfrentam alto nível de estresse por viverem experiências de exclusão ou discriminação dentro da própria comunidade. Por exemplo, pessoas que pertencem a minorias étnicas, sexuais, de gênero ou religiosas podem sofrer diferentes formas de discriminação, desde pequenas desconsiderações diárias até situações mais explícitas. Outros casais podem enfrentar discriminação ou exclusão por conta de certos aspectos de suas identidades. Por exemplo, se os parceiros tiverem tons de pele diferentes, outras pessoas podem reagir negativamente ao relacionamento. Se a diferença de idade for significativa, estranhos ou familiares podem não apoiar a relação, supondo que um ou ambos têm "problemas não resolvidos". Em algumas comunidades, assumir um compromisso com alguém de outra religião pode gerar exclusão de eventos familiares ou sociais, ou sugestões de que seria melhor estar com alguém "mais compatível". Esses e outros fatores estressantes vindos da comunidade em geral podem desafiar o casal, corroer seus recursos emocionais, privá-lo de um importante apoio social e, por fim, torná-lo menos resiliente a outros fatores que aumentam a vulnerabilidade à infidelidade.

Ao longo do último ano, o estresse tornou seu relacionamento vulnerável? Como? Quais fatores estressantes se desenvolveram gradualmente ou passaram despercebidos até tomarem proporções inimagináveis? O que seria necessário agora para reduzir ou eliminar as maiores fontes de estresse? Quais recursos vocês poderiam buscar para obter ajuda?

*Ira e Hannah, o casal descrito no início deste capítulo, analisaram com seriedade como as pressões externas haviam corroído sua conexão emocional. Ao se esforçarem tanto para serem provedores responsáveis para a família, acabaram negligenciando o próprio relacionamento. Ambos começaram a impor limites mais eficazes em relação ao trabalho. Além disso, redistribuíram as responsabilidades domésticas entre os filhos, por exemplo, pedindo ao adolescente que cuidasse dos irmãos menores uma noite por semana para que o casal pudesse sair sozinho. Ira e Hannah se comprometeram a assumir a responsabilidade principal de cuidar das crianças e da casa quando algum dia fosse particularmente estressante para uma das partes, permitindo que o outro tenha um tempo para relaxar ou se recuperar. Além disso, passaram a se abraçar mais ao longo do dia. Comprometer-se a nutrir o relacionamento não resolveu por si só a mágoa profunda causada pela infidelidade de Ira, mas deu a ambos a esperança de que poderiam colaborar na criação de uma relação mais forte e seguir em frente juntos.*

## DEIXAMOS QUE OUTRAS PESSOAS MINASSEM NOSSO RELACIONAMENTO?

Os votos de casamento, que oficializam uma união séria, geralmente incluem promessas de fidelidade. É irônico, então, como a infidelidade sexual é frequentemente retratada em nossa cultura através de livros, filmes e outras mídias como algo comum, romântico e, muitas vezes, sem consequências negativas graves. Às vezes, a infidelidade quase parece banalizada, retratada de maneira glamourosa ou cômica, em vez de ser mostrada de forma mais realista como um trauma no relacionamento, com consequências pessoais e interpessoais devastadoras. A exposição contínua a essa perspectiva pode enfraquecer o compromisso de fidelidade de qualquer pessoa.

*Muitos amigos de trabalho de Mateo ainda eram solteiros. Na sexta-feira, depois do expediente, todos tinham o costume de ir juntos para um bar local. Frequentemente, os colegas flertavam com mulheres e provocavam Mateo por estar "amarrado" e perdendo a vida. Mateo sempre valorizou a relação com Brianna e não conseguia imaginar sua vida sem ela. As coisas começaram a mudar depois que o primeiro filho chegou. Brianna se ressentia do tempo que Mateo passava com os amigos, pois ela ficava em casa cuidando do bebê após o trabalho e não via as amigas há semanas. Quando estavam em casa juntos, Brianna estava mal-humorada com Mateo e não parecia querer passar tempo com ele, o que o deixava confuso. Seus amigos do trabalho o provocavam ainda mais quando ele falava sobre os problemas em casa. Uma vez, um colega o convidou para ir a um bar com duas colegas do trabalho e, com o tempo, eles começaram a sair juntos uma vez por semana.*

*Certa noite, Mateo e Nicole, que havia se divorciado recentemente, saíram sozinhos para tomar alguns drinks depois do expediente, já que seus amigos não podiam. A intenção de Mateo não envolvia algo a mais com Nicole; ele apenas gostava de conversar com ela. Os dois começaram a sair sozinhos para beber com mais frequência. Quando Nicole convidou Mateo para o apartamento dela em vez de ir ao bar, ele se sentiu lisonjeado. Ao chegarem ao apartamento e Nicole o beijar, Mateo ficou um pouco surpreso e inicialmente resistiu, mas ela continuou abraçando-o, acariciando seu pescoço e finalmente o levou para o quarto. Esse foi o primeiro de vários episódios semelhantes que se repetiram por meses.*

Pessoas como Mateo, sem intenção prévia de trair, muitas vezes se tornam mais vulneráveis à infidelidade após flertes ou investidas diretas de alguém de fora. Só depois que o relacionamento extraconjugal ocorre é que percebem todas as situações que minaram sua fidelidade. Analise as fontes de tentação e outras influências negativas a seguir e veja quais contribuíram para a infidelidade que abalou o seu relacionamento, para que vocês não fiquem tão vulneráveis a essas forças novamente. Para a pessoa que foi traída, é importante entender os fatores de risco que influenciaram tal situação. No entanto, a maior parte da próxima seção tem como objetivo incentivar a pessoa que cometeu infidelidade a pensar se ela não respeitou os limites que ajudariam a evitar que influências de fora interferissem no seu compromisso de ser fiel. Portanto, quando usarmos "você" na próxima seção, estamos nos direcionando à *pessoa que cometeu a infidelidade*.

## Tentações e oportunidades comuns

Quando atendemos pessoas que cometeram infidelidade, às vezes perguntamos: "Como você tomou a decisão de ter um relacionamento extraconjugal?". Uma das respostas mais comuns é "Eu não decidi ter um relacionamento extraconjugal; simplesmente aconteceu". Nossa próxima pergunta, mais difícil de responder, é "E como você não tomou a decisão de *não* ter um relacionamento extraconjugal?". A ideia é que você pode identificar situações de risco com antecedência e tomar medidas para evitá-las. Considere as seguintes situações que apresentam tentações ou oportunidades para a infidelidade:

- O trabalho de Mason exige viagens frequentes para cidades onde não tem amigos, familiares nem colegas. Depois de longos dias de trabalho, ele costuma jantar em um bar local ou em uma boate.

- A filha de Paige e os filhos de Nathan estudam na mesma escola. Nos últimos meses, Paige e Nathan passaram muito tempo preparando uma festa escolar juntos. Nathan é pai solteiro, e seu horário de trabalho permite que ele fique a maior parte do dia em casa.

- Tuan e Lily trabalham à noite e nos finais de semana na reforma de um estabelecimento comercial na região. Ninguém mais está envolvido no projeto e, às vezes, eles dão uma pausa para comer em um restaurante antes de voltar ao trabalho, sem informar seus parceiros depois.

Alguma dessas situações parece familiar? Não estamos sugerindo que nenhum desses cenários esteja errado por si só, mas sim que as pessoas *precisam* reconhecer as possíveis tentações em uma situação (sem considerar o quão improváveis possam parecer de antemão) e então definir limites claros para que situações de risco não levem a decisões ruins. Confira no quadro a seguir alguns questionamentos para ajudá-lo a pensar se a relação com alguém de fora pode levar a riscos ou tentações.

Outra questão a ser considerada é se você tomou medidas para proteger seu relacionamento de tais riscos. Por exemplo, se estiver viajando só, você

Se você está incerto de que a relação com alguém de fora começou a se tornar uma amizade "especial" que representa risco, pergunte-se o seguinte:

- Você abriria mão dessa amizade ou estabeleceria limites pelo bem do seu relacionamento? Se não, é provável que já tenha se transformado em um vínculo romântico que pode ameaçar os laços emocionais ou físicos exclusivos do seu relacionamento.

- Você conversaria com a outra pessoa sobre os sinais ambíguos que notou nessa amizade, sabendo que isso pode afastá-la de você? Sentiria falta do flerte e da proximidade emocional caso isso acontecesse?

- Há algum aspecto da sua relação com a pessoa de fora que você prefere *manter em segredo* de seu cônjuge? Há alguma coisa que você não revelaria completamente? Você se sentiria desconfortável se recebesse uma ligação ou mensagem da pessoa de fora em presença de seu cônjuge?

faz questão de ligar para seu par regularmente para manter a conexão emocional e priorizar a relação? Você conta às pessoas que está em um relacionamento sério? Se seu par costuma viajar com frequência, você busca a companhia de amigos que também estão em um relacionamento sério? Se passa bastante tempo com alguém do trabalho, você fez alguma coisa para evitar uma proximidade inadequada ou para evitar que essa proximidade se transforme em atração sexual — por exemplo, evitar assuntos muito pessoais ou outras trocas íntimas com a pessoa do trabalho que poderiam levar a uma intimidade inapropriada?

Analise com atenção o que você e seu par fazem quando estão longe um do outro. Quais situações poderiam se transformar em oportunidades (para ambos) de cometer infidelidade? Algumas situações de risco são óbvias, mas outras podem depender de você e de suas próprias vulnerabilidades. Uma parte importante da identificação e do enfrentamento de situações de risco é o *autoconhecimento*. O que você acha atraente nas pessoas *em geral*? Como você construiu intimidade com outras pessoas no passado? Quais situações podem ser particularmente arriscadas para você? Por exemplo, se sempre teve atração por pessoas com bom senso de humor, precisa ficar alerta se perceber que alguém do trabalho, além de ser atraente, tem um senso de humor semelhante ao seu quando vocês conversam. Identificar tais situações não indica interesse em ter um caso; pelo contrário, identificar situações potencialmente arriscadas e tomar medidas para se manter firme demonstra seu comprometimento em *não* cometer infidelidade e em evitar oportunidades ou tentações de se comportar de forma que coloque seu relacionamento em risco.

## Investidas de outras pessoas

É bom saber que somos atraentes ou desejados. Todos nós gostamos de receber elogios, e um flerte "inocente" costuma trazer uma sensação boa. Pode ser reconfortante saber que outra pessoa nos considera charmosos, emocionalmente sensíveis, fisicamente atraentes, ou qualquer outra característica que gostaríamos de acreditar que temos. É ainda melhor receber esses elogios quando estamos inseguros ou não ouvimos nada parecido da pessoa que amamos.

Não é incomum se envolver em um relacionamento extraconjugal após investidas. Elas podem se desenvolver gradualmente ao longo de meses, ou mesmo anos, ou podem surgir de forma inesperada de alguém conhecido. A intenção do outro de ter um relacionamento pode ser explícita, ou pode haver um desejo genuíno de ter uma amizade especial baseada em carinho e confiança, que evolui para uma forte atração física ou emocional. Às vezes, a pessoa de fora persiste, apesar de a outra parte resistir e desencorajá-la. Outras vezes, a investida continua porque o outro tolera demais e acaba incentivando sutilmente.

Para reduzir a vulnerabilidade a pessoas de fora que queiram ter um caso – ou que simplesmente estejam "receptivas" a esse tipo de relacionamento –, é importante permanecer vigilante. Isso não significa rejeitar todas as amizades com colegas ou outras pessoas ou rejeitar todas as demonstrações de carinho, interpretando-as como investidas sexuais implícitas. Significa deixar claros os limites dessas relações: não sugerir nem aceitar ir a encontros a sós em locais inadequados, evitar assuntos pessoais que levem a amizade a um nível emocional mais profundo, que ultrapasse os limites apropriados, e comprometer-se a nunca esconder suas amizades do seu par.

Já atendemos pessoas que insistiam em manter uma amizade arriscada porque era uma "amizade inocente e não havia interesse sexual". Na maioria dos casos, a relutância em abandonar a amizade indicava que a outra pessoa já havia se tornado emocionalmente importante. A proximidade emocional com outras pessoas não é um problema; no entanto, se seu cônjuge diz que se incomoda com alguma amizade sua, é possível que represente um risco potencial, e seria importante ter uma conversa mais aprofundada. Ter uma proximidade emocional com outra pessoa não significa que você decidiu ter um caso com ela, mas, *às vezes*, a infidelidade acontece quando a pessoa acha que a amizade é "segura" e, de forma gradual, vai se envolvendo emocionalmente com o outro, sem manter os limites necessários. Um teste para saber se a amizade é arriscada é se questionar se você está escondendo *algum* aspecto dela do seu cônjuge – qualquer aspecto. Se estiver, é provável que já tenha ultrapassado um limite emocional, mesmo que ainda não haja relação de cunho físico.

Os limites são definidos dependendo do que o casal decide manter exclusivo do seu relacionamento. Em relacionamentos monogâmicos consensuais, ter relações sexuais ou se apaixonar por outra pessoa é inaceitável. No entanto, alguns casais podem permanecer comprometidos um com o outro, mas concordar em "abrir" certos aspectos da relação, incluindo interações íntimas com outras pessoas. Isso pode incluir comportamentos sexuais ou sentimentos, o que às vezes é chamado de relacionamento aberto, não monogâmico ou poliamoroso. O importante é que *vocês definam os limites juntos* e sejam capazes de viver dentro desses limites de maneira saudável. Esses limites, quaisquer que sejam, são possíveis de transgredir, e a infidelidade pode ocorrer em qualquer tipo de relacionamento. Um exemplo de traição em relacionamento não monogâmico é quando uma amizade ultrapassa aquilo que o casal havia combinado, seja no nível emocional ou físico. É importante conversar claramente sobre as situações de alto risco, sobre os limites das relações que vocês mantêm com outras pessoas e sobre as expectativas e os interesses dessas pessoas, que podem mudar ao longo do tempo.

## Amigos e conhecidos que desvalorizam a fidelidade conjugal

Ninguém tem mais interesse em preservar seu relacionamento do que você e seu cônjuge. Infelizmente, seus amigos ou conhecidos não apenas podem falhar em incentivar a fidelidade, mas também podem desencorajá-la de forma ativa ou indireta. Assim como os amigos de Mateo, do exemplo anterior, seus amigos podem influenciar você a sair para festas e caçoar se você disser que "precisa ligar para casa" primeiro. Talvez tentem convencer você a ir a bares para pessoas solteiras porque "olhar não faz mal". Talvez sirvam de "ponte" para alguém que tenha demonstrado interesse em você, ou tentem "arranjar" outra pessoa que eles acham que é melhor para você.

Também existem maneiras menos diretas de encorajar alguém a cometer infidelidade, como exaltar todos os benefícios de não ter um compromisso, ignorando as desvantagens. Pode acontecer de você contar a um amigo sobre uma briga que teve no relacionamento e ele estimular sua sensação de injustiça defendendo você de forma desequilibrada. Outras vezes, os amigos podem atrapalhar seu relacionamento competindo pelo tempo que você dedicaria ao seu par.

## COMO BUSCAR APOIO PARA O RELACIONAMENTO?

Não basta se proteger de influências externas que minam seu relacionamento. Vocês também podem buscar apoio de pessoas ou situações que ajudem a nutrir a relação e *reduzir* os riscos para a estabilidade do relacionamento. Quais pessoas ou situações podem ajudar vocês apoiando a fidelidade e o relacionamento em geral? Embora isso varie na vida dos casais, algumas opções comuns são descritas aqui. O Exercício 7.2 o ajudará a pensar na sua própria situação.

### Casais de amigos

Cultivar amizades com outros casais comprometidos pode ser uma importante fonte de carinho e apoio para o seu relacionamento. Que casais você conhece que gostam de passar tempo juntos — casais que se respeitam, riem juntos, expressam suas queixas de forma respeitosa, toleram os defeitos um do outro e trabalham juntos para superar desapontamentos ou irritações ocasionais? O seu próprio relacionamento pode ser fortalecido com a convivência com casais cujos valores sejam semelhantes aos seus. Evite casais que vivem brigando, se desvalorizam, são insensíveis um com o outro ou parecem perseguir interesses individuais que colocam a relação em risco. Sair com casais com essas características pode aumentar a chance de você ver essas interações como aceitáveis e normais, o que pode trazer mais riscos para o seu relacionamento.

## Grupos orientados para casais

Vocês podem encontrar apoio participando de grupos ou organizações que incentivem relacionamentos sérios e interações saudáveis. Alguns casais participam ativamente da escola dos filhos ou da comunidade, principalmente por meio de atividades que promovam a interação em pequenos grupos, em que os casais possam trabalhar e se divertir juntos. Outros casais encontram apoio em organizações sociais voltadas especificamente para atividades de casais ou famílias, como trabalhar juntos no banco de alimentos da comunidade ou acampar nos finais de semana.

### EXERCÍCIOS

#### EXERCÍCIO 7.1   Identificando influências externas negativas

Liste os principais fatores externos ao seu relacionamento que possam tê-lo prejudicado, como trabalho, atividades voluntárias ou outras pessoas. Por exemplo:

> *"Eu assumi tanto trabalho voluntário que não sobrou tempo e energia para o nosso relacionamento."*

Ou:

> *"Nunca me senti totalmente confortável com o tanto de tempo que cada um passava com os amigos, em vez de ficarmos juntos. Um pouco pode ser bom, mas o excesso nos afastou como casal."*

Para cada um dos fatores externos aqui listados que prejudicam o seu relacionamento, descreva o que você pode fazer, individualmente ou como casal, para minimizar seu efeito. Por exemplo:

*"Nós gostamos de contribuir com a comunidade, mas exageramos. Vamos limitar nossos compromissos externos a no máximo uma noite por semana."*

### EXERCÍCIO 7.2    Fortalecendo-se com recursos externos

Liste as principais pessoas e grupos para os quais você pode recorrer agora ou aos quais recorreu no passado para apoiar e fortalecer o seu relacionamento. Por exemplo:

*"Meu cunhado é alguém que admiro. Eu gostaria de passar mais tempo com ele, não para falar sobre a infidelidade, mas apenas para estar com alguém com quem posso aprender e ver como ele lida com o estresse e prioriza a família."*

Liste os grupos de pessoas dos quais você gostaria de fazer parte para apoiar e fortalecer o seu relacionamento. Por exemplo:

*"Temos a sorte de morar em um bairro familiar com muitos casais da nossa idade. Eles têm vários encontros informais, mas não participamos muito. Vamos começar a aceitar esses convites e chamar algumas famílias do bairro para virem à nossa casa."*

# 8
# Como a pessoa que amo pôde fazer isso?

*Nick sabia que as mulheres o achavam atraente. Tinha um sorriso e um jeito que as pessoas achavam agradáveis e convidativos. Mas Nick nem sempre foi assim. Na adolescência, era um pouco baixo para a idade, tímido e desengonçado. Quando terminou o ensino médio e foi trabalhar com o pai, enquanto a maioria dos amigos se mudava para cursar a faculdade, sentiu-se burro e incompetente. Porém Nick trabalhou muito e, aos poucos, construiu sua própria empresa de construção. A timidez da adolescência se transformou em um jeito quieto e sensível que as mulheres pareciam achar atraente. Ainda assim, suas inseguranças permaneciam.*

*Nick se casou com Becky logo depois que ela se formou no ensino médio. Com o passar dos anos, sentia uma admiração cada vez maior por tudo que ela fazia pelo casamento e pelos filhos. Não tinha interesse em se envolver com outras mulheres e nunca levou flertes a sério, até que Diana apareceu. Era divorciada, e Nick a achou um pouco intimidante, mas também muito atraente. Quando Diana o convidou para almoçar e falar sobre reformas em alguns imóveis que havia comprado, ele se sentiu lisonjeado e apreensivo ao mesmo tempo. Diana elogiou Nick por todas as suas conquistas e deixou claro que se sentia atraída por ele. Nick nunca havia traído a esposa, mesmo que ela quase sempre parecesse irritada e desinteressada em qualquer intimidade física. No entanto, quando Diana deixou claro que não procurava um relacionamento sério, apenas um pouco de intimidade física com um homem que admirava, os sentimentos de Nick sobrepujaram a lógica. Por seis meses, ele e Diana tiveram um caso, mantendo conversas sobre a vida pessoal bem limitadas.*

Assim como pode haver traição em relacionamentos bons, pessoas boas podem trair. Pessoas boas, amorosas e que eram fiéis podem tomar decisões ruins que as levam para caminhos errados. Quando vocês juraram fidelidade, é improvável que imaginassem viver uma traição. Você acreditava que o outro nunca causaria esse tipo de mágoa. Não importa quais desentendimentos vocês tivessem, quais brigas enfrentassem, você não esperava sofrer com a infidelidade. Agora precisa entender como alguém que amava e em quem confiava pôde fazer isso.

Neste capítulo, vamos ajudar a pessoa que foi traída a considerar os aspectos da pessoa que cometeu a infidelidade que podem ter contribuído para a traição. Esse processo é útil mesmo se a pessoa que cometeu a infidelidade decidir não participar dessa reflexão. No entanto, se foi você quem cometeu a infidelidade, é altamente recomendável ler este capítulo para compreender suas ações e como chegou ao ponto de ter um relacionamento extraconjugal. Leia, ao menos, a seção "Mensagem especial para a pessoa que cometeu infidelidade".

Por que a pessoa com quem você divide sua vida optou por trair? Por que ela continuou traindo depois da primeira vez (se aconteceu mais de uma vez)? Se o relacionamento extraconjugal ainda está em andamento, por que não acabar logo? As respostas que você der a essas perguntas serão importantes para determinar suas próximas ações e influenciarão a qualidade de suas decisões sobre o relacionamento no futuro.

É importante ter uma visão *equilibrada* do outro. É improvável que a pessoa por quem você se apaixonou e com quem se comprometeu não tenha qualidades positivas, apesar de ter causado essa mágoa profunda. Se ainda não decidiu terminar o relacionamento, precisa considerar se e como poderia recuperar a relação de carinho e confiança. Isso não será possível sem considerar as vulnerabilidades do outro que o levaram a ter um relacionamento extraconjugal e sem, pelo menos, ter um pouco de compreensão ou compaixão. Além disso, se quiser que a pessoa reflita com você sobre como tudo aconteceu, é preciso questionar e talvez abrandar sua própria visão sobre a situação, para que ela se sinta à vontade nesse processo.

Há outro motivo para manter uma visão equilibrada, principalmente se você decidir terminar um relacionamento do qual nasceram filhos. Nesse caso, é importante continuar colaborando na criação deles. Estudos comprovam que *o fator mais importante para a adaptação das crianças ao divórcio é a cooperação dos pais após o fim do casamento*. Será difícil para o casal exercer a parentalidade juntos se um achar que o outro não tem qualidades positivas.

No entanto, buscar um equilíbrio não é cair no extremo oposto – isto é, ter uma visão extremamente positiva ou minimizar a responsabilidade da pessoa pela infidelidade. A curto prazo, isso pode parecer menos doloroso, pois permite recuperar a sensação de proximidade. Porém, se você não enfrentar os problemas com seu par agora, é mais provável que fique com dúvidas, as quais podem surgir em momentos inesperados no futuro. Nesse cenário, será bem mais difícil se envolver no processo de reflexão que estamos incentivando.

Ao ler este capítulo, pense não apenas nas vulnerabilidades, mas também nos pontos positivos do outro que podem ter contribuído para a infidelidade. Reflita sobre como tudo começou, por que e como continuou e como terminou (ou por que não terminou). Nem tudo que propomos aqui é aplicável à sua situação. Não tire conclusões precipitadas, imprecisas ou incompletas. Leia com calma, considere o que lê como possíveis "explicações" para o que aconteceu e, o mais importante, encaixe o que fizer sentido em um panorama geral que vá além do seu par. Esse panorama deve incluir o que influenciou a infidelidade, como aspectos do próprio relacionamento, do mundo externo e, talvez, seus aspectos pessoais.

## MENSAGEM ESPECIAL PARA A PESSOA QUE COMETEU INFIDELIDADE

Se você está lendo este livro junto com a pessoa que foi traída, parabenizamos sua decisão de participar desse processo de cura. Nem todas as pessoas que cometeram infidelidade estão dispostas a tentar entender como o caso começou para que se possa trabalhar pela recuperação. Mesmo que não haja outra razão, recomendamos que você siga em frente, porque é isso que seu par precisa que você faça. Refletir sobre questões pessoais que o tornaram suscetível a trair pode ser difícil, assim como pode ser tentador responder com justificativas ou desculpas, como "Sim, mas olha como estava a nossa relação!", "Sim, mas olha o que estava acontecendo!", "Sim, mas olha como você estava agindo!". Tente, pelo menos por enquanto, confiar no processo geral, analisando criticamente essa parte do panorama que envolve você.

Este capítulo também tem o objetivo de ajudar você a lidar com seus próprios sentimentos. Nossa experiência clínica mostrou que as pessoas que tiveram um relacionamento extraconjugal costumam ter dificuldades para entender seu próprio comportamento, pensando coisas como "Isso não tem nada a ver comigo!" ou "Como pude fazer isso?". Ao confrontar seus próprios sentimentos de confusão, culpa ou vergonha, quem foi infiel às vezes não quer refletir sobre aspectos de si mesmo que poderiam ajudá--lo a entender como o caso se desenvolveu – assim, pode se contentar com explicações incompletas ou imprecisas. Por exemplo, pode colocar muito peso nas dificuldades do relacionamento ou nas qualidades positivas da pessoa de fora como razão para a infidelidade e, como consequência, tomar decisões ruins a longo prazo para o relacionamento. Queremos ajudar você a evitar esses riscos.

Pensar quais questões pessoais podem ter levado você a cometer infidelidade também é importante para reduzir os riscos de uma nova traição. Provavelmente, você já prometeu a si e a seu par nunca mais ter outro relacionamento extraconjugal e, por isso, talvez ache que pensar na infidelidade não é necessário. Também é provável, porém, que você nunca tenha planejado ter um relacionamento extraconjugal quando jurou fidelidade "na alegria e na tristeza". Não questionamos sua intenção de ser fiel, e sim se conseguirá cumprir essas intenções sem refletir sobre particularidades suas que podem tê-lo tornado suscetível.

Por fim, se ainda está tendo um relacionamento extraconjugal ou às vezes tem dificuldade em lidar com o término, precisa entender por que esses sentimentos persistem. Ler este capítulo para se compreender melhor pode ajudar você a tomar decisões melhores para si e seu par a longo prazo.

## POR QUE A PESSOA QUE AMO ME TRAIU?

Antes de responder por que a pessoa que você ama teve um relacionamento extraconjugal, é importante considerar fatores que podem ter contribuído para a suscetibilidade dela. Esses fatores podem ter origens antigas e incluir atitudes, crenças, ansiedades, carências ou outras tendências que existiam antes de vocês se conhecerem; por exemplo, expectativas irreais sobre como um relacionamento deve ser, falta de autoconfiança e incapacidade de lidar com longos períodos de infelicidade ou estresse sem apoio. Tudo isso pode facilitar a ocorrência de infidelidade – não a causar, mas aumentar o risco de ela acontecer se certas circunstâncias surgirem.

Existem outros fatores que podem ter aumentado a chance da infidelidade acontecer, ainda que sejam recentes. Por exemplo, flertar com alguém que também esteja propenso a ter um caso ou desenvolver uma relação emocionalmente próxima com outra pessoa e passar cada vez mais tempo com ela. Esses comportamentos não levam necessariamente à infidelidade, mas diminuem as barreiras e aumentam os riscos.

Por fim, alguns fatores podem ter sido "gatilhos", isolados ou combinados com outras condições, desde o uso de álcool ou outras substâncias que diminuem a inibição e o bom senso, até perdas ou traumas recentes que aumentam a necessidade de conforto e segurança. Além disso, muitas vezes a pessoa comete infidelidade como forma de retaliação, por estar com raiva de seu par.

Na maioria dos casos, responder à pergunta "Por que a pessoa que amo me traiu?" requer considerar todos esses fatores, alguns de longo prazo, outros mais recentes, e alguns pontuais ou até mesmo coincidentes. Para entender a vulnerabilidade do outro à infidelidade, você precisa ter uma visão ampla, considerando não apenas quem a pessoa *é*, mas também como chegou a ser assim e quem ela *provavelmente será* no futuro. O Exercício 8.1 vai ajudar você a refletir mais sobre esses fatores.

## O que a pessoa que cometeu infidelidade estava procurando?

Mitos populares sobre infidelidade sugerem que homens têm casos extraconjugais para ter relações sexuais melhores ou mais frequentes e experimentar a emoção da sedução e da conquista. Já as mulheres, segundo esses mitos, trairiam para buscar conexão emocional e superar o medo de envelhecer e se tornar menos atraentes. No entanto, os motivos para infidelidade são tão variados quanto as pessoas que as cometem, e confiar em razões estereotipadas pode levar a perspectivas simplistas e inúteis.

### AFIRMAÇÃO DO PRÓPRIO VALOR

A sensação de negligência ou desvalorização surge em qualquer pessoa de vez em quando. Alguns fatores, porém, podem intensificar esses sentimentos e levar alguém a buscar validação por meio da infidelidade, como a insegurança crônica. Assim como Nick, descrito no início do capítulo, há pessoas com baixa autoestima em relação à sua atratividade, ao seu *status* social ou ao seu propósito de vida, e essa insegurança pode ter raízes na adolescência ou até antes. Questões não resolvidas, baixa tolerância a críticas e uma necessidade excessiva de afirmação e valorização pelo outro podem, às vezes, ser tão grandes que o relacionamento não consegue suprir essas necessidades tanto quanto a pessoa deseja. Quando isso acontece, a pessoa que cometeu infidelidade precisa refletir sobre essas carências relativas a afirmação e conforto e como elas podem criar expectativas irreais em qualquer relacionamento.

A necessidade de afirmação (ouvir que você é importante) pode aumentar quando o casal tem menos oportunidades de cuidar um do outro, como na chegada de um bebê. Essa necessidade de validação também pode disparar quando algum evento abala a confiança, o sentimento de conexão ou a estabilidade, como perda de emprego, problemas financeiros, morte de um parente ou amigo próximo, problemas de saúde ou uma mudança indesejada na aparência.

Seu par estava vulnerável à necessidade de validação externa? Sempre precisou que os outros confirmassem que ele é uma boa pessoa? Alguma situação que levou à infidelidade intensificou essas carências ou impediu que elas fossem supridas dentro do seu relacionamento?

## AFIRMAÇÃO DA ATRATIVIDADE E DO DESEMPENHO SEXUAL

A maioria das pessoas quer se sentir desejada e valorizada como parceira sexual. Quando o estresse ou as demandas externas prejudicam a intimidade física, ou quando o relacionamento sexual enfrenta problemas específicos, há quem se torne mais vulnerável a buscar satisfação ou afirmação sexual por meio de uma relação extraconjugal.

Às vezes, as pessoas traem como forma de explorar aspectos da sexualidade que as deixam desconfortáveis em vivenciar no relacionamento sério. Por exemplo, a pessoa pode ter receio de propor certas práticas sexuais para alguém com quem também tem uma conexão emocional. Ou talvez tenha receio de assumir um papel sexual mais assertivo ou criativo se achar que o par vai encarar isso como uma mudança indesejada ou ameaçadora, pensando que "é coisa demais" ou "não combina com a imagem que ele tem de mim". Não é incomum alguém se sentir obrigado a se comportar sempre do mesmo jeito na relação sexual, mesmo que esses padrões de intimidade não estejam à altura das expectativas ou dos desejos.

O que você pode descobrir refletindo sobre o histórico do seu relacionamento? Seu par já teve inseguranças sobre sua atratividade sexual? As dificuldades na vida sexual do casal ou as tensões no relacionamento prejudicaram sua vida íntima? Seu par já expressou insatisfação com a vida sexual de vocês? Conversas sobre esse aspecto do relacionamento parecem estranhas ou difíceis?

## INTIMIDADE E CONEXÃO EMOCIONAL

Às vezes, a busca por intimidade emocional é o que desencadeia a infidelidade. Segredos compartilhados, incluindo a própria infidelidade, podem intensificar a sensação de ter uma conexão especial com outra pessoa. A intimidade de um relacionamento extraconjugal muitas vezes lembra a intimidade vivida no início do namoro: longas conversas sobre assuntos pessoais sem o peso do estresse do dia a dia, o sentimento de ser cuidado de forma especial ou esforços extras para estarem juntos. Talvez você tenha sentido atração por seu par porque a necessidade dele de proximidade emocional era correspondente à sua ou a equilibrava. No entanto, o que começou como um vínculo emocional compartilhado entre vocês pode ter tornado o outro mais vulnerável à infidelidade se a conexão emocional se enfraqueceu ou rompeu.

A intimidade pode ser complexa. Os casais precisam buscar conexão emocional, mas também tolerar frustrações e momentos de separação. Pode parecer que a infidelidade oferece intimidade sem os desafios e as tensões inerentes a um relacionamento sério de longo prazo, ou essa intimidade e a emoção de um relacionamento extraconjugal podem tornar mais suportáveis os desafios de um relacionamento sério, sem recompensas.

> *Quando se conheceram, Joury achou o jeito carinhoso de Ahmed reconfortante. Com o tempo, porém, a dependência dele às vezes a sufocava. Ahmed não tinha amigos próximos além de Joury e não gostava quando ela queria ficar um pouco*

*sozinha. Joury começou gradualmente a se afastar para restabelecer alguma independência, mas o aborrecimento de Ahmed tornou ainda mais difícil que o casal se reconectasse e curtisse momentos juntos.*

*Então, Joury conheceu Aaron em uma aula semanal de yoga. Aaron nunca havia se casado, tinha muitos amigos homens e mulheres e levava uma vida cheia de atividades fora do trabalho e de casa. Joury passou a sair do trabalho mais cedo para ficar com Aaron antes que Ahmed chegasse. Ela achou estranho que, desde o início do relacionamento extraconjugal, sentia-se menos distante e irritada em casa.*

Como você vê as necessidades de conexão emocional do outro? Essas necessidades ajudaram no vínculo entre vocês ou representaram um desafio, um peso? Se vocês se sentiam mais próximos emocionalmente no início do relacionamento, o que seria preciso para recuperar esse sentimento agora?

## EXPECTATIVAS IRREAIS

Nenhum relacionamento — e ninguém — é perfeito. Manter uma relação amorosa exige que as pessoas se aceitem e se valorizem pelo que são, com todas as imperfeições. Isso não significa abrir mão do direito de pedir que seu par mude de comportamento. Também não significa aceitar abuso ou negligência. Trata-se de reconhecer que nenhum indivíduo e nenhum relacionamento vão satisfazer todas as suas necessidades o tempo todo. Não conseguir aceitar essa realidade vai, no final das contas, trazer mágoa e decepção para ambos.

Às vezes, a infidelidade oferece algo que está faltando na relação do casal. Pode ser sexo com paixão, momentos sem cobranças ou expectativas ou saídas da rotina e idas a lugares empolgantes ou relaxantes. A verdade é que nenhum relacionamento sério pode competir com um relacionamento extraconjugal nesses quesitos. Nenhum relacionamento sério a longo prazo pode ser dedicado tão exclusivamente à afirmação e ao prazer mútuos. Normalmente, na relação extraconjugal, não há aborrecimentos, pressões e exigências da vida cotidiana que se manifestam no relacionamento duradouro.

Embora a maioria das pessoas reconheça isso, muitas ainda se agarram a expectativas irreais que podem causar problemas. Exemplos disso são pensamentos como estes: "Se nosso relacionamento é realmente bom, …" (ou "Se você realmente me ama, …")

... nunca teremos desentendimentos nem discussões sérias.

... você nunca vai me magoar nem me decepcionar.

... você vai saber como me sinto sem que eu precise dizer.

... você sempre estará disponível para mim quando eu precisar.

... sempre seremos a prioridade máxima um do outro.

... faremos sexo com frequência e sempre haverá paixão.

Da mesma forma, expectativas ou crenças irreais sobre traição podem trazer problemas para o casal, como estas:

Desde que ninguém saiba da infidelidade, ninguém vai se machucar.

Quase todo mundo tem um caso ou quer ter.

Uma boa relação extraconjugal pode melhorar um mau relacionamento.

Traições não precisam ser complicadas nem interferir em outras áreas da vida.

A dificuldade em lidar com as decepções inevitáveis de um relacionamento, o sentimento de "merecer algo melhor" e a falta de compreensão sobre as limitações e consequências dolorosas da infidelidade podem aumentar a vulnerabilidade de uma pessoa para trair. O mesmo vale para a excitação da sedução e de um caso secreto, a paixão de um "primeiro beijo" e todas as outras sensações intensificadas que frequentemente acompanham a infidelidade.

Seu par costuma ficar entediado com a "rotina" e precisa de novas experiências e muita emoção na vida? Os padrões dele para um "bom relacionamento" parecem inalcançáveis? Vocês poderiam encontrar maneira melhor de lidar com as imperfeições um do outro, enquanto continuam trabalhando juntos para mudar a si mesmos e o relacionamento?

## Por que aquela pessoa se interessou pelo meu par?

Quando se conheceram, você se interessou pela pessoa com quem hoje tem um relacionamento sério por causa de algumas qualidades identificadas. Essas mesmas qualidades podem ter interessado mais alguém. Podem achar que seu par é compreensivo, inteligente, charmoso ou fisicamente atraente. Além disso, se a pessoa tem facilidade para conversar sobre relacionamentos e sentimentos íntimos, isso pode torná-la ainda mais atraente para os outros. As conquistas profissionais, o destaque na comunidade ou a beleza que você valoriza no seu par podem contribuir para que ele seja emocional ou sexualmente atraente para outras pessoas.

Isso não significa que não se deve correr atrás do sucesso ou que não se pode ser gentil com os outros, nem significa relaxar na aparência. Trata-se de reconhecer o seu "poder de atração" social, manter certo nível de cautela e evitar que as relações com outras pessoas ultrapassem os limites do adequado em quaisquer âmbitos – social, emocional ou físico. Trata-se de reconhecer o flerte e colocar limites para não incentivar investidas sexuais. Da mesma forma, é preciso se antecipar a situações em que a interação com alguém fora do relacionamento possa promover proximidade emocional que facilmente se torne algo mais.

Quais qualidades do seu par fazem com que ele seja atraente? Como ele poderia reconhecer seu poder de atração sobre os outros, ter cautela e definir limites nas interações para proteger a segurança do seu relacionamento?

## Por que meu par não resistiu?

O que quer que estivesse acontecendo dentro ou fora do seu relacionamento, e independentemente do quanto seu par estava infeliz ou sendo assediado por outra pessoa, por que ele não resistiu? Por que simplesmente não disse "não"? Reconquistar a segurança emocional exige confiança de que a pessoa continuará dizendo "não" a uma relação extraconjugal mesmo quando a relação de vocês estiver no pior momento. Existem alguns fatores que podem aumentar a probabilidade de uma pessoa ceder à tentação de ter um relacionamento extraconjugal.

## PROBLEMAS COM COMPROMISSO

É comum que casais passem por fases em que não estão exatamente felizes um com o outro ou com o relacionamento, mas permanecem fiéis por valores pessoais de responsabilidade ou compromisso. No entanto, o comprometimento pode ser abalado pela intensidade ou pela duração dos problemas do relacionamento ou, ainda, pelo desespero de que a situação nunca melhore. Sentimentos de angústia e desespero não justificam a decisão de ter um relacionamento extraconjugal, mas podem ajudar a entender por que ela aconteceu. A falta de esperança no futuro da relação pode corroer o comprometimento e levar as pessoas a buscarem conforto ou companhia em outro lugar.

Avalie a capacidade do seu par de se comprometer. Compromisso significa arregaçar as mangas para resolver os problemas, mesmo quando a rotina está difícil ou chata. Seu par já demonstrou que consegue se doar a você, ao relacionamento e/ou à família no passado, mesmo em momentos difíceis? Se sim, provavelmente a infidelidade não aconteceu pela incapacidade de se comprometer. Porém, se a pessoa tem um histórico de desistir daquilo que combinou de fazer, de se colocar em primeiro lugar ou de se sentir pressionada quando precisa cumprir tarefas difíceis que não está com vontade de fazer, então problemas com comprometimento podem ser um fator importante.

## LAPSOS DE JULGAMENTO

Associados aos problemas de compromisso estão os lapsos de julgamento: ações impulsivas, muitas vezes não planejadas, motivadas principalmente por emoções em vez de uma reflexão cuidadosa. Algumas pessoas têm um estilo impulsivo e focam principalmente no que querem no momento, em vez de pensar nas consequências a longo prazo. Elas tendem a agir antes de pensar e a "pular de cabeça" nas oportunidades. Além disso, lapsos de julgamento podem resultar da incapacidade de reconhecer os motivos complexos ou ocultos dos outros. Por exemplo, talvez seu par não seja muito bom em decifrar as pessoas e suas intenções, ou talvez não conheça seus próprios limites, achando que pode lidar com situações arriscadas quando, na realidade, não consegue.

> *Quando o professor de artes de Mieko se ofereceu para dar aulas particulares em seu apartamento à noite por "entender"*

> *suas dificuldades como aluna mais velha com duas crianças pequenas, Mieko nunca imaginou que ele pudesse ter segundas intenções. Mais tarde, ela ficou surpresa com as investidas sexuais do professor e se viu envolvida em beijos e carícias íntimas antes de recuperar a compostura e pôr um fim àquilo.*

Lapsos de julgamento também podem estar diretamente relacionados ao uso de álcool ou outras substâncias que diminuem a inibição. A capacidade de julgamento prejudicada às vezes resulta de transtornos emocionais, como o transtorno bipolar. A infidelidade não indica necessariamente que a pessoa tenha um transtorno emocional, mas se ela luta contra um transtorno ou com problemas de abuso de substâncias, é importante considerar como essas dificuldades contribuem para lapsos de julgamento e o que ela poderia fazer para reduzir os riscos.

> *Cole tinha uma paixão pela vida que Lydia achava estimulante quando se conheceram. Ele a apresentou a filmes independentes, rachas e até mesmo raves com ecstasy ou cetamina. Depois de um tempo, Lydia acabou se cansando de participar de algumas "aventuras" que atraíam Cole e se sentiu aliviada quando ele sugeriu participar sozinho para que ela tivesse um tempo tranquilo sozinha.*
>
> *Quando Lydia soube por um amigo em comum que Cole recentemente havia transado com uma mulher que conheceu em um show fora da cidade, sua visão sobre Cole ruiu. Embora ele tenha demonstrado profundo remorso e prometido fidelidade a partir de então, Lydia concluiu que nunca mais conseguiria se sentir segura no relacionamento. Depois de meses tentando entender os motivos por trás da infidelidade, ela percebeu que Cole seria incapaz de mudar sua necessidade de adrenalina e a tendência a quebrar regras. Então, Lydia decidiu terminar o relacionamento.*

## DIFICULDADE EM ENFRENTAR OS PROBLEMAS DO RELACIONAMENTO

Quando há problemas significativos ou duradouros na relação, o desafio é incentivar o outro e olharem, juntos, para tais situações a fim de tentar resolvê-las da melhor forma possível. Isso pode envolver o risco de desaprovação, de ser responsabilizado por grande parte dos problemas ou de ter suas preocupações ignoradas e se sentir sem importância. Quando as pessoas não conseguem se expressar ou temem que expressar sua infelicidade possa gerar mais discussões, ou, ainda, quando relutam em passar pelo difícil processo de conflito construtivo, buscar refúgio em outro relacionamento que parece não ter o mesmo nível de conflito pode parecer uma alternativa mais segura.

Seu par consegue e se dispõe a expressar ou ouvir os problemas do relacionamento? O que seria necessário para vocês criarem um processo mais seguro e construtivo para enfrentar as dificuldades da relação?

### UMA FORMA DE EXPRESSAR A INSATISFAÇÃO

Há quem traia como forma de comunicar ao outro sentimentos difíceis de expressar de maneira direta. O exemplo mais comum é quando a infidelidade serve como um apelo final e desesperado para que o outro "ouça" a profunda infelicidade e a necessidade de mudança. Às vezes, a intenção não é tanto um apelo para uma mudança colaborativa, mas uma expressão de raiva. O problema, claro, é que esse é um jogo de alto risco. A mensagem pode finalmente ser ouvida, mas às vezes o dano colateral é tão grande que a cura se torna impossível.

Menos frequentemente, a infidelidade pode servir não como um apelo a ser ouvido, mas como uma decisão velada de terminar o relacionamento. A pessoa já tomou a decisão (seja de forma consciente ou não) de encerrar a relação e prevê que, se trair, o outro ficará com a incumbência de terminar.

Você precisa descobrir com o seu par se ele considerou terminar o relacionamento quando cometeu infidelidade. Se sim, ele mudou de ideia? Se a infidelidade foi usada em parte para expressar infelicidade, será que vai se comprometer a expressar esses sentimentos diretamente e a buscar o seu envolvimento no futuro, mesmo que ache que possa ser infrutífero?

## COMO A PESSOA QUE AMO PÔDE LEVAR O RELACIONAMENTO EXTRACONJUGAL ADIANTE?

> *O relacionamento extraconjugal de Dion já durava um ano. Ele finalmente confessou a infidelidade depois que um dos filhos do casal o ouviu ao telefone planejando outro encontro*

secreto. "Como você pôde fazer isso?", Thalia perguntava repetidamente. A capacidade de Dion de levar uma vida dupla era perturbadora para ela. A infidelidade já era traumática o suficiente, mas como ele podia continuar e depois voltar para casa e agir como se nada estivesse errado? A decepção constante parecia ainda pior do que o próprio relacionamento extraconjugal.

O dilema de Thalia é comum. Casos de curta duração também deixam traumas, mas, quando a pessoa mantém a relação extraconjugal, geralmente há mentiras sendo repetidas, o que traumatiza ainda mais. Histórias elaboradas são inventadas para esconder encontros secretos. A pessoa pode criar uma conta de *e-mail* secreta ou ter um segundo telefone exclusivo para se comunicar com o outro. Talvez o mais doloroso de tudo seja quando a parte que cometeu infidelidade continua sendo emocional ou sexualmente íntima com seu par, como se a relação extraconjugal sequer existisse. Essa capacidade de separar completamente os dois relacionamentos pode parecer incompreensível. "Como você conseguiu manter a farsa por tanto tempo? Como posso confiar novamente depois de tantas mentiras ditas com tanta facilidade?"

Se seu par teve um relacionamento extraconjugal longo, entender *por que* e *como* ele continuou nesse relacionamento é fundamental para a recuperação.

## Por que continuou me traindo?

Vários fatores contribuem para a manutenção de uma relação extraconjugal. Confira alguns motivos comuns, ilustrados pelos cenários a seguir:

- *Sentimento de responsabilidade com a outra pessoa.* Carmen (a amante) era casada há muitos anos, mas decidiu se separar porque, entre outros motivos, tinha um relacionamento com Travis há um ano. Agora, Carmen está sozinha, e Travis se sente responsável por ela ter deixado o marido. Não consegue simplesmente abandoná-la nesse momento difícil.

- *Aspectos positivos do relacionamento extraconjugal.* Para Kaila, é fácil se relacionar com Isaac (o amante) porque ele é um bom ouvinte; além disso, ela gosta da alegria de viver de Issac, o qual tolera seu mau humor ocasional. A leveza que existia na casa de Kaila, com seu marido, havia desaparecido anos atrás.

- *Pessimismo em relação à melhora do relacionamento oficial.* Da forma mais cuidadosa possível, Ruth falou a Noah tudo o que a chateava no relacionamento, mas ele minimizou seus sentimentos e disse que ela estava exagerando. Quando Ruth sugeriu terapia de casal, Noah respondeu: "Acho que não precisamos disso". Se ele sequer conversava com ela, como a situação do casal poderia melhorar?

- *Sentimento de ter direito.* Kavi trabalhava em dois empregos para sustentar a família. Ele não esperava eterna gratidão de Palomi, mas pelo menos ela poderia demonstrar algum apreço e tentar ser um pouco mais carinhosa. Ele não ia passar a vida sem sexo. O que ela esperava?

Paradoxalmente, algumas qualidades que você valoriza em seu par podem ter contribuído para que o relacionamento extraconjugal continuasse. Por exemplo, se ama sua capacidade de criar uma relação emocional profunda e cuidadosa, por mais doloroso que seja, é possível que essa mesma qualidade tenha contribuído para um relacionamento significativo e íntimo com a outra pessoa. Da mesma forma, se você sempre viu seu par como alguém responsável, pode ser esse senso de responsabilidade pelo outro que o levou a manter esse relacionamento extraconjugal, por mais equivocado que isso pareça. Como terapeutas de casais, já trabalhamos com diversos parceiros que cometeram infidelidade que se dispunham a terminar o caso, mas acabavam voltando atrás quando a outra pessoa dizia que não conseguiria viver sem o relacionamento ou ameaçava se machucar.

É claro, também existem razões para continuar uma relação fora do casamento que são menos fáceis de entender ou perdoar. Por exemplo, a pessoa que cometeu infidelidade pode escolher permanecer nessa relação por achar que ela vale a pena e não traz tantos prejuízos, seja de tempo, dinheiro ou ameaças ao seu relacionamento principal. Ainda, pode ter mantido o relacionamento extraconjugal porque estava se preparando para terminar o relacionamento principal, mas ainda não queria contar ao par e enfrentar as consequências.

Parte do que você precisa avaliar é como a pessoa se sentiu em relação a você durante a infidelidade. Considere se, em algum momento, ela pensou em contar sobre o caso, mas teve medo de prejudicar ou perder o relacionamento com você. Também é importante pensar se seu par alguma vez cogitou ou tentou terminar o relacionamento com a outra pessoa. Se acha que houve facilidade para levar o caso adiante, sem sentir culpa ou vergonha por mentir e trair, então provavelmente será mais difícil restabelecer a confiança e a segurança emocional.

### Como pôde continuar me traindo?

*Patrick nunca imaginou cometer infidelidade, pois essa atitude ia contra tudo em que ele acreditava. Mas o relacionamento com Taylor às vezes era insuportável, e o envolvimento com Micki oferecia um mundo diferente. Ele não se permitia pensar na família quando estava com Micki, assim como não se permitia pensar em Micki quando estava em casa.*

Além de se perguntar *por que* a pessoa continuou traindo, você pode estar se perguntando *como* ela conseguiu fazer isso. De que maneira conseguia falar com você como se o relacionamento extraconjugal não existisse? Para entender essa experiência, terapeutas usam o termo "*compartimentalização*" – isto é, a habilidade de separar pensamentos, sentimentos e comportamentos de uma situação e "fechá-los em um compartimento", isolando-os dos pensamentos, sentimentos e comportamentos de outra situação.

Todos nós usamos a compartimentalização até certo ponto. Pense na última vez que vocês foram ao trabalho ou a algum evento social depois de uma briga em casa, seja entre vocês ou com os filhos. Muitas vezes, quando isso acontece, guardamos o conflito em uma gaveta e preparamos nossa melhor "cara de paisagem" ao chegar ao local e cumprimentar as pessoas. Se nosso trabalho exige interação com outras pessoas ao longo do dia ou muita concentração no que estamos fazendo, podemos deixar de lado conflitos domésticos (ou atividades positivas planejadas) durante o dia para lidar com o que está acontecendo no momento.

A compartimentalização, embora seja essencial em muitas áreas da vida, pode ser usada para manter comportamentos inadequados, quando significa que atitudes problemáticas são deixadas de lado e não se tornam motivo para reflexão. A compartimentalização também "explica" como algumas pessoas conseguem manter uma vida dupla. Para a maioria delas, a infidelidade cria, *sim*, conflitos internos. Muitas vezes, *é* inconsistente com seus valores, com a forma como se veem e com o carinho genuíno que sentem por seu par. Compartimentalizar um segundo relacionamento amoroso nos momentos em que está com seu par — isto é, deixar a pessoa de fora em outro compartimento — e não pensar no seu par quando está com a pessoa de fora parece ser a única maneira de lidar emocionalmente com o conflito interno. Embora seja uma explicação insatisfatória para a maioria das pessoas que foram traídas, as pessoas que cometeram infidelidade costumam dizer algo como "Para mim, são duas coisas diferentes. Quando estava com você, estava com você. Quando estava com a outra pessoa, estava com aquela pessoa". Mesmo havendo concordância anterior com um relacionamento não monogâmico, a compartimentalização ainda pode se tornar problemática quando viola os limites que vocês estabeleceram.

Claro, às vezes esse conflito interno não existe, como quando a pessoa que cometeu infidelidade tem pouca capacidade de sentir remorso por magoar os outros, ou já decidiu sair do relacionamento. Se essa é a situação que você enfrenta, pode ser mais difícil decidir se deve lutar pelo relacionamento.

Compreender como a pessoa com quem você divide sua vida conseguiu manter um segundo relacionamento envolve pensar como você a via antes da infidelidade. Ela costumava tentar fazer o que era certo? Sentia-se mal quando magoava você? Se a sua resposta for "sim" ou "na maioria das vezes", então a *compartimentalização* pode, em parte, explicar como ela lidou com as próprias emoções enquanto mantinha o relacionamento extraconjugal e o segredo de você. Se ela consegue *compartimentalizar* uma parte tão importante da vida, ela se comprometeria a viver uma vida mais integrada se vocês considerassem continuar juntos?

## POR QUE A PESSOA QUE AMO NÃO CONSEGUE TERMINAR O RELACIONAMENTO EXTRACONJUGAL?

Se seu par continua o relacionamento extraconjugal e se recusa a terminá-lo, provavelmente você está enfrentando muitas dúvidas difíceis. Deve dar um ultimato com data marcada? Dizer que quer se separar? Ficar esperando "para ver no que dá" e confiar que a pessoa vai cair na real e voltar para o relacionamento, ou esperar que a atração pela outra pessoa esfrie naturalmente? Ao lidar com essas dúvidas, talvez seja interessante revisar o Capítulo 4, que fala sobre como agir quando o relacionamento extraconjugal ainda está em curso. As decisões sobre como lidar com a infidelidade nessas situações podem depender, em parte, do motivo pelo qual seu par reluta ou se nega a terminar a outra relação.

## Lados positivos do relacionamento extraconjugal

Casos extraconjugais muitas vezes reafirmam o sentimento de ser desejável e oferecem uma fuga das complicações da vida ou um escape de conflitos em outras áreas, inclusive em casa. O caos emocional que frequentemente toma conta do relacionamento do casal depois da infidelidade descoberta pode forçar a pessoa que traiu a escolher entre uma relação que parece gratificante e um relacionamento que se tornou profundamente angustiante, com uma pessoa magoada e irritada. Escolher a segunda opção significa enfrentar grande desconforto a curto prazo, na esperança de que algo mais valioso possa ser restaurado ou construído a longo prazo.

## Vínculo emocional com a pessoa de fora

Se o relacionamento extraconjugal durou mais do que um breve período, é possível que seu par tenha desenvolvido forte vínculo emocional com a outra pessoa. No início das relações, a idealização da pessoa de fora e a paixão são comuns. No entanto, um caso que dura meses ou até anos pode amadurecer e ultrapassar a paixão, evoluindo para um carinho mútuo profundo. Uma vez que tal relacionamento se desenvolve, fica muito mais difícil terminá-lo. Seu par também pode se sentir responsável pelo bem-estar emocional da outra pessoa. Não esperamos que você tenha empatia por essa terceira pessoa, mas pode ser importante reconhecer quais sentimentos seu par ainda nutre por ela, o que poderia estar contribuindo para a dificuldade encontrada em encerrar esse relacionamento.

> *Sofia sempre gostou de cuidar das pessoas. Seu marido, Tanner, era um bom provedor, mas emocionalmente distante. Sofia conheceu Justin logo após a morte da esposa dele, e*

*os dois começaram a ser voluntários juntos no programa de cuidados paliativos da comunidade. Sofia se sentiu atraída por Justin não apenas por sua natureza gentil e bondosa, mas também por sua óbvia carência emocional. Quando eles transaram pela primeira vez, alguns meses depois de se conhecerem, ela se sentiu profundamente envolvida, de uma forma que não se sentia há anos.*

*Quando Tanner descobriu a traição, insistiu que ela terminasse o caso imediatamente. Sofia concordou, mas sua promessa se mostrou difícil de manter. Justin mandava mensagens diariamente dizendo o quanto a amava e que precisava pelo menos vê-la. Sofia consentiu, e vários encontros secretos se seguiram. Não houve mais sexo, mas Sofia ansiava pela conexão emocional que eles tinham, e a solidão em casa era insuportável.*

## Pessimismo sobre o futuro do relacionamento principal

A relutância em encerrar o relacionamento extraconjugal também pode ser influenciada pelas dificuldades do relacionamento principal e pelo pessimismo em relação à melhora. Se certos desentendimentos de longa data contribuíram para que seu par estivesse mais suscetível a cometer infidelidade, pode ser mais difícil para ambos se comprometerem com o relacionamento agora. Seu par também pode estar avaliando o futuro da relação entre vocês baseando-se na turbulência emocional atual, em vez de considerar momentos anteriores em que tudo era menos caótico e mais satisfatório.

Qual esperança o seu par demonstra sobre a capacidade de superar o trauma juntos? Seu par lembra de épocas passadas em que tudo estava significativamente melhor? Você consegue comunicar sua própria esperança realista de como podem restaurar ou criar um relacionamento melhor para ambos?

## Incapacidade ou falta de vontade de se comprometer

Talvez a pessoa que cometeu infidelidade não queira se comprometer com um relacionamento monogâmico. Talvez esteja disposta a não ter mais relações sexuais com a outra pessoa, mas insiste no direito de continuar mantendo uma amizade próxima. Pode acontecer também de a pessoa jurar fidelidade, mas continuar suscetível a trair por algum dos motivos que descrevemos antes. Além de avaliar o que levou seu par a cometer infidelidade, se o relacionamento extraconjugal continuar, você precisará avaliar a capacidade de comprometimento dele agora e no futuro, bem como o que você deseja daqui para a frente.

## POR QUE A PESSOA QUE AMO NÃO CONSEGUE SEGUIR EM FRENTE?

Para seguir em frente depois que um relacionamento extraconjugal acaba, vocês precisam superar o trauma da infidelidade e trabalhar juntos para entender como ela aconteceu. Também é preciso que, em algum momento, vocês consigam deixar os pensamentos e sentimentos sobre a infidelidade em segundo plano, enquanto constroem um futuro juntos. Ambos podem enfrentar dificuldades em qualquer uma dessas etapas.

### Superando o trauma

Vocês podem continuar enfrentando os desafios descritos na Parte I deste livro. As pessoas que cometeram infidelidade muitas vezes percebem o quanto o outro continua magoado, e sua relutância em discutir sobre o caso pode ser resultante do medo de mexer em feridas antigas. Vocês têm uma sensação de esgotamento contínuo em razão da turbulência no relacionamento? Como podem trabalhar juntos para tornar as discussões sobre o assunto menos traumáticas para ambos?

A pessoa que cometeu infidelidade também pode estar enfrentando sentimentos difíceis. Por exemplo, sofrer por ter terminado o relacionamento com a pessoa de fora, com quem criou um vínculo emocional, mas também reconhecer o quanto pode ser difícil para você ouvir sobre esses sentimentos. Outras vezes, as pessoas que cometeram infidelidade lidam com frustrações com o relacionamento conjugal, mas não se sentem no direito de expressá-las por causa da traição. Às vezes, lutam contra a culpa e a vergonha por suas próprias ações, o que pode dificultar ou tornar doloroso discutir a dor que causaram.

Tente conversar com seu par sobre a relutância em falar sobre a infidelidade. O que está dificultando?

## Entendendo como o relacionamento extraconjugal começou

Às vezes, as pessoas que cometeram infidelidade acham difícil tentar entender como o relacionamento extraconjugal aconteceu — "Simplesmente aconteceu, é tudo o que eu sei". Seu par pode estar relutante ou incapaz de descrever os sentimentos que tinha em relação a você, ao relacionamento de vocês ou à pessoa de fora.

> *Ellie tentou conversar com Lacey, sua parceira, sobre os motivos da infidelidade, mas acabou se frustrando. "Ela diz que quer saber o que me levou a isso, mas, na verdade, não quer. Quando falo sobre a solidão e o desespero que sentia, ela responde: 'Como você acha que eu me sinto agora?'. Sei que a magoei profundamente, mas tentar falar sobre o que faltava em nosso relacionamento parece machucá-la ainda mais."*

Talvez a pessoa *não* queira falar sobre o assunto para evitar mais decepção e mágoa para você. Talvez tenha certeza de que vocês já falaram tudo o que precisava ser dito. Pense nas conversas que vocês tiveram a respeito dos motivos da infidelidade. Parece que vocês estão presos repetindo as mesmas perguntas, recebendo sempre as mesmas respostas? O que vocês considerariam um sinal de progresso nessas discussões?

## Deixando para trás pensamentos e sentimentos do passado

Seu par pode estar relutante ou achar difícil "esquecer o que aconteceu", assim como você. Talvez ele esteja remoendo ações do passado que magoaram você. Algumas pessoas que cometem infidelidade acreditam que um importante mecanismo de segurança para não "errar" no futuro é se lembrar constantemente de como erraram no passado. Inicialmente, você pode achar a culpa da pessoa reconfortante, como uma proteção contra futuras traições, mas talvez isso impeça vocês de seguirem em frente juntos. Se essa for sua situação, converse com seu par sobre o que você precisa *agora* no relacionamento e explique que isso é diferente do que você precisava na época em que descobriu a infidelidade. Essa jornada é contínua, e as necessidades de cada um mudam com o tempo. Façam o possível para que nenhum dos dois paralise em algum ponto do processo, para que possam decidir sobre o futuro de forma produtiva. Como vocês querem seguir em frente? Seria encontrando uma maneira de se reconectar e até redescobrir a alegria e a espontaneidade? Com o que cada um de vocês pode contribuir agora e que não podia antes?

> *Becky (do caso que descrevemos no início deste capítulo) não conseguia entender a traição de Nick. Ele, acima de todos, sempre foi alguém com quem ela podia contar. Nos meses após a descoberta da infidelidade, Nick e Becky conversaram sobre a distância que havia crescido gradualmente entre eles, tanto emocional quanto fisicamente. Nick se negava a enxergar os defeitos do relacionamento, mas Becky finalmente o convenceu de que se importava menos com a "culpa" pelo distanciamento e mais em encontrar maneiras de superá-lo. Nick foi quem traiu, mas ambos criaram esse distanciamento.*
>
> *Nick tinha muita vergonha por ter traído Becky e relutava em tentar achar uma explicação que pudesse "facilitar" a compreensão porque não queria que fosse "fácil". Com o apoio de Becky, ele gradualmente confrontou problemas antigos envolvendo inseguranças que tinha desde a adolescência. Becky "superou" a traição de Nick após compreender melhor as necessidades do parceiro que contribuíram para a ocorrência da infidelidade. Além disso, com o tempo e com muito esforço, eles reconstruíram a proximidade que desejavam e criaram salvaguardas para não se afastarem.*

## Construindo um futuro juntos ou separados

Vocês não conseguirão criar um futuro melhor juntos se não acreditarem, minimamente, que esse futuro é possível. Uma vez que a relação extraconjugal tenha terminado, o pessimismo pode atrapalhar a construção de um relacionamento mais satisfatório. Se você se encontrar nessa posição, tente entender com seu par as razões pelas quais vocês precisam se unir para trabalhar no processo de cura. Falem sobre as vantagens que imaginam para ambos com relação a esse processo e a confiança realista que vocês têm em sua capacidade de o fazer. Se o seu próprio pessimismo desencorajou o outro de tentar um futuro juntos, considere o que seria necessário para desafiar esse sentimento e promover a esperança para ambos.

## EXERCÍCIOS

Se vocês estão trabalhando neste livro juntos, façam os exercícios a seguir separadamente, mas, depois, combinem um horário para comparar e discutir suas respostas.

**EXERCÍCIO 8.1** **Questões pessoais de quem cometeu infidelidade que contribuíram para sua ocorrência**

Liste os principais aspectos da pessoa que aumentaram a suscetibilidade dela de cometer infidelidade e considere características negativas e positivas. Quais dessas características estão presentes há muito tempo e quais se desenvolveram recentemente? Em quais pontos ela precisaria mudar para que essas características não representassem mais uma ameaça ao relacionamento?

Exemplo de relato da pessoa que foi traída:

*"Lani é extrovertida e sabe ouvir muito bem. Às vezes, os colegas de trabalho a procuram para conselhos amorosos, mas ela precisa estabelecer melhor os limites dessas conversas, pois, eventualmente, levam a assuntos pessoais mais profundos e ultrapassam limites."*

Exemplo de relato da pessoa que cometeu infidelidade:

*"Nunca tive autoconfiança e agora reconheço como isso me deixou mais vulnerável a pessoas que me davam muita atenção. Preciso trabalhar minha insegurança para me fortalecer e permanecer 100% fiel no meu relacionamento."*

**EXERCÍCIO 8.2** **Questões pessoais de quem cometeu infidelidade que facilitam ou dificultam a recuperação**

Faça duas listas. Em primeiro lugar, liste as características da pessoa que cometeu infidelidade que podem dificultar a recuperação ou torná-la mais propensa a uma traição futura.

Exemplo de relato da pessoa que foi traída:

*"Depois que teve uma relação extraconjugal, Jon prometeu trabalhar menos e se dedicar mais ao nosso relacionamento, mas, ultimamente, tem voltado aos velhos hábitos. Preciso que ele repense seus limites em relação ao trabalho; caso contrário, não posso confiar que não aconteça novamente."*

Exemplo de relato da pessoa que cometeu infidelidade:

*"Quando vejo como Miguel continua arrasado pela minha traição, me sinto dominado pela culpa e só quero me esconder, mas percebo que meu afastamento piora tudo para ele. Preciso encontrar um jeito mais eficaz de lidar com esses sentimentos ruins para continuar trabalhando na reconstrução do nosso relacionamento."*

Em segundo lugar, liste os pontos fortes ou as qualidades positivas da pessoa que cometeu infidelidade que podem ajudar na recuperação ou proteger o casal de uma traição futura.

Exemplo de relato da pessoa que foi traída:

*"Uma coisa que sei sobre a Rilley é que, se cometeu um erro no passado, ela assume a responsabilidade, descobre o que precisa mudar e se compromete a fazer essas mudanças, por mais difíceis que sejam."*

Exemplo de relato da pessoa que cometeu infidelidade:

*"Ter um relacionamento extraconjugal foi uma decisão horrível. Eu não só traí meu parceiro, mas também fui contra meus próprios valores. Posso me esforçar para restaurar minha própria integridade fazendo o que for preciso para reconstruir a confiança em nosso relacionamento."*

# 9
## Qual foi o meu papel?

*Quando Kelly soube que Matt foi visto em um restaurante chique com uma ex-namorada, ela simplesmente não acreditou. Mesmo assim, tocou no assunto com Matt, que negou tudo. Dois meses depois, uma amiga próxima contou a Kelly sobre três ocasiões em que viu Matt jantando com a mesma mulher. Kelly confrontou Matt com as novas informações, e ele finalmente admitiu que tinha reencontrado a antiga paixão seis meses antes e que eles tinham ficado juntos várias vezes desde então.*

*Kelly ficou desorientada e angustiada. Como podia ter sido tão ingênua e não desconfiar? Eles andavam brigando ultimamente, mas ela nunca imaginou que pudesse chegar a esse ponto. Estava tão furiosa que jurou ligar para um advogado no dia seguinte, mas não ligou; não sabia o que queria. O que Matt esperava do relacionamento agora? Ele disse que precisava de mais intimidade, mas Kelly estava afastando-o. Matt reclamava que ela nunca demonstrava desejo e que o criticava quando achava que ele tinha feito algo errado. "Você não está sendo justo", Kelly disse. "Combinamos de focar nas nossas carreiras até ter mais tempo um para o outro daqui a um ou dois anos".*

*Matt achava que não podia esperar tanto tempo, e a vontade de Kelly de reacender a intimidade entre eles tinha evaporado. Será que ela foi cega? Tinha certa culpa pela traição de Matt? Conseguiria reconquistá-lo — e queria mesmo tentar?*

Kelly não era responsável pela decisão de Matt de ter um caso, não importa quão desatenta, cansada ou crítica ela pudesse ter sido. Matt é que escolheu reagir à insatisfação se envolvendo com outra pessoa. Poderia ter sido mais claro com Kelly sobre seu descontentamento, perguntado o que podia fazer para ajudá-la a ter mais disposição ou sugerido que procurassem ajuda de um terapeuta. No entanto, se Kelly quisesse salvar o casamento, precisava entender como seu comportamento pode ter contribuído para que o relacionamento ficasse mais propenso à infidelidade, assim como os dois precisavam pensar no papel de Matt e nos fatores internos e externos que podem ter influenciado a relação entre eles. Kelly não precisava concordar com a visão de Matt sobre ela e o relacionamento, mas precisava entender qual era essa visão.

O objetivo principal deste capítulo é ajudar você que sofreu a traição a considerar qual foi o seu papel no relacionamento antes, durante e depois da infidelidade. A pessoa que cometeu infidelidade também deve ler este capítulo, especialmente a seção "Mensagem especial para a pessoa que cometeu infidelidade", sobre como apoiar você nesse processo.

O trabalho que estamos sugerindo é muito difícil. Mesmo que seu par tenha garantido não haver nada de errado, dê um passo para trás e reflita sobre o relacionamento com cuidado. Pense no que você poderia ter feito para fortalecer a relação, sabendo o que sabe agora. Algo foi um empecilho para que você fosse o parceiro ou a parceira que realmente queria ser? Se quer recuperar o relacionamento, o que seria exigido de você agora e daqui a seis meses ou um ano?

Se, ao ler essas perguntas, você já sente toda a dor e raiva que sentiu logo depois de descobrir a traição, talvez ainda não seja o momento para fazer esse trabalho. Lembre-se: entender os *motivos* da infidelidade não é dar *desculpas*, assim como *entender* a perspectiva do outro não é *concordar* com ela. Mesmo que decida terminar esse relacionamento, o autoconhecimento pode ajudar você a ter mais intimidade e segurança em relacionamentos futuros.

## MENSAGEM ESPECIAL PARA A PESSOA QUE COMETEU INFIDELIDADE

Sendo a pessoa que cometeu infidelidade, você tem dois papéis importantes nessa fase do processo de recuperação. Em primeiro lugar, há informações únicas de que seu par precisa e só consegue obter com você. Só você sabe o que pode ter faltado no relacionamento ou o que desgastou aos poucos a sensação de proximidade ou esperança no futuro. Também é possível que você estivesse feliz com seu par e que nenhum problema do relacionamento tenha sido o motivo principal da infidelidade. Entretanto, considerando que você cometeu infidelidade e quer reconstruir a relação, ambos precisam pensar se o comportamento do outro pode ter criado ou aumentado os problemas que tornaram a infidelidade mais provável. O objetivo é identificar o que pode ser feito para evitar que isso aconteça no futuro.

Em segundo lugar, você precisa reconhecer que seu par não conseguirá passar por essa etapa importante de entender e se recuperar, a menos que você torne esse processo emocionalmente seguro. Fazer isso envolve o seguinte:

- assumir a responsabilidade pela infidelidade, independentemente do que estava acontecendo dentro ou fora do relacionamento;
- deixar claro para o outro que o objetivo de refletir sobre o papel dele não é culpá-lo, mas esclarecer o que é necessário para construir um relacionamento melhor e mais forte juntos;
- ser sensível à dor da pessoa que ama e expressar suas opiniões de forma que não a ataque nem sobrecarregue;
- ser paciente quando seu par reagir com raiva ou ficar na defensiva e esperar outro momento para continuar a conversa.

Nossa experiência mostra que as pessoas que cometeram infidelidade podem atrapalhar essa fase do processo de recuperação indo para um destes dois extremos: (1) culpar a outra pessoa ou o relacionamento para justificar suas atitudes, ou (2) não considerar o papel da outra pessoa, seja por medo de machucá-la ainda mais, seja por não querer negar a própria responsabilidade ou transferir a culpa. No entanto, se você não considerar a possibilidade de melhorar ou estiver relutante em fazer um esforço, *não há como* o relacionamento melhorar. Como terapeutas de casais, afirmamos: **traumas de relacionamentos como a infidelidade podem promover mudanças importantes nas duas pessoas, mudanças que talvez não sejam possíveis se ambos não trabalharem bem nessa fase.**

Se você se dispõe a refletir sobre o papel da pessoa que foi traída no relacionamento, mas ela não, explique por que isso é importante e o que você espera desse processo para ambos. Se o outro ainda não está pronto para explorar as questões deste capítulo, deixe clara a sua vontade de esperar, assim como sua esperança de que possam fazer isso juntos em um futuro próximo. Depois, leia este capítulo por conta própria.

## A CULPA FOI MINHA?

Você não tem culpa pela infidelidade do seu par. Mas será que pode ter contribuído para colocar o relacionamento em risco? Talvez. Seja qual for o seu objetivo agora – se é manter o relacionamento atual ou evitar um trauma semelhante em futuras relações –, você precisa pensar se contribuiu de alguma forma para que o relacionamento não estivesse tão bem quanto gostaria. Enquanto lê as próximas páginas e faz o Exercício 9.1, pense em quais comportamentos e atitudes as pessoas que foram traídas podem manifestar e que aumentam as chances de infidelidade da outra parte. Por exemplo:

- dificuldade para atender às necessidades de intimidade ou crescimento pessoal do outro;
- expectativas ou exigências irreais;
- comportamentos negativos muito frequentes ou intensos;
- dificuldade para se recuperar de desilusões ou conflitos no relacionamento;
- dificuldade para lidar com formas de pensar e sentir diferentes das suas;
- relutância em aceitar seu papel nas dificuldades do relacionamento.

### Será que não supri as necessidades do meu par?

Você não conseguirá atender a todos os desejos ou todas as expectativas do outro – esse não é o seu papel. A única coisa que pode fazer – e que ambos podem fazer – é se esforçar para atender às necessidades do casal da melhor forma possível, cuidar um do outro e nutrir o relacionamento. No Capítulo 6, descrevemos várias qualidades importantes para a maioria dos casais: conexão emocional, intimidade física e oportunidades para crescimento e realização pessoal. Sabendo o que sabe agora sobre seu par e sobre relações saudáveis, como você poderia melhorar o seu relacionamento?

Considere o envolvimento emocional do casal. Quão importantes foram a conexão emocional e a intimidade para vocês no passado? Houve momentos em que a pessoa queria sua companhia, mas você achou mais importante terminar algum trabalho? Vocês dividiram a responsabilidade de criar oportunidades para estarem juntos? Estava faltando intimidade física no relacionamento? Seu par preferia um tipo de intimidade física diferente da sua preferência, como mais contato não sexual, abraços ou mãos dadas? Considere também as necessidades de crescimento pessoal da pessoa. Você deu atenção às frustrações e aos sonhos dela, apoiando-a nos momentos bons e ruins? Mesmo com toda a sua boa vontade e todo o seu esforço, você sentiu que, às vezes, não conseguiu criar a intimidade e apoiar o crescimento pessoal do outro da forma que desejava? Se sim, o que você pode fazer de diferente no futuro?

> Um vazio tomou conta de Alana depois do falecimento da mãe. Os filhos estavam formando a própria família, e o marido, Carlos, parecia absorvido nos seus negócios, que prosperavam cada vez mais. Carlos percebeu que Alana estava sofrendo, mas não sabia como reagir. Ela sempre foi extremamente independente, e Carlos nunca imaginou que Alana se sentiria tão desesperada a ponto de o trair.

## Eu me distanciei?

Você não foi responsável pela infidelidade do outro, mas pode ter contribuído com brigas dolorosas ou permitido que estresses externos tivessem um impacto destrutivo no seu relacionamento. Como seu par descreveria sua forma de lidar com as diferenças entre vocês? Pense em situações que o deixaram claramente triste; você conseguiu reconhecer os sentimentos dele sem levar o foco para suas próprias reclamações? Quando você ficava triste, conseguia expressar seus sentimentos de forma construtiva? Independentemente de qualquer desentendimento, vocês fizeram o necessário para proteger o relacionamento de estresses externos? Identifiquem o que vocês precisam fazer de diferente para evitar que influências externas coloquem seu relacionamento em risco de agora em diante.

Quais expectativas você tinha para o relacionamento? Embora ter expectativas altas em relação à sua família possa ser bom, expectativas ou exigências *em excesso* podem alimentar ressentimentos ou fazer a outra pessoa acreditar que nada do que ela fizer será bom o suficiente. Como você expressava seus desejos e suas necessidades? Seu par conseguia atendê-los na maioria das vezes?

> *Alexa e Logan se conhecem desde a sétima série e casaram dois anos depois de se formarem na faculdade, mas seus caminhos começaram a divergir. Ela iniciou uma pós-graduação na área da veterinária e ele assumiu uma parte da fazenda da família. Alexa ficou decepcionada com a falta de ambição de Logan, que parecia contente em viver uma vida tranquila e modesta como a dos pais. Ela queria mais para eles e incentivou Logan a buscar parcerias em fazendas vizinhas que estavam disponíveis. Quanto mais ela pressionava, mais ele se fechava. Alexa passou a chegar muito tarde em casa por causa de suas responsabilidades no trabalho, e Logan percebeu que ela parecia mais distante no sexo, que já era pouco frequente. Logan se sentiu cada vez menos desejado e menos valorizado. Com o passar de um ano, ele teve um caso com uma mulher que conhecia desde o ensino médio.*

## O que a outra pessoa tem que eu não tenho?

A pessoa com quem seu par teve um relacionamento extraconjugal pode ter muitas características que você não tem, mas um aspecto em particular se destaca: *ela tinha o benefício de estar em uma relação focada apenas no prazer mútuo, sem as responsabilidades e os desafios que um relacionamento de longo prazo costuma ter.* Esse, mais do que qualquer outro aspecto, é a diferença entre um relacionamento extraconjugal e o relacionamento principal. Também explica por que não é justo tentar competir com a pessoa de fora, pois seus papéis são diferentes. É importante que você e seu par não façam comparações irreais e injustas.

É claro que a outra pessoa pode ter características que você nunca terá. Por exemplo, você não pode mudar sua idade nem escolher seu tipo físico e, muitas vezes, não é possível mudar certos aspectos de aparência e de saúde. Além disso, pode ser difícil se igualar ao *status* profissional, à renda ou ao tempo livre da pessoa de fora. Provavelmente, você não conseguirá sempre estar no seu melhor, parecer feliz, evitar assuntos complicados, expressar admiração pelo seu par ou dar espaço, quando necessário.

Relacionamentos extraconjugais são tão diferentes por natureza do relacionamento principal que não faz sentido compará-los para descobrir qual é melhor a longo prazo. Da mesma forma, o papel da pessoa de fora e o seu são diferentes – é inútil compará-los.

## O que posso fazer para mudar?

Provavelmente, todos nós podemos ser parceiros melhores sendo mais conscientes, pacientes, atenciosos ou compreensivos. Os objetivos de entender seu papel no relacionamento são refletir com atenção sobre o que é importante para você e como você acredita que casais podem cuidar melhor um do outro e avaliar cuidadosamente como você pode se aproximar do tipo de parceiro ou parceira que aspira a ser. Considere as preocupações e a perspectiva de seu par sobre a relação, mas também pense o que é ter um relacionamento saudável, a seu ver, e o que isso exigiria de você.

Entender seus próprios padrões de relacionamento ao longo da vida pode oferecer uma perspectiva diferente sobre o que você gostaria de continuar fazendo no seu relacionamento atual e o que gostaria de mudar. Por exemplo, como você desenvolveu seus meios de lidar com sentimentos difíceis, informar suas necessidades e se envolver emocional ou fisicamente? Como seus pais expressavam sentimentos um pelo outro e resolviam conflitos ou tomavam decisões juntos? Em sua família, as pessoas costumavam agir de forma independente, sem colaborar ou compartilhar decisões e atividades entre si? Reconhecer os padrões do seu passado pode conferir mais controle às suas decisões no futuro.

Por fim, tenha em mente o princípio do equilíbrio. Qualquer característica pessoal, levada ao extremo, pode não servir a você ou ao relacionamento. Por exemplo, talvez seu otimismo tenha impedido você de reconhecer problemas importantes surgindo. Talvez sua ética de trabalho ou senso de responsabilidade pelos outros podem ter deixado você com pouca energia física ou emocional para o relacionamento. Com o intuito de decidir o que fazer para ser um parceiro ou uma parceira melhor, considere seus pontos fracos e fortes e como usar suas qualidades de forma mais eficaz para sua relação.

> *Depois de saber da traição de Jillian, Connor ficou chocado e com muita raiva, mas não queria perdê-la. Ela afirmou que também não queria perdê-lo, mas disse que os dois haviam se afastado muito e que se sentia em um barco à deriva, sozinha e sem rumo, enquanto Connor parecia alheio à sua angústia. Connor e Jillian trabalhavam 12 horas por dia, às vezes por semanas a fio. Eles gostavam de desafios e se davam bem juntos. Porém, no ano anterior, tudo mudou. Connor lembrava vagamente de Jillian reclamando que estava estagnada na carreira, trabalhando muito e sem reconhecimento. Ela também ficava chateada quando ele trabalhava em casa nos finais de semana.*
>
> *Jillian se arrependia da infidelidade e não culpou Connor. Pediu que ele a perdoasse e que tentassem resolver os problemas juntos. Connor entendeu que precisariam fazer grandes mudanças em suas vidas. Para o relacionamento dar certo, o casal deveria fazer escolhas diferentes. Connor nunca fugiu de desafios e não fugiria desse.*

## EU DEVERIA TER DESCONFIADO?

Relacionamentos íntimos são construídos, em parte, com base na confiança. Descobrir uma infidelidade é muito traumático porque costuma ser inesperada. Você pode estar se perguntando "Como pude ser tão idiota e confiar?", mas não há nada de idiota nisso. A confiança em um relacionamento a dois é mais do que positiva, é essencial para a segurança e a intimidade emocional.

Ao mesmo tempo, talvez você não tenha detectado sinais claros sobre a possível infelicidade ou o comprometimento vacilante do outro. Não estamos falando sobre evidências que você poderia ter descoberto se tivesse desconfiado e assumido o papel de detetive. Estamos nos referindo a situações em que a pessoa expressou o quanto estava desiludida, fez menções sobre terminar o relacionamento ou demonstrou desconsideração por expectativas importantes na relação. A pergunta a se fazer não é "Eu poderia ter descoberto antes se tivesse desconfiado?", e sim "Não fui capaz de ver sinais de problemas no relacionamento? Eu poderia ter feito algo antes em relação a esses problemas?". Alguns sinais podem ter indicado a infidelidade ou a angústia do outro e precisavam ser abordados.

Alguns indícios são mais claros, como deixar de convidar você para eventos sociais que costumavam frequentar juntos. Essa pode ser uma forma de evitar encontrar a terceira pessoa ou outras pessoas que possam saber da infidelidade. Há quem pare de informar como pode ser contatado quando está fora, seja durante a noite ou quando está viajando. Outros sinais podem ter passado despercebidos ou ter sido ignorados por você? Seu par expressou que estava infeliz e tentou conversar sobre isso? Você percebeu um afastamento físico (por exemplo, afastando-se dos seus toques ou não mostrando mais interesse em intimidade sexual)? Se agora você consegue ver que havia indícios, por que não conseguia reconhecê-los e conversar sobre eles antes? Por exemplo, talvez a infelicidade da pessoa que ama tenha sido tão aflitiva que você não conseguia falar sobre os problemas diretamente. Talvez você tenha subestimado esses problemas ou esperava que passassem com o tempo.

Sabendo o que sabe agora, reserve um tempo para refletir sobre o que seria necessário para você ser vigilante de maneira saudável, não desconfiando de tudo, mas estando alerta aos primeiros sinais de problemas no relacionamento que poderiam ser abordados com seu par.

## EU PODERIA TER IMPEDIDO?

Se a pessoa está determinada a ter um relacionamento extraconjugal, provavelmente há pouco que a outra possa fazer para impedi-la. Assim como você não foi responsável pela infidelidade, é provável que não pudesse impedi-la. No entanto, talvez algumas coisas que você fez (ou não fez) podem ter facilitado o início ou a continuação do caso, ou, ainda, dificultado o término.

### Fui condescendente demais?

Relacionamentos saudáveis têm limites que envolvem expectativas sobre como vocês interagem um com o outro e com outras pessoas, incluindo amigos e colegas de trabalho. A relação pode ficar mais propensa à infidelidade quando esses limites não são claros ou quando violações são minimizadas ou ignoradas. Ser muito condescendente com comportamentos do outro é, por exemplo, ignorar flertes com outra pessoa. Quando seu par começa a desrespeitar o que vocês combinaram e não assume a própria responsabilidade, é importante você intervir, expressar sua preocupação e ajudar a restabelecer o combinado juntos.

Quando crescem em famílias sem limites adequados, algumas pessoas não percebem a importância de tê-los. Havia limites entre sua família e as pessoas de fora? Eram claros e adequados? Você se lembra de ter visto seu pai ou sua mãe demonstrando muito afeto por outras pessoas? Talvez você se lembre de vezes em que eles revelaram muitos detalhes sobre assuntos pessoais ou familiares para outras pessoas. É principalmente dentro da família que os indivíduos aprendem a estabelecer o que não pode ser ultrapassado. Se você testemunhou apenas limites fracos ou ruins, pode ser difícil estabelecê-los de forma saudável no seu relacionamento. Por outro lado, se presenciou limites excessivamente rígidos no passado, ou até mesmo controladores (por exemplo, a pessoa se opunha a você sair com seus amigos, a menos que ela estivesse junto), você pode ter dificuldade em identificar, na sua relação atual, os pontos além dos quais vocês não devem prosseguir.

Também pode ser que os limites acordados entre o casal sejam intencionalmente mais flexíveis e "abertos" do que em relacionamentos mais tradicionais e monogâmicos. Nesse caso, talvez seja muito difícil conversar sobre seus problemas conjugais com amigos ou familiares, pois eles podem não se sentir confortáveis ou não concordar com os limites do seu relacionamento.

> *Ao longo de alguns meses, a relação entre Peyton e Jules evoluiu de uma amizade próxima para uma relação íntima. Cada uma manteve suas amizades próximas com outras mulheres, mesmo que tivessem envolvimento íntimo. Quando Jules começou a sair com uma dessas mulheres nas noites em que Peyton precisava trabalhar, Peyton tentou não sentir ciúmes. Ela e Jules haviam concordado em envolver-se emocionalmente com outras mulheres, mas não transar. Mais tarde, quando Jules contou que estava tendo relações sexuais com a amiga, Peyton se sentiu profundamente magoada, mas também se questionou se sentir ciúmes não era "muito ultrapassado".*

Quando você e seu par tentam definir limites ao interagir com outras pessoas, pode ser difícil saber o que vai funcionar, o que vai parecer adequado e se esses limites estarão alinhados com seus valores. O importante é conversar com honestidade sobre seus sentimentos à medida que vocês interagem com os outros. O ciúme sinaliza uma sensação de ameaça à relação; alguém parece estar conseguindo o que você quer que fique apenas entre o casal. Prestar atenção ao ciúme é importante, não porque seja ruim, mas para que você possa reconhecer essa sensação e refletir sobre ela. Dessa forma, pode decidir se a situação que causou o ciúme realmente ameaça seu relacionamento, se ainda está confortável com os limites estabelecidos, ou se o ciúme é apenas uma sensação passageira que deve diminuir com o tempo.

Talvez os limites apropriados para você e seu relacionamento sejam do seu conhecimento, mas você não soube o que fazer quando percebeu que estavam sendo desrespeitados pela primeira vez. Muitas pessoas negam ou minimizam os sinais de alerta de uma traição porque esses sinais as deixam muito desconfortáveis. Falar sobre isso os traz à tona e parece torná-los mais reais. Talvez você temesse falar sobre seus incômodos e acabar afastando a pessoa que ama, fazendo-a aproximar-se ainda mais da relação que você suspeitava. Ainda, talvez você temesse ser visto como uma pessoa ciumenta demais e tão insegura a ponto de não aceitar que seu par tenha amigos.

Evitar discussões difíceis sobre os limites do relacionamento pode reduzir o desconforto a curto prazo, mas, a longo prazo, essa atitude pode torná-lo mais propenso à infidelidade. Vocês tinham acordos claramente estabelecidos sobre envolvimento emocional, flertes ou relações sexuais com outras pessoas? Se em alguns momentos seu par desrespeitou esses acordos, vocês conversaram de maneira não agressiva?

> Carla nunca se sentiu à vontade com as brincadeiras de Jabari com outras mulheres. Quando tentou conversar sobre isso, ele a acusou de ser "exagerada", o que a fez se questionar se ele estava certo. Carla era tímida em interações sociais, e o jeito galanteador de Jabari foi um dos motivos que a atraíram no início. Ela passou a ficar desconfortável com isso, mas, mesmo assim, preferia não criar confusão e ficava quieta. Afinal, toda vez que o confrontava, ele zombava e dizia para ela "relaxar". Depois de descobrir a traição, Carla se sentiu uma boba. Por que não havia escutado sua intuição? Jamais permitiria que alguém a tratasse com tanto desrespeito de novo.

Mesmo sabendo da infidelidade, talvez você ainda tente ignorar sinais de que o caso continua ou que outro pode estar começando. As pessoas escolhem não enfrentar uma traição em andamento por vários motivos. Algumas tentam segurar o relacionamento ou manter a ilusão de que "está tudo bem". Outras querem preservar sua autoestima, evitar que os filhos descubram a infidelidade, ou manter a imagem de um "casal feliz" para amigos e familiares. Se perceber que seu par continua interagindo com a outra pessoa, é importante estabelecer limites para se proteger e proteger seu relacionamento, conforme discutido no Capítulo 4.

## Será que eu ajudei a criar um clima favorável à infidelidade?

Essa é uma pergunta difícil de responder. É quase inevitável que a relação diária do casal fique tensa logo após a descoberta da infidelidade, mas, se essa tensão se prolongar por meses, o outro pode achar que o relacionamento não tem mais jeito, não importa o quanto se esforce. É normal sentir dor e raiva logo após uma traição; esperar que você simplesmente esqueça tudo e aja como se nada tivesse acontecido não é justo, mas se o ressentimento e a mágoa se tornarem constantes, a ponto de vocês se afastarem cada vez mais, ambos podem perder a esperança de salvar o relacionamento. Infelizmente, quem cometeu a infidelidade pode voltar a procurar a outra pessoa para fugir da dor que está causando a seu par ou por sentir falta daquela outra relação. Essa decisão é responsabilidade da pessoa que cometeu a infidelidade e não é saudável. Queremos ajudar você a entender que suas atitudes podem influenciar as decisões do outro, mas que não as causam.

> *Quando Mandy descobriu a traição de Trent, ficou furiosa e determinada a fazê-lo sofrer tanto quanto ela. Mandou-o sair de casa e, quando ele a olhou surpreso, insistiu que dormisse em um colchão na sala de estar. Os filhos adolescentes perguntaram o que estava acontecendo, e ela contou tudo o que sabia sobre a infidelidade do pai. Em seguida, contou à sua família e à família de Trent. Mandy cancelou todos os compromissos com amigos do casal, explicando que Trent*

"estava envolvido com outra pessoa". Em uma semana, Trent praticamente não tinha ninguém para conversar e poucos lugares para ir sem passar vergonha.

Trent terminou o relacionamento extraconjugal e informou Mandy, mas isso não fez diferença pelos dois meses seguintes. Mandy mal o reconhecia quando estavam em casa e anunciou que tinha consultado um advogado. Trent já havia desistido dos jantares em família, ficando no trabalho até tarde e comprando um sanduíche para jantar antes de voltar para casa. A pessoa com quem Trent cometeu infidelidade mandou uma mensagem perguntando se estava bem. Trent respondeu contando o quanto estava infeliz e, algumas semanas depois, o caso recomeçou.

Assim como a decisão de iniciar o relacionamento extraconjugal foi só de Trent, a decisão de retomá-lo também foi só dele. No entanto, a dor e a raiva de Mandy podem tê-la cegado para o fato de que sua reação dava pouca esperança a Trent de salvar o relacionamento, mesmo uma parte dela ainda querendo isso. Se você deseja que seu relacionamento tenha pelo menos uma chance de se recuperar, ainda que não tenha certeza se é isso que quer a longo prazo, pense na frequência e na intensidade com que você expressa sua dor e sua raiva para o outro ou o evita. Como você poderia temporariamente dar um passo atrás para recuperar o controle de seus sentimentos? Como o medo e a tristeza afetam sua capacidade de se comunicar com seu par de forma mais construtiva? É natural sentir muita mágoa, ansiedade ou raiva depois de descobrir uma traição, mas, no final das contas, é importante encontrar maneiras mais eficazes de lidar com esses sentimentos se você acha que quer continuar o relacionamento.

## MINHAS ATITUDES ESTÃO DIFICULTANDO NOSSA RECUPERAÇÃO?

Discussões intensas e falta de momentos positivos podem dificultar a recuperação de ambos, mesmo depois que o relacionamento extraconjugal acabou. Se terminou, mas vocês ainda vivem em um ciclo de brigas, repetindo as mesmas conversas dolorosas sem perceber evolução, é importante encontrar maneiras de seguir em frente. Da mesma forma, se você tem se afastado do seu par, talvez seja necessário mudar de atitude se quiserem continuar juntos. Pode ser que ele continue agindo de formas que ameaçam a segurança da relação, ou que outros problemas não resolvidos estejam mantendo vocês em constante conflito. No entanto, também é possível que algo acontecendo com você esteja dificultando a recuperação do casal. É importante analisar se é isso que está acontecendo e encontrar maneiras de lidar com a situação de maneira diferente. O Exercício 9.2 vai ajudar nesse processo.

## O que está dificultando minha recuperação agora?

Além do impacto traumático da infidelidade, pode haver aspectos em você que tornam a devastação inicial ainda pior do que poderia ser ou mais difícil de superar nas semanas ou nos meses seguintes. Compreender melhor esses aspectos pode ajudar em sua própria recuperação e ajudar seu par a ser mais paciente enquanto você tenta superar.

### MEDO DA VULNERABILIDADE

Você talvez ache a recuperação especialmente difícil porque, no fundo, ainda está em choque. Quanto mais confiança você tinha no seu par antes da traição, ou quanto mais difícil era *imaginar* que ele cometeria infidelidade, mais profundo provavelmente foi o trauma ao descobrir a traição. *Para superar isso, é preciso passar do "Não consigo acreditar!" para o "Preciso tentar entender".*

O trauma da infidelidade pode ser ainda pior se reabrir feridas antigas, que podem ter acontecido nesse relacionamento, em outros ou até mesmo na família. Traições repetidas, mesmo em outras situações, podem aumentar consideravelmente sua dor e fazer você ter medo de se abrir de novo. Pode parecer que a única maneira de sentir segurança, pelo menos por um tempo, é se distanciando emocionalmente, seja brigando ou se isolando. Entretanto, reconstruir a confiança exige correr riscos, e recriar a intimidade exige vulnerabilidade. Se um aspecto que está atrapalhando a reaproximação são situações de infidelidade do passado, conte isso para seu par. Falar sobre o assunto pode ajudar ambos a entenderem melhor a situação e diminuir a tensão entre o casal.

## CONVICÇÕES MORAIS

Ter valores fortes é bom tanto para o indivíduo como para o relacionamento. Quando alguém viola um valor fundamental como o compromisso com a fidelidade emocional e sexual, pode ser difícil juntar as qualidades positivas e negativas dessa pessoa em uma imagem completa que faça sentido. Às vezes, pode-se pensar: "Jurei que nunca ficaria com alguém que me traiu. Voltar atrás agora significa contrariar meus próprios valores". O problema com essa posição é que a infidelidade costuma envolver muitos valores que não levam, necessariamente, à mesma conclusão. Por exemplo, você pode ter dificuldade em conciliar seus valores conflitantes, que afirmam a importância da fidelidade sexual e a importância de enfrentar os desafios do relacionamento e lutar pela reconciliação.

Não pretendemos dizer quais valores você deve ter ou qual prioridade deve dar a eles, mas aconselhamos que pense em como você chega às decisões quando envolvem valores conflitantes. Se você valoriza a recuperação de relacionamentos íntimos, como pode incluir esse valor nas decisões que está tomando agora sobre o casal?

## ORGULHO E INFLUÊNCIA DOS OUTROS

Ninguém quer parecer bobo. Decidir trabalhar pela recuperação de um relacionamento depois de uma traição é difícil e pode ficar ainda mais complicado se outras pessoas dizem que fazer isso é ser "fraco", "bobo" ou que é um "grande erro". Esforçar-se para tomar uma decisão bem embasada a respeito do que fazer, seja qual for a decisão final, não é algo bobo nem prejudicial. Você não deve terminar o relacionamento para evitar que pareça fraqueza, assim como não deve continuar para parecer forte. Como os outros veem você não é tão importante quanto o que é melhor para você em termos de sua própria felicidade e seu bem-estar a longo prazo. Suas decisões devem ser baseadas em sua própria avaliação cuidadosa sobre o seu par, o relacionamento e as suas necessidades e dos seus filhos — não na opinião de familiares, amigos ou, menos ainda, de pessoas com interesses próprios. A perspectiva de pessoas que você valoriza e respeita pode ajudar com informações valiosas, mas, no final das contas, a decisão deve ser sua.

## Estou dificultando as coisas para o outro?

Seu par deve estar lidando com pensamentos e sentimentos confusos sobre a infidelidade, como aconteceu e o que aconteceu depois. Você não conseguirá resolver esses problemas pela pessoa, e não é sua responsabilidade facilitar as coisas para ela, mas você pode evitar dificultar ainda mais sua recuperação, por vocês dois.

### NÃO CONTROLAR AS EMOÇÕES

Com o tempo, é importante aprender a se cuidar e encontrar maneiras de se acalmar quando os sentimentos negativos ameaçam sair do controle. Repetir as mesmas perguntas sobre a infidelidade ou ter as mesmas discussões, com igual intensidade e sem qualquer progresso, pode esgotar seu par e você. Isso não significa que ele não tenha a responsabilidade de conversar com você sobre como ou por que cometeu infidelidade ou quais são as consequências agora. Significa que ambos são responsáveis pela forma *como* conduzem essas conversas e com que frequência.

Quando alguém nos magoa profundamente, é natural querer retribuir a dor, mas punir a pessoa ou cortar qualquer tipo de contato positivo são atitudes que não podem continuar para sempre. Não estamos dizendo que você deve reatar a intimidade física ou sexual antes de estar bem emocionalmente, mas quando o distanciamento emocional ou físico é usado como punição ou vingança, esses comportamentos podem se tornar destrutivos. Da mesma maneira, recusar conversas amigáveis, rejeitar gestos carinhosos ou evitar momentos positivos podem ser formas de expressar raiva ou se proteger da vulnerabilidade por um tempo, mas podem colocar em risco a possibilidade de reconstruir o relacionamento ao longo do tempo. Tanto você quanto seu par precisam ter motivos sólidos para acreditar que a relação pode ser boa novamente.

### PREJUDICAR A RELAÇÃO DA PESSOA COM OS OUTROS

Provavelmente vocês continuarão passando por momentos de conflito intenso ou distanciamento emocional por um tempo. Nesses momentos, seu par precisa ter pessoas *de confiança* para buscar apoio. É importante que você incentive o contato com filhos, família ou amigos próximos que apoiam vocês como casal. Falar mal de seu par para pessoas que já ofereceram apoio pode sabotar essa rede de suporte.

### NÃO CONSEGUIR LIDAR COM A INCERTEZA

A necessidade de entender a infidelidade até que ela "faça sentido" é resultante da crença de que, compreendendo completamente o ocorrido, seria possível evitar a recorrência ou parar de se questionar sobre o motivo. Porém, mesmo depois de o casal explorar todos os possíveis fatores que contribuíram para a infidelidade, ela pode continuar sem sentido para ambos. Em algum momento, praticamente tudo o que poderia ter contribuído para o caso já terá sido discutido. Continuar revivendo o passado a partir desse ponto é improdutivo, não confere segurança e pode até diminuir a esperança de que vocês consigam superar.

Você consegue aceitar que talvez nunca entenda *completamente* como a pessoa que ama pôde ter uma relação extraconjugal? Você nunca saberá exatamente por que ela escolheu esse caminho, já que poderia ter optado por *não* cometer infidelidade. É possível seguir em frente e reconstruir a confiança e a intimidade sabendo que não há garantia absoluta de que outra traição não venha a acontecer? Quais são os possíveis prejuízos para você e para o relacionamento se não conseguir superar isso?

## POSSO IMPEDIR QUE OUTRA TRAIÇÃO ACONTEÇA?

Se seu par estiver determinado a ter outro caso, não há nada a fazer para impedi-lo, mas é *possível* reduzir as chances de acontecer novamente. Você pode desafiar seu parceiro a lidar com as características pessoais dele que aumentaram o risco de infidelidade. É bem possível que você também consiga mudar suas próprias contribuições para o conflito e para a distância emocional ou física, ou reduzir a suscetibilidade a estressores externos que aumentam o risco de infidelidade. Além disso, é importante analisar suas características que podem dificultar a própria recuperação ou a do seu par e trabalhar para modificá-las. Talvez ambos precisem mudar a forma como interagem com os outros e com um ambiente difícil. Nenhuma dessas mudanças garante que outra traição não ocorrerá no futuro, mas podem reduzir bastante o risco.

Todos esses esforços da sua parte vão exigir certo nível de *confiança*, que, por definição, significa não ter certeza absoluta e seguir em frente mesmo assim. Se você optar por continuar o relacionamento, a confiança que precisa ter agora não é absoluta nem cega. É uma confiança calculada que reflete sua compreensão acerca dos possíveis fatores de risco e de qualquer evidência que tenha do compromisso do seu par em reconstruir um relacionamento baseado no cuidado mútuo, no respeito e na fidelidade. Decidir, de forma consciente, se vocês conseguem alcançar isso exigirá que você use tudo o que aprendeu até agora na Parte II deste livro.

> *Kelly, mencionada no início deste capítulo, começou tendo dificuldade em considerar seu próprio papel no relacionamento antes da traição de Matt. No entanto, à medida que ganhou mais controle sobre seus sentimentos e que sua intensa raiva diminuiu, ela começou a perceber os esforços de Matt para estar mais presente em casa, ouvir sua dor e responder às suas necessidades. Matt terminou o relacionamento extraconjugal uma semana depois que Kelly descobriu e parou de culpá-la pelos problemas do relacionamento, mas também evitou falar sobre eles. No início, Kelly se sentiu aliviada quando Matt deixou de apontar a infelicidade como motivo da traição, mas, no fim das contas, seu silêncio se transformou na preocupação de que eles não tinham realmente resolvido nada.*
>
> *Um ponto de virada aconteceu em uma noite em que Kelly disse a Matt que continuava profundamente magoada, mas estava ainda mais preocupada com o fato de que isso poderia destruir o relacionamento se não encontrassem uma forma de aprender com a situação. Depois de tentar, sem sucesso, fazer Matt conversar sobre como estava insatisfeito com a relação, Kelly exclamou: "Olha, neste momento estou mais aflita em resolver isso do que achar o culpado. Não podemos continuar assim – eu preocupada que você esteja muito infeliz para ficar, e você preocupado que eu esteja muito magoada ou com raiva para seguir em frente. Não teremos chance se não estivermos dispostos a conversar e ouvir. Preciso que você confie que estou pronta para fazer as duas coisas".*

*A recuperação do casal não foi fácil e exigiu muitas discussões difíceis. Os desafios de equilibrar as necessidades do relacionamento com as pressões de suas respectivas carreiras às vezes pareciam insuperáveis. Porém, enfrentar esses desafios juntos começou a gerar mais compreensão e proximidade, em comparação com a distância que ambos sentiam anteriormente.*

## EXERCÍCIOS

Se vocês estiverem trabalhando juntos até aqui, façam os exercícios a seguir separadamente, mas marquem um horário para comparar e discutir as respostas.

### EXERCÍCIO 9.1  Características da pessoa que foi traída que podem ter contribuído para a relação ficar mais propensa à infidelidade

Este exercício tem duas partes. Primeiro, pense no relacionamento antes da infidelidade. Faça uma lista apontando como a pessoa que foi traída (1) não estava atendendo necessidades importantes da pessoa que cometeu infidelidade, ou (2) não estava fazendo o que podia, de forma realista, para que o relacionamento funcionasse.

Exemplo de relato da pessoa que foi traída:

*"Devo admitir que, por estar mais ocupado no trabalho, quando chegava em casa, não me encontrava totalmente presente. Estava tão envolvido com meus próprios problemas que não parava para ouvir sobre o dia dela. Isso não justifica a infidelidade, mas consigo entender como ela pode ter sido atraída por alguém que parecia mais interessado em ouvir."*

Exemplo de relato da pessoa que cometeu infidelidade:

*"Melissa é emocionalmente intensa, e isso é uma das características que me atraíram. Porém, sempre que ficava frustrada comigo ou com qualquer outra pessoa, a reação*

*dela era demais para mim. Eu estava sempre nervoso e querendo fugir."*

Agora, pense na época em que o relacionamento extraconjugal estava acontecendo. Liste fatores que podem ter dificultado à pessoa que foi traída reconhecer que uma relação inadequada estava se desenvolvendo ou que tornaram mais difícil exigir o fim do relacionamento extraconjugal.

Por exemplo, a pessoa que foi traída pode perceber agora:

*"Sempre fui relutante em me defender. Tinha medo de que, se confrontasse meu parceiro com minhas suspeitas sobre o caso, de alguma forma, eu pareceria estúpido ou meu parceiro nem responderia, então fiquei quieto por muito tempo."*

A pessoa que cometeu infidelidade pode perceber agora:

*"Acho que ele me amava tanto que simplesmente não conseguia se permitir ver que minha 'amizade' com a outra pessoa não era apenas uma amizade. O desejo dele de manter vivo o sonho do nosso relacionamento o fez negar o que estava acontecendo e, por isso, não conseguíamos falar sobre o assunto."*

**EXERCÍCIO 9.2** **Características da pessoa que foi traída que ajudam ou impedem a recuperação**

Este exercício também tem duas partes. Primeiro, liste atitudes da pessoa que foi traída ou aspectos dessa pessoa que tornam mais difícil para o casal se recuperar da infidelidade.

Exemplo de relato da pessoa que foi traída:

*"Odeio o conflito causado quando digo o que preciso dizer ou faço as perguntas que preciso fazer. Há tanta coisa que realmente precisamos entender se quisermos superar, mas*

*não consigo trazer a situação à tona. Se não encontrarmos uma maneira de conversar sobre a traição com mais detalhes, tenho medo de ficar calado e triste para sempre."*

Exemplo de relato da pessoa que cometeu infidelidade:

*"Conheço Brandon. Sempre quer revidar quando se magoa, normalmente não segue em frente até se vingar. Sei que o machuquei muito e quero fazer o que puder para nos colocar de volta nos trilhos. Porém o fato de ele continuar me atacando repetidamente apenas aprofunda ainda mais a distância entre nós."*

Agora, liste pontos fortes ou qualidades positivas da pessoa que foi traída que podem ajudar na recuperação.
Exemplo de relato da pessoa que foi traída:

*"Mesmo sendo muito magoado, se vejo que podemos fazer a situação melhorar, vou me esforçar ao máximo para consertar tudo. Tento aprender com o passado, não viver nele."*

Exemplo de relato da pessoa que cometeu infidelidade:

*"Embora a distância entre nós seja dolorosa, é bom ver que Sonia está segurando firme e tentando nos manter unidas como família. Ela ainda me convida para participar de atividades e procura modos de incentivar meu envolvimento com as crianças. Isso requer muita resiliência."*

# 10
# Como entender toda a situação?

"Entender toda a situação" está mais relacionado a *como* tudo aconteceu do que *por que* aconteceu. Como seu relacionamento ou seu par se tornaram vulneráveis à infidelidade? O que contribuiu para essa situação? O que seria necessário para reconstruir a confiança e a segurança no relacionamento? Essas mudanças são viáveis? Se já avançou nos capítulos anteriores, você já deu um grande passo para responder a essas perguntas. No entanto, pode ser difícil ter uma visão geral da situação. Neste capítulo, vamos orientá-lo a sintetizar as informações que já coletou e construir um relato coerente sobre a infidelidade.

## COMO ORGANIZAR TUDO O QUE APRENDI?

O primeiro passo é revisar o que você fez nos capítulos anteriores. Se ainda não concluiu os exercícios dos Capítulos 6 a 9, faça-os agora. É essencial explorar todas as influências que podem ter levado à infidelidade para entender como elas interagiram entre si.

O ideal é que o casal já tenha trabalhado nos exercícios e discutido as respostas. Caso contrário, ainda é possível incentivar o outro a participar. Se trabalhar separadamente nos capítulos anteriores ajudou você a interagir melhor com seu par, compartilhe essas mudanças e explique como tudo poderia ser ainda melhor se ele também participasse do processo. Se ainda não pediu, peça para seu par ler a primeira parte do Capítulo 6, que explica por que é importante fazer esse processo juntos. Se a pessoa não estava acompanhando a leitura, mas concorda em começar agora, seja paciente enquanto ela se atualiza. Avancem juntos, um capítulo por vez, discutindo perspectivas e buscando pontos em comum antes de seguir para o próximo.

Em seguida, seja só ou com o outro, revise suas respostas a cada exercício. De tudo o que aprendeu, tente identificar os principais aspectos que colocaram o relacionamento em risco. Às vezes, algumas questões importantes passam despercebidas na primeira leitura, mas ficam mais claras depois. Após revisar as respostas dos quatro capítulos anteriores e destacar os fatores mais relevantes, classifique-os nas três categorias a seguir:

- Influências negativas e estressores que colocaram o relacionamento em risco – por exemplo, muitos conflitos ou desconexão emocional e física.

- Aspectos positivos que aumentaram o risco – por exemplo, habilidades de liderança que levaram a muitos compromissos externos.

- Falta de fatores de proteção adequados – por exemplo, poucas oportunidades para interações positivas entre o casal ou falta de envolvimento com pessoas ou atividades que apoiam o relacionamento.

Em seguida, divida esses fatores em dois grupos, de acordo com a importância: (1) antes ou (2) durante/após a infidelidade. Ainda neste capítulo, mostraremos como um casal apresentado no Capítulo 8 (Nick e Becky) preencheu um quadro para entender melhor o que aconteceu.

Como determinar o que é mais importante? Não há uma resposta simples para essa questão essencial. O que parece insignificante para um pode parecer vital para o outro. Por exemplo, conflitos com os filhos podem ter ocorrido com mais frequência ou causado maior impacto em uma das partes do casal, ou alguém pode ter se sentido mais estressado com preocupações financeiras. Vocês não precisam concordar completamente em todos os pontos identificados como influências à infidelidade. O importante *é* que haja uma compreensão mútua significativa sobre as perspectivas de cada um e que ambos reconheçam e respeitem o ponto de vista do outro, mesmo que tenham visões diferentes.

## COMO JUNTAR AS PEÇAS EM UMA IMAGEM COERENTE?

Compreender plenamente a situação é como fazer um filme usando uma lente grande-angular ou ajustar o *zoom* para ver a imagem mais ampla. É preciso aumentar o campo de visão para garantir que todos os elementos relevantes apareçam na imagem, porque uma visão muito estreita pode omitir ou distorcer informações importantes. Também é necessário enxergar como os diferentes personagens e forças interagem e se influenciam mutuamente. Ver alguém pular de uma ponte pode não fazer sentido até que se veja, em uma visão mais ampla, um carro indo na direção da pessoa em alta velocidade após o pneu estourar.

Da mesma forma, entender a infidelidade é mais como um filme do que uma fotografia. É preciso acompanhar o desenvolvimento da história ao longo do tempo, e não apenas um momento específico, como o início do relacionamento extraconjugal. Em resumo, o relato que você construir precisa ter começo, meio e, esperamos, fim. Os diversos fatores a considerar para desenvolver esse relato estão resumidos no quadro a seguir.

No Capítulo 8, você leu sobre Nick e Becky. Depois de identificar o que contribuiu para a infidelidade de Nick, o casal preencheu o quadro da próxima página. Em seguida, cada um escreveu um relato expressando sua

---

Ao avaliar o que pode ter aumentado o risco de infidelidade no seu relacionamento, inclua os aspectos a seguir.

- O que estava acontecendo em seu relacionamento e com vocês individualmente antes mesmo de a infidelidade ser considerada.
- Experiências que vocês tiveram na infância/adolescência com a família ou com outras pessoas que influenciaram seu comportamento no relacionamento e em relação à infidelidade.
- O que, de fato, desencadeou a infidelidade.
- O que possivelmente contribuiu para que o relacionamento extraconjugal continuasse.
- O que tem dificultado a sua recuperação e a recuperação do seu par.

## Exemplo de quadro — Nick e Becky

| | Fatores que influenciaram antes da infidelidade | Fatores que influenciaram durante e após a infidelidade |
|---|---|---|
| Influências negativas e estressores (seu relacionamento, condições externas, seu par, você) | *Discussões frequentes e irritações constantes. Dificuldades em conciliar desejos de rotina e espontaneidade. Pouca intimidade física. Trabalho e filhos tomando muito do nosso tempo. Admiração de outra pessoa por mim e minhas dúvidas internas. Não percebi os riscos e a necessidade de limites.* | *Desconforto de Becky em falar sobre sexo. Minha capacidade de separar as coisas mentalmente. Tendência de Becky de se afastar quando se sente magoada. Minha vergonha me impediu de conversar abertamente sobre o ocorrido.* |
| Aspectos positivos que aumentaram o risco de infidelidade (seu relacionamento, condições externas, seu par, você) | *Minha atração e meu carisma. Nossa forte dedicação ao trabalho. Nosso amor pelos filhos.* | *A paciência da Becky com minhas ausências, acreditando que a situação melhoraria. Minha relutância em expressar insatisfação no relacionamento.* |
| Ausência de aspectos positivos ou protetores que reduziriam o risco de infidelidade (seu relacionamento, condições externas, seu par, você) | *Deixamos de lado momentos a dois.* | *Nos afastamos de pessoas que nos apoiavam.* |

compreensão sobre como o relacionamento extraconjugal aconteceu, um processo que descreveremos mais adiante neste capítulo.

Nick e Becky perceberam que gradualmente se distanciaram, dedicando quase todo o tempo e toda a energia ao trabalho e aos filhos. Primeiro, isso afetou a intimidade emocional; depois, a física. Também perderam algumas amizades importantes que os apoiaram em momentos difíceis. Embora não tivessem grandes brigas, a dificuldade em lidar com problemas do relacionamento criou uma tensão constante. A relação sexual também ficou difícil de abordar. Nick e Becky reconheceram que a facilidade de Nick em interagir com mulheres podia despertar atração nelas, exigindo limites claros, algo que ele às vezes evitava estabelecer.

Após terminar o relacionamento extraconjugal, a culpa e a vergonha de Nick dificultaram a conversa com Becky sobre o ocorrido. A tendência de Becky de se retrair quando magoada e a vergonha de Nick foram obstáculos para a recuperação. Somente o cuidado genuíno um pelo outro e o forte desejo de preservar a família permitiram que a relação sobrevivesse e que, gradualmente, o casal trabalhasse para entender o que aconteceu, conforme mostra o quadro que preencheram juntos.

Após completá-lo, Nick e Becky escreveram uma narrativa expressando sua compreensão sobre como a infidelidade aconteceu. Ambos escreveram na forma de carta, que aprenderam a fazer como forma de comunicação inicial sobre questões difíceis ao lidar com o impacto inicial da infidelidade, no Capítulo 3.

## COMO ELABORAR O RELATO DE UMA INFIDELIDADE?

Este é o relato inicial de Becky sobre a infidelidade de Nick, um bom exemplo de esforço para desenvolver uma visão completa e equilibrada:

> *Nick,*
>
> *Tenho tentado entender tudo o que aconteceu. Sei que você também se esforçou muito, e isso tem sido fundamental para mim. Eu precisava saber se você também queria entender a situação e se estava disposto a passar por isso junto*

comigo. Sua infidelidade nunca vai fazer total sentido para mim. Em muitos momentos, senti que a vida poderia ter tomado outro rumo. Queria tanto que pudéssemos voltar no tempo e fazer diferente! Preciso ver que aprendemos com isso, que cada um de nós entendeu, da melhor forma possível, como chegamos até aqui. Preciso ter certeza de que estamos fazendo tudo o que podemos para que nada parecido aconteça de novo.

Nós nos acomodamos um no outro e na nossa rotina. É difícil admitir, mas acho que, em algum momento, nos sentimos seguros demais. Tinha tanta certeza do nosso amor que nunca imaginei passar por isso. Colocamos os filhos em um patamar tão alto que acabou não sendo bom para nós – nem, talvez, para eles. E o trabalho sempre foi uma prioridade, quando deveríamos ter nos protegido mais.

Sei que tínhamos nossas diferenças, mas nunca achei que fossem tão grandes assim. Você disse que eu estava sempre irritada e que parecia que não gostava mais de você. Acho que apenas estava tentando manter tudo nos trilhos e não decepcionar você. Às vezes, quando me afastava, era só para dar um tempo a você mesmo.

Você sempre foi do tipo que vive o momento, enquanto eu gostava mais de ter tudo planejado. Para mim, a rotina era uma forma de manter nossa família segura, diferente de tudo o que vivi na minha infância. Já para você, parecia mais uma prisão. E acho que, de certa forma, eu lembrava um pouco do jeito que sua mãe era com você. Mas nós temos melhorado nisso, buscando um equilíbrio saudável.

Nunca brigamos muito, e acho que isso me dava uma falsa sensação de segurança, já que meus pais tinham brigas terríveis. Sei que às vezes éramos críticos demais um com o outro e eu percebia seu desconforto, mas você nunca falava muito. Simplesmente nos afastávamos. Precisamos melhorar nisso. Quero que você fale comigo quando estiver magoado ou chateado. E vou tentar ser melhor em perceber quando você está distante.

Também vou tentar me abrir mais quando estiver magoada. Tenho o hábito de me fechar, o que aprendi na infância. Vou me esforçar para contar quando estiver magoada ou decepcionada, mas preciso que você me ouça sem se sentir culpado ou atacado. Ambos trabalhamos duro para ser boas pessoas, e é difícil admitir erros. Sei que temos melhorado nisso, mas acho que ainda precisamos evoluir.

*Nick, para mim é difícil falar sobre sexo. Não sei exatamente o motivo, mas isso tem sido um problema para nós. Com o estresse do trabalho, as responsabilidades com as crianças e as tarefas da casa para deixá-la em ordem, eu não sentia vontade com a mesma frequência que você. Então, você começou a se afastar, não me abraçava nem beijava mais, e fomos nos distanciando fisicamente. Eu amo ser tocada e abraçada por você. Acho que você nunca entendeu o quanto eu sentia falta disso.*

*Quando você me contou sobre o relacionamento extraconjugal, simplesmente desmoronei. Todas as minhas piores inseguranças foram confirmadas: que eu não conseguia competir com mulheres mais jovens, bonitas e bem-sucedidas no seu mundo. Estava tão magoada e assustada que não conseguia nem olhar para você, pois isso intensificava a dor. Será que isso dificultou o término do relacionamento com ela, porque eu me fechei, e você ficou com medo de ficar sozinho?*

*Não quero ficar com você só por causa das crianças. Quero ficar se pudermos nos dedicar um ao outro da maneira certa. Não conseguimos fazer isso sozinhos. Antes da traição, nos isolamos dos amigos. Quero voltar a sair com outros casais, como antes de termos filhos. Quero que ambos dediquemos tempo para recuperar nossas amizades.*

*Sei que nunca vou perdoar a infidelidade, e acho que você também não. Nada vai justificar o que aconteceu, mas podemos aprender com o passado para melhorar o presente e o futuro. Acho que estamos progredindo, mas não quero parar, ainda temos coisas para trabalhar.*

*Eu te amo, Nick. Por isso, esse processo é tão importante para mim.*

*Becky*

O relato de Nick foi mais curto. Embora ele entendesse e concordasse com os pontos identificados por ambos, continuou lutando com a culpa e focando nas próprias ações. No entanto, Becky pediu que ele considerasse a perspectiva mais ampla, e ele tentou fazer isso.

*Becky,*

*Nem sei por onde começar. O que mais quero dizer é o quanto me arrependo. Não sei expressar o quanto me sinto horrível toda vez que penso no que fiz. Você me disse que preciso superar a culpa para focar no que precisa mudar, e espero que veja meu compromisso com isso. Também quero que saiba como sou grato por sua força. Não sei se teria sido tão forte quanto você na mesma situação. Sua força durante essa provação é mais um lembrete da sorte que tenho em ter você na minha vida.*

*Olhando para trás, ainda não entendo como fiz o que fiz. Entendo que as coisas não estavam bem em casa e que ambos estávamos ocupados com nossas vidas. Compreendo também que talvez eu me sentisse inadequado de alguma forma há muito tempo. Mas quero que saiba que apontar tudo isso ainda não explica o que me levou a agir como agi. Nunca mais vou me deixar levar pela autopiedade e buscar conforto fora do nosso relacionamento.*

*Becky, talvez tenhamos nos acomodado. Eu, especialmente, me sentia desamparado quando você não estava disponível para mim como eu queria. Às vezes, buscava a companhia dos meus amigos, o que parecia deixar você ainda mais irritada. Já conversamos sobre como mudar isso. Estou contente por sair mais cedo do trabalho para estar em casa com você e as crianças. Dá para perceber que você está mais tranquila e menos irritada.*

*Sinto muito se você achou que eu havia perdido o interesse. Sempre achei você atraente e adorava nossa intimidade. Era a conexão que sentíamos depois que fazia a maior diferença. Era quando deixávamos de fazer sexo e de sentir essa conexão que me sentia mais sozinho. Deveria ter sido mais claro sobre isso e ter me esforçado para entender o que você precisava para se sentir próxima. Melhoramos bastante nesse aspecto nos últimos meses, encontrando outras formas de conexão.*

*Becky, você é uma mãe incrível e torna nosso lar um lugar agradável. Valorizo tudo o que faz para manter tudo em ordem e planejar momentos especiais para nós. Compreendo melhor agora a importância do planejamento para você e como deve ter sido assustador crescer em um ambiente tão incerto. Acho que temos melhorado nisso também. Gosto de ajudar com as crianças depois do jantar para você ter um tempo livre. E sair para caminhar ou simplesmente sair de casa por meia hora sem se preocupar com as tarefas ou as crianças tem sido muito bom.*

*Você mencionou que deveríamos sair mais com outros casais, e concordo. Depois da traição, não conseguia suportar estar perto de casais aparentemente felizes, pois só conseguia pensar em como traí você e nossos filhos. Precisamos nos cercar de pessoas que possam nos apoiar. Fiquei muito isolado, com a sensação de estar perdido.*

> *Becky, eu te amo. Você é o presente mais maravilhoso e precioso da minha vida. Nunca, jamais vou esquecer disso e, se você ainda quiser, prometo fazer qualquer coisa para que você continue sendo o centro da minha vida para sempre.*
>
> *Com amor, Nick*

Depois que Becky e Nick escreveram suas versões sobre a infidelidade, eles trocaram os textos e leram em privado. Refletiram durante alguns dias sobre o que haviam escrito e depois se encontraram para discutir pontos em comum e diferenças. Após essa conversa, ambos revisaram seus textos e trocaram novamente. As revisões não só incluíram alguns entendimentos corrigidos da discussão anterior como destacaram algumas mudanças positivas feitas nos últimos meses e como esses esforços ajudaram.

## COMO COMPARTILHAR ESSE PROCESSO?

Apesar do seu esforço, o outro ainda pode não estar pronto ou disposto a participar desse processo. Nesse caso, considere as sugestões do Capítulo 6 para trabalhar por conta própria nessa etapa. Por exemplo, seu par pode estar disposto a analisar o quadro de fatores que você criou (Exercício 10.1) ou ler seu relato (Exercício 10.2) e conversar sobre a sua reação. Se a pessoa não quiser participar nesse nível, siga em frente e faça sozinho. Em algum momento, seu par pode acabar reconhecendo a importância de se esforçar para isso também. Mesmo que ele não participe desse processo, você terá uma melhor compreensão de como a infidelidade aconteceu e poderá tomar decisões mais conscientes sobre o futuro do relacionamento ao completar o quadro e construir um relato como descrito aqui.

---

### EXERCÍCIOS

---

Preencha os exercícios a seguir, primeiro usando o quadro para resumir o que levou à infidelidade e, em seguida, escrevendo um relato de tudo o que aconteceu, usando o que você aprendeu para construir uma imagem mais completa. Não tenha pressa. **Esses dois exercícios talvez estejam entre os trabalhos mais importantes para a recuperação.**

**EXERCÍCIO 10.1**  Crie um resumo do que pode ter influenciado para a infidelidade ocorrer

Neste primeiro exercício, preencha uma cópia do quadro que apresentamos, resumindo quais fatores você considera importantes e que contribuíram para a infidelidade. Esse quadro está disponível ao final deste capítulo, ou pode ser baixado em formato editável na página do livro em **loja.grupoa.com.br**, ou, ainda, você pode criar sua própria versão. Revise suas respostas dos Capítulos 6 a 9. Tente incluir não apenas fatos negativos, mas também aspectos positivos do seu relacionamento ou de você e seu par que podem ter sido importantes. Tente não deixar nenhuma parte do quadro em branco e tente se limitar a cinco ou seis itens em cada categoria.

**EXERCÍCIO 10.2**  Prepare e compartilhe seu relato

Com suas próprias palavras, escreva um relato sobre os principais fatores que contribuíram para o desenvolvimento da infidelidade e o que manteve o relacionamento extraconjugal em andamento. Use o quadro que você criou para desenvolver seu relato. Lembre-se de incluir condições de risco de longa data, influências mais recentes que podem ter desencadeado a infidelidade ou contribuído para a continuidade do relacionamento extraconjugal e aspectos que dificultaram a recuperação para você ou seu par. *Em resumo, seu relato deve ter começo, meio e fim.*

Se seu par não está lendo o livro ou não está fazendo os exercícios, ainda assim escreva seu próprio relato. Quando terminar, pergunte a ele se gostaria de ler e conversar com você. Mesmo que a pessoa não queira ler ou conversar sobre seu relato, escrever vai ajudar você a compreender melhor o que aconteceu, e talvez seu par esteja mais disposto a ler no futuro.

Se o casal está trabalhando junto nestes capítulos, depois que cada um preparar seu relato, deve trocá-lo e discuti-lo observando as etapas a seguir.

1. Troquem e leiam separadamente o relato um do outro.
2. Conversem sobre suas perspectivas sobre a situação, identificando pontos em que suas visões coincidem e em que elas divergem.

## Quadro de resumo dos fatores relacionados à infidelidade

|  | Fatores que influenciaram antes da infidelidade | Fatores que influenciaram durante e após a infidelidade |
|---|---|---|
| Influências negativas e estressores (seu relacionamento, condições externas, seu par, você) | | |
| Aspectos positivos que aumentaram o risco de infidelidade (seu relacionamento, condições externas, seu par, você) | | |
| Ausência de aspectos positivos ou protetores que reduziriam o risco de infidelidade (seu relacionamento, condições externas, seu par, você) | | |

Do livro *Getting Past the Affair*, 2ª edição, de Douglas K. Snyder, Kristina Coop Gordon e Donald H. Baucom. Copyright © 2023 The Guilford Press. Permissão para fotocopiar este material, ou para baixar versões ampliadas e imprimíveis (na página do livro em **loja.grupoa.com.br**), é concedida aos compradores deste livro para uso pessoal.

3. Se essa discussão gerar novas perspectivas, revise seu relato, mas não se sinta na obrigação de ter exatamente as mesmas percepções do outro.
4. Discutam essas mudanças.
5. Reconheçam que ainda pode haver divergências na forma como cada um compreende a situação.
6. Foquem no que vocês concordam e encontrem uma forma de usar isso para seguir em frente.

## PARTE III
# Como seguir em frente?

# 11
## Como superar a dor?

*"Ainda não consegui superar", disse Brooke em voz baixa. "Cody fez tudo o que pedi e até mais. No geral, estamos muito melhor agora do que estávamos há seis meses, mas às vezes, quando penso na traição dele, ainda fico com raiva e digo coisas horríveis e depois geralmente me sinto ainda pior. Na maioria das vezes, Cody apenas aceita ou se afasta sem dizer nada, mas eu sei que fica abatido quando eu explodo assim. Na semana passada, ele me perguntou se algum dia vou superar. O que isso quer dizer? Não posso simplesmente esquecer o que aconteceu, mesmo que eu queira. E talvez, lembrando de toda a dor que me causou, ele não faça algo assim de novo. Eu só queria saber o que fazer com o ressentimento que ainda sinto e como recomeçar."*

Mesmo depois de todo esforço para entender como a infidelidade aconteceu e de analisar o que colocou o relacionamento em risco, a mágoa pode persistir. Quando sentimentos dolorosos permanecem muito fortes ou reaparecem com frequência, não apenas atrapalham a proximidade emocional, mas também acabam causando mais danos a você e ao relacionamento. Encontrar uma maneira de superar a dor da infidelidade é uma parte fundamental da recuperação.

*A dor e a raiva não resolvidas podem ser emocional e fisicamente prejudiciais.* Pesquisas importantes mostram que a dor e a raiva duradouras frequentemente levam a dificuldades com sono, apetite (comer pouco ou demais), depressão, diminuição do desejo sexual, irritabilidade com amigos ou colegas de trabalho, pressão alta, tensão muscular, dores de cabeça ou nas costas e fadiga emocional e física. Para contrabalançar esses efeitos, algumas pessoas recorrem ao álcool ou aumentam a dependência de medicamentos.

Embora mais recente e menos extensa, uma pesquisa teve resultados similares ao estudar o sentimento persistente de culpa. *É importante entender a diferença entre arrependimento e culpa.* Embora as opiniões variem entre os profissionais de saúde mental e tenham evoluído ao longo dos anos, acreditamos que a seguinte perspectiva pode ser útil. Consideramos arrependimento o sentimento doloroso de ter feito algo que viola os próprios valores. O remorso que surge pode levar a pessoa a se preocupar com aqueles que foram prejudicados por suas ações, além de motivá-la a corrigir o sofrimento causado e a se esforçar para não repetir o mesmo comportamento no futuro. Sentir culpa envolve uma forma de autodesprezo, o qual raramente promove mudanças positivas. Pelo contrário, pode fazer com que a pessoa se afaste da situação de maneira não saudável ou que sinta raiva e ataque os outros, em vez de se preocupar com eles. Sentir culpa pode ser tão insuportável que a pessoa pode fazer qualquer coisa para escapar desse sentimento.

Neste capítulo, quando falamos sobre superar a dor, estamos especificamente abordando os tipos e as intensidades de dor emocional que impedem as pessoas de se curarem e avançarem de maneira saudável, seja a pessoa que foi traída ou a que cometeu a infidelidade. O objetivo não é eliminar toda a dor ou toda a culpa prolongada, mas garantir que ninguém fique preso a esses sentimentos a longo prazo, para que não sejam dominantes. A esperança é que vocês possam superar a dor intensa ou a culpa persistente que os consome de maneira destrutiva.

Se você foi bem nos capítulos anteriores, é provável que tenha feito um bom progresso em superar esse tipo de dor, mas cada pessoa é diferente. Algumas continuam sofrendo intensamente, a ponto de interferir em sua vida diária dentro e fora do relacionamento, mesmo após ter passado pelas duas primeiras fases da recuperação. Outras, como Brooke, enfrentam a dor e as memórias da infidelidade com certa frequência. Algumas permanecem mergulhadas em um ressentimento ou uma culpa que as imobiliza, sem conseguirem se conscientizar e promover mudanças.

Culpas e ressentimentos intensos e persistentes podem dificultar o avanço, sendo tão esmagadores a ponto de interferirem na análise do que aconteceu ou do porquê. Aprender com os próprios erros exige tolerar o desconforto que acompanha a consciência de que falhamos. Precisamos reconhecer que todos nós somos imperfeitos e precisamos, também, ter compaixão por quem amamos e por nós mesmos para passarmos a um relacionamento melhor.

Então, o que é necessário para superar a dor de forma realista e saudável? Neste capítulo, vamos ajudá-lo a pensar o que significa "seguir em frente" ou "deixar a dor para trás" e como isso se relaciona com as crenças que você já tem sobre perdão. Vamos ajudá-lo a identificar o que fazer para superar a dor, assim como algumas barreiras que podem tornar isso mais difícil. Ao trabalhar neste capítulo, lembre-se de que *os sentimentos costumam ser mais difíceis de mudar do que os comportamentos*. É mais fácil escolher como agir – e até mesmo como pensar – do que escolher como se sentir. Mudar os sentimentos é desafiador e levará tempo, mesmo se vocês estiverem fazendo tudo "certo". Portanto, tentem ser pacientes e encorajar um ao outro.

## O QUE SIGNIFICA SEGUIR EM FRENTE?

Assim como Brooke, você pode estar se questionando o que é "seguir em frente". É nunca mais pensar na infidelidade ou nunca mais ficar triste por causa do que aconteceu? É não se responsabilizar mais ou não responsabilizar mais o seu par? Quando as pessoas falam em seguir em frente, geralmente têm ideias diferentes sobre o que significa e como fazer isso. Começaremos compreendendo o que significa, pois é importante saber aonde se quer chegar antes de traçar um caminho que leve até lá.

Casais que conseguem prosseguir depois de uma situação dolorosa como a infidelidade alcançam quatro objetivos importantes:

- recuperam a visão equilibrada sobre o outro, sobre si e sobre o relacionamento;
- comprometem-se a não deixar que a dor, a raiva e a culpa governem seus pensamentos e comportamentos ou dominem suas vidas;
- param de se punir ou punir o outro pela infidelidade e conseguem usar o que aprenderam para promover mudanças saudáveis;
- decidem se continuam no relacionamento com base em uma avaliação realista dos seus aspectos positivos e negativos.

Ter visão equilibrada envolve adotar uma perspectiva ampla que considere tanto os aspectos positivos quanto os negativos. É importante olhar para seu par e para si considerando não só a infidelidade, mas também tudo o que você já compreendeu sobre cada um de vocês e sobre o relacionamento em geral. Comprometer-se a não deixar que a dor ou a raiva dominem sua vida não significa nunca mais sentir dor; significa trabalhar para que esses sentimentos não consumam você. É necessário reconhecer quando os sentimentos negativos sobre a infidelidade ressurgem e, então, responder de maneira mais construtiva do que simplesmente explodir. Envolve redirecionar pensamentos e ações para objetivos atuais ou futuros, em vez de se deixar dominar pelo passado.

Para algumas pessoas, como parte do processo de recomeçar, é importante que a pessoa que cometeu infidelidade se redima. Embora nada possa desfazer uma traição, atos de reparação ou esforços para demonstrar cuidado, preocupação e amor podem, às vezes, servir como expressões concretas de remorso ou de compromisso com a mudança. No entanto, exigir reparação — ou punir a pessoa que cometeu infidelidade — além de um certo ponto não fortalece o relacionamento nem gera proximidade. A vingança contínua pode parecer satisfatória a curto prazo, mas quase sempre mantém a pessoa presa ao passado a longo prazo. Da mesma forma, a culpa implacável que leva a querer escapar do desconforto causado pela infidelidade, afastando-se do outro, também pode ser prejudicial.

Quando as pessoas escolhem permanecer em um relacionamento, seguir em frente significa comprometer-se a fortalecer e manter o relacionamento, mesmo durante tempos difíceis. Você não segue em frente se permanece no relacionamento mas fica com um pé fora da porta, pois essa incerteza pode drenar a energia necessária para fazer a relação continuar. Se você escolher terminar, seguir em frente significa não ficar remoendo a infidelidade ou a relação e redirecionar seus pensamentos e comportamentos para construir uma nova vida. Permanecendo com a pessoa ou não, superar a infidelidade é uma parte importante da sua recuperação.

## PERDOAR OU ESQUECER?

*Seguir em frente, deixar a dor para trás* e *perdoar* são expressões que as pessoas costumam usar como sinônimos. Cada um tem suas crenças sobre o que significa perdoar, embora possam ser difíceis de expressar em palavras. Às vezes, essas crenças remetem a experiências passadas. Talvez você se lembre de como seus pais lidaram com a dor no relacionamento deles ou como lidaram com você quando fez algo que os desapontou ou magoou. Talvez suas opiniões sobre o perdão podem ser influenciadas pela forma como você e seu par lidaram com as mágoas entre vocês no passado. Você se recorda de situações em que se magoaram, mas conseguiram superar essas mágoas e recomeçar? Talvez você se lembre de ocasiões em que um de vocês não conseguiu superar a mágoa – que impacto isso teve no relacionamento?

As crenças das pessoas sobre o perdão também costumam estar ligadas a crenças religiosas e culturais. Em algumas tradições religiosas, só pode haver perdão depois que o indivíduo confessa o erro, expressa remorso, se redime com a pessoa magoada e promete não repetir as situações que causaram sofrimento. Em outras tradições, o perdão pode ser oferecido independentemente de a pessoa se sentir arrependida ou assumir a responsabilidade pelo comportamento prejudicial. Nessa perspectiva, decidir perdoar ou "deixar para lá" é renunciar ao ressentimento e ver a pessoa que magoou com compaixão, mesmo que ela não esteja pedindo perdão. Para você, o que significaria perdoar seu par? Você acha que consegue perdoar? Por outro lado, se você sente culpa profunda e persistente por causa da infidelidade, a ponto de não conseguir avançar, o que significaria *perdoar-se*?

É importante compreender o que *você* entende por perdão para saber o que pode aceitar e como realmente quer prosseguir. Para você, perdoar significa redimir? Redimir alguém significa liberar essa pessoa de punições ou reparações, sem, necessariamente, afetar como você se sente em relação a ela. Para a maioria das pessoas, perdoar é mais do que redimir. Quando perdoamos alguém, sentimos também como se "o coração amolecesse" em relação a essa pessoa. Reconciliar-se, por sua vez, significa reatar um relacionamento que foi recuperado; não é apenas continuar ou voltar a viver com a pessoa, mas se unir em um nível mais profundo e seguro. Embora seja quase impossível se reconciliar dessa forma sem primeiro perdoar, podemos perdoar sem nos reconciliar. Por exemplo, você pode dizer a alguém: "Não quero mais condenar você. Entendo por que fez aquilo. Vejo seu arrependimento e sinto muito por você estar sofrendo, mas não acredito que este relacionamento possa ser saudável para mim; então preciso terminar".

Como o perdão é um conceito profundo, podemos ser mal compreendidos ou vistos de forma equivocada. **Algumas crenças comuns sobre o perdão**

***podem até atrapalhar o processo de recomeço***. Confira a seguir algumas dessas crenças.

- Se a pessoa pediu desculpas, preciso perdoar, querendo ou não.
- Perdoar significa desculpar o que a pessoa fez ou dizer que não foi nada.
- Perdoar alguém que me magoou ou fez algo errado é contrariar meus valores.
- Alguns comportamentos, como o adultério, não devem ser perdoados.
- Só há perdão depois que a pessoa fizer algo para reparar ou compensar o erro.
- Perdoar é parar de pensar no que a pessoa fez.
- Perdoar é parar de sentir mágoa ou raiva pelo ocorrido.
- Se eu perdoar, ficarei vulnerável a mais sofrimento.
- Se eu perdoar, precisarei continuar no relacionamento com a pessoa.

Você já teve crenças semelhantes a essas? Quais são mais relevantes para você? Adicionaria alguma? Tente analisá-las à luz do que discutimos até agora. Elas podem ajudar ou atrapalhar você a superar a dor? Como?

A seguir, explicamos quais são nossos pontos de vista sobre o perdão.

- *Perdoar alguém – seja você ou seu par –* **não** *significa aprovar o que foi feito. Você pode compreender as razões que levaram à infidelidade, mas é improvável passar a achar que foi uma boa decisão.*

- *Perdoar alguém* **não** *é o mesmo que encontrar desculpas ou justificar o que foi feito. Vocês podem ter se esforçado para entender como a infidelidade aconteceu ou quais fatores colocaram o relacionamento em risco. No entanto, esses fatores não podem ser dados como desculpas, assim como explicações não são justificativas.*

- *Perdoar alguém* **não** *significa esquecer o que foi feito nem parar de sofrer por isso. Às vezes, vocês ainda vão pensar no que aconteceu, e esses momentos podem vir acompanhados de mágoa, ressentimento, culpa, ansiedade ou tristeza. Porém, seguir adiante significa se esforçar para minimizar esses pensamentos e sentimentos, focando* nas oportunidades de construir uma vida feliz e produtiva agora e no futuro. *O tempo sozinho ajuda, mas raramente cura feridas emocionais profundas.* Seguir em frente, deixar a dor para trás e perdoar são ações que exigem comprometimento com um processo que ajudará você a alcançar esse objetivo.

## COMO SEGUIR EM FRENTE?

Não existe um passo a passo único ou uma receita universal que funcione para todos. As etapas podem variar conforme os fatores que contribuíram para a infidelidade, as suas crenças sobre o perdão, os comportamentos do outro e as consequências da infidelidade para você ou outras pessoas, como seus filhos. As etapas que descreveremos nas próximas páginas representam um processo que se adapta a muitas pessoas. Talvez nem todas essas etapas sejam relevantes para seu recomeço, e a ordem delas pode ser diferente para você. Use a discussão a seguir e o Exercício 11.1 para pensar quais ações parecem importantes para *você* recomeçar. Quais dessas etapas vocês já alcançaram? Quais ainda estão por vir e como podem alcançá-las?

Depois de considerar cada uma das etapas descritas, reflita sobre o que aprendeu e trabalhou nos capítulos anteriores. Embora a pessoa que cometeu infidelidade tenha a responsabilidade exclusiva pela decisão que tomou, ambos podem ter reconhecido como contribuíram para a vulnerabilidade do relacionamento. Quais comportamentos seus antes da infidelidade podem ter aumentado o risco? Você reconheceu isso diante de seu par? Sabendo o que sabe agora, quais mudanças você se comprometeu a fazer e com que sucesso você as implementou?

### Reconhecimento

O primeiro passo é buscar a compreensão clara do que aconteceu e suas consequências. Relembre o material do Capítulo 3 sobre discutir seus sentimentos a respeito da infidelidade. Vocês trocaram cartas como sugerido nos exercícios daquele capítulo? Se não, conseguiram ter uma conversa profunda e produtiva sobre o impacto da infidelidade? Se não fizerem os exercícios daquele capítulo ou se aspectos importantes do impacto da infidelidade ainda parecem não ser reconhecidos ou entendidos, releia o Capítulo 3 ou peça para seu par ler e discutir com você.

## Responsabilidade

A infidelidade não "simplesmente acontece"; ela envolve uma decisão explícita ou implícita de cruzar uma linha e ter um comportamento que quase sempre foi definido ou entendido previamente pelo casal como inaceitável. Os casais podem ficar presos no processo de recuperação, e a pessoa que foi traída pode achar mais difícil recomeçar se a pessoa que cometeu infidelidade insistir em dizer: "Eu nunca quis te magoar". Embora não seja intencional, isso pode transmitir uma falha em assumir a responsabilidade por não ter evitado a infidelidade ou não ter resistido às investidas de fora. Quem foi traído geralmente não consegue prosseguir até que o outro assuma a responsabilidade por suas escolhas e se esforce genuinamente para entender por que as fez. Da mesma forma, conforme mencionamos na Parte II deste livro, se a pessoa que foi traída não considerar seus próprios comportamentos e ações que podem ter colocado o relacionamento em risco, a pessoa que cometeu a infidelidade talvez não consiga ter esperança.

## Remorso

O que você pensaria se alguém magoasse você, reconhecesse o que fez, entendesse o sofrimento que causou e assumisse a responsabilidade por suas ações, mas não sentisse nenhum remorso? Essa pessoa pareceria insensível e indiferente, talvez até maliciosa ou cruel. Quando realmente sentimos e demonstramos remorso, estamos manifestando que dói saber que o outro está sofrendo, ainda mais porque fomos nós que causamos esse sofrimento. O remorso vai além de reconhecer a responsabilidade por magoar alguém; é sentir profunda tristeza, luto ou até mesmo dor pela dor que causou. O remorso indica que a dor do seu par *importa* para você. Também pode envolver um profundo arrependimento por contrariar seus próprios valores: você decepcionou o outro, mas também pode ter *se* decepcionado.

## Compensação

Quando fazemos algo errado e magoamos quem amamos, muitas vezes desejamos fazer algo bom para compensar o erro ou para acabar com os sentimentos ruins. Embora nada possa desfazer a infidelidade, é possível fazer muito para demonstrar remorso concretamente e talvez reduzir o sofrimento do outro. Por exemplo, em resposta ao sofrimento de Brooke por causa de sua infidelidade, Cody disse a ela:

> "Sei que nunca conseguirei corrigir a dor que causei e sempre vou me sentir horrível por isso. Mas vou tentar ao máximo mostrar meu compromisso sendo menos egoísta e tratando você com mais carinho. Sei que você ficava decepcionada por eu passar muito do meu tempo livre com meus amigos em vez de ficar com você e me comprometo a mudar isso. Eu não dava atenção à sua necessidade de ficar sozinha de vez em quando, sem as crianças, ou de sair com seus amigos, mas estou determinado a garantir que você tenha pelo menos uma noite por semana para ficar com seus amigos. Não posso desfazer o que fiz, mas posso prometer ser um parceiro melhor."

É importante diferenciar compensação e vingança. Compensação é a tentativa de equilibrar a situação por meio de ações *positivas* importantes. Na vingança, pelo contrário, a pessoa que foi traída tenta "equilibrar" retaliando o outro com comportamentos *negativos*. A vingança pode parecer satisfatória a curto prazo, mas raramente promove a cura a longo prazo – apenas mantém ou intensifica os sentimentos ou comportamentos negativos.

Quem foi traído precisa refletir sobre o quanto a compensação é importante para prosseguir. Já a pessoa que cometeu infidelidade deve reconhecer que o outro vai superar o trauma mais rápido ou de forma mais completa se ela demonstrar e fizer o necessário para ajudar a aliviar o sofrimento. Isso é importante mesmo que o outro pareça não reconhecer esses esforços ou não reagir de modo positivo. Pode ser necessário continuar se esforçando para compensar.

## Melhorias

É difícil superar uma profunda mágoa sem a certeza de que a pessoa que causou a dor não vai repetir o mesmo comportamento. A pessoa que cometeu infidelidade precisa se comprometer a fazer as mudanças necessárias para reduzir a probabilidade de trair novamente. As melhorias incluem três etapas:

1. prometer nunca mais magoar o parceiro da mesma forma;
2. resolver as condições que contribuíram para a infidelidade;
3. agir de forma diferente em situações semelhantes no futuro.

É impossível cumprir a promessa de nunca mais magoar o outro em qualquer nível ou situação. Porém *é* possível se comprometer a evitar certos comportamentos como guardar segredos ou ter relações sexuais ou emocionalmente íntimas e inapropriadas com outras pessoas fora dos limites combinados. Buscar melhorias envolve abordar e minimizar os fatores de risco que vocês identificaram no relacionamento. Isso inclui não apenas lidar com questões da relação, como níveis de conflito ou intimidade, mas também continuar trabalhando em questões individuais, como insegurança com a aparência ou com o desempenho sexual, que contribuíram para a infidelidade. Prometer agir de forma diferente é importante para a melhoria, mas o essencial é realmente se *comportar* de forma diferente quando surgirem tentações ou oportunidades. Melhorias claras ajudam a restabelecer a segurança e a confiança, o que, por sua vez, ajuda a desapegar da dor e recomeçar.

## Liberação

A liberação é o que mais se aproxima do que entendemos como o núcleo do perdão. Liberar envolve libertar a si e o outro de punições e de ser dominado por mágoa, raiva, arrependimento e culpa. Não significa aprovar, esquecer ou parar de sofrer. Comprometer-se com a liberação envolve uma decisão clara de se empenhar para ir adiante.

> *Mário e Alba estavam, há quase um ano, se empenhando para reconstruir o relacionamento depois do relacionamento extraconjugal de Alba. Mas Mário continuava lutando com as lembranças da infidelidade e com a mágoa e o ressentimento que essas memórias despertavam.* "Não posso simplesmente apagar tudo", *disse a seu amigo mais próximo.* "Parece que estou esquecendo que aconteceu e tenho medo de voltar aos nossos velhos hábitos que não eram bons".

> *O remorso de Alba era evidente para Mário, assim como o esforço dela para melhorar o relacionamento. Mário enfrentou suas próprias ideias sobre perdão e, um mês depois, disse ao amigo: "Acho que já sei o que fazer. Não posso apagar o que ela fez, mas posso deixar de lado e começar de novo. Deixar de lado significa que o centro de nossas vidas não será mais a infidelidade, mas sim a reconstrução do nosso relacionamento".*

## Reconciliação

Recuperar-se da infidelidade não significa, necessariamente, reatar o relacionamento. No próximo capítulo, ajudaremos você a usar tudo o que aprendeu para decidir, de forma consciente, como prosseguir, mantendo o relacionamento ou não. No entanto, para alguns casais que passam juntos pela recuperação – especialmente aqueles que seguem um processo semelhante ao que descrevemos neste livro –, a reconciliação é o resultado de seguir as etapas anteriores para seguir adiante.

> *Quando Jeremy voltou de uma viagem de trabalho, Lauren percebeu que algo estava diferente. Depois de negar que houvesse algo errado, Jeremy confessou que havia tido relações sexuais com outra mulher duas vezes enquanto estava fora. Ele não tinha desejo de continuar com a outra pessoa, mas estava muito confuso sobre seus sentimentos por Lauren. Jeremy sentia um enorme remorso por ter traído, mas também se questionava se ainda poderia amar Lauren de verdade, diante do que havia feito. A infidelidade não fazia sentido para nenhum dos dois.*
> 
> *Jeremy e Lauren passaram meses refletindo sobre a distância emocional que havia crescido entre eles nos últimos anos. Embora estivesse claro desde o início que queriam salvar o relacionamento, foram oito meses até que Lauren conseguisse superar a mágoa e que Jeremy conseguisse superar a culpa. Decidiram passar um fim de semana em um de seus lugares favoritos na serra, onde renovaram seus votos de compromisso um com o outro. O ritual que Jeremy e Lauren criaram simbolizava sua reconciliação e a promessa de um novo começo.*

# O QUE DIFICULTA SEGUIR EM FRENTE?

Entender o que fazer para superar uma grande mágoa no relacionamento pode ser útil para saber em que ponto você está na sua recuperação. No entanto, também é importante entender alguns obstáculos que podem tornar esse processo mais difícil.

## Atitudes ou omissões que magoam

Para você, pode ser mais difícil seguir adiante se o outro continuar com comportamentos que magoam ou causam insegurança. Talvez você achasse esses comportamentos aceitáveis antes, mas agora pode ser complicado aceitá-los, porque os associa ao relacionamento extraconjugal que seu par teve. Não importa quão inofensivos possam parecer, pois jantares com amigos, viagens a trabalho ou noites tardias podem facilmente desencadear memórias e sentimentos relacionados à infidelidade. Além disso, claro, qualquer contato com a pessoa de fora inevitavelmente desperta apreensão, mágoa ou ressentimento. Resumindo: *comportamentos que antes eram inocentes e "seguros" talvez não sejam aceitáveis agora e podem interferir no seu recomeço, porque você os associa à infidelidade, que foi profundamente dolorosa.*

Vocês precisam examinar cuidadosamente as possíveis armadilhas nesse sentido para eliminá-las. Estabeleçam medidas de segurança temporárias que ajudem a reduzir a ansiedade e a mágoa, como ligar ou mandar mensagens quando estiverem longe um do outro, pedir para colegas de confiança estarem presentes ao trabalharem até tarde ou evitar situações que despertem desnecessariamente pensamentos e sentimentos relacionados ao ocorrido.

Por fim, o casal precisa colaborar para definir novos acordos que possam ser tolerados por ambos. Esses novos limites ou requisitos não vão funcionar se forem tão severos ou punitivos a ponto de criar ressentimento ou afastamento. Talvez eles devam ser mais restritivos do que eram antes da infidelidade, pelo menos por um tempo, para ajudar vocês a superarem a dor, até que a confiança possa ser reconstruída.

## Crenças sobre o perdão

Releia a lista de crenças comuns sobre o perdão na página 232 e reflita se alguma delas se aplica a você e se está dificultando seu recomeço. Por exemplo, você se preocupa em ficar vulnerável a outra traição se deixar para trás a mágoa e se aproximar emocionalmente do seu par? Você receia que se comprometer a seguir adiante implique esquecer a infidelidade ou minimizar o dano causado? Considere se alguma dessas crenças está atrapalhando seu recomeço e como uma perspectiva diferente seria melhor para você. Por exemplo, se a ideia de apagar o passado e virar a página não funciona para você, seria possível manter esse passado, mas deixá-lo de lado e trabalhar com seu par para escrever um novo capítulo?

## Medo de outra traição

O medo de que a infidelidade se repita muitas vezes provoca um estado constante de vigilância. A pessoa revive mentalmente o que aconteceu no passado e examina o ambiente em busca de evidências de que isso possa voltar a ocorrer. Reviver constantemente o trauma da infidelidade mantém vivas não apenas as memórias, mas também a dor. Não estamos sugerindo que você permaneça em um relacionamento dominado por traições e desconfiança, mas "confiança" (por definição) é diferente de "certeza". *Confiança requer agir sem ter certeza do que acontecerá.* Por exemplo, se você observa que o sol nasce todas as manhãs e se põe à noite, provavelmente não fica sempre olhando pela janela para verificar se ele ainda está no céu. *Isso* é confiança. Você confia que o sol estará lá, mesmo que não possa fazer nada para garantir isso.

Se seguiram o processo descrito neste livro, vocês já fizeram muito para reduzir a probabilidade de uma nova infidelidade. Ainda assim, o futuro sempre será pelo menos um pouco incerto. Se você decidir permanecer no relacionamento, terá de escolher *confiar* no outro não apenas com base nos esforços e no progresso que já realizaram para reconstruir a relação – você precisará decidir se quer trabalhar para reconstruir a confiança, com base em tudo o que sabe sobre seu par e seu relacionamento. Se assim for, entenda que será inevitável aceitar algum grau de risco de sofrer novamente. Agarrar-se à dor ou ficar monitorando a pessoa para ter certeza de que ela não está traindo não eliminará esse risco, assim como continuar se afastando ou atacando-a pode acabar aumentando as chances de isso acontecer.

## Relutância em abrir mão do papel de vítima

Muitas vezes, quem foi traído se apega ao papel de vítima para ter uma posição moral superior. Já vimos pessoas fazerem isso para obtenção de vantagens, como exigir desculpas constantes ou concessões. Também há quem use o sofrimento como justificativa para continuar descontando a raiva e punindo a outra pessoa, mesmo muito tempo depois do ocorrido. Existe uma linha tênue entre exigir melhorias ou compensações para superar a mágoa e usar esses sentimentos como forma de manter influência ou infligir mais sofrimento na relação. Se você está tendo dificuldade em deixar a dor para trás, pense se parte dessa dificuldade está relacionada a vantagens no relacionamento que talvez você precise abrir mão ao decidir perdoar ou recomeçar.

## Possíveis obstáculos para quem cometeu infidelidade

A pessoa que cometeu infidelidade também pode enfrentar dificuldades com o perdão, especialmente com o autoperdão. Por exemplo, se você é quem cometeu infidelidade, ao perdoar-se, pode ter medo de "esquecer" o que aconteceu, baixando a guarda e arriscando-se a machucar seu par novamente. Pode ser que hesite em buscar o perdão, pois acredita que isso significaria pedir aceitação pelo que fez. Ou, ainda, você talvez pense que precisa continuar sofrendo, pelo menos enquanto seu par também estiver.

A curto prazo, níveis apropriados de culpa podem promover mudanças em seu próprio comportamento que são difíceis de realizar, porém culpa ou vergonha excessivas tendem a imobilizar as pessoas e minar mudanças construtivas. Não apenas por sua própria causa, mas também pelo bem do seu par e do seu relacionamento, examine se culpa ou vergonha profunda está interferindo na restauração de um relacionamento alegre e seguro. Considere fatores que podem estar prendendo você – incluindo crenças sobre perdão ou vantagens das quais você está relutante em abrir mão ao se apegar à sua profunda culpa ou vergonha (por exemplo, diminuir o desejo do seu par de puni-lo ou buscar mais compensação). Considere também os riscos de não perdoar a si mesmo e recomeçar. De que forma a superação da vergonha implacável poderia ser útil não apenas para você, mas também para seu relacionamento?

# ALGUMAS TRAIÇÕES SÃO MAIS DIFÍCEIS DE SUPERAR DO QUE OUTRAS?

Superar uma traição é difícil, complicado e, muitas vezes, exige trilhar um caminho tortuoso. No entanto, muitos fatores possivelmente relacionados à infidelidade podem tornar a recuperação ainda mais difícil. Uma forma de pensar sobre esses fatores complicadores é considerá-los de acordo com sua relação principal com o passado, o presente ou o futuro.

## Fazendo sentido em relação ao passado

Uma parte importante da recuperação da infidelidade é fazer sentido em relação ao que já aconteceu. Quanto "maior" for o relacionamento extraconjugal e a traição, mais difícil será dar sentido e prosseguir. A infidelidade pode parecer "maior" do que o normal por vários motivos – por exemplo, a duração do relacionamento. Quando você descobriu a infidelidade do seu par, pode ter sentido que estava vivendo uma fantasia – que sua vida não era o que você pensava que era. Então, quanto mais tempo a infidelidade durou, mais sua vida pode parecer uma grande ilusão. Nenhuma traição que viola seus limites é aceitável, mas uma aventura de uma noite em circunstâncias incomuns pode ser menos difícil de superar do que descobrir que seu par estava mantendo um relacionamento íntimo e próximo com outra pessoa por meses ou anos, vivendo uma espécie de dupla vida que você não conhecia. Como você pode dar sentido a uma realidade inteira cuja existência você sequer imaginava?

Similar a um relacionamento de longa duração, o momento em que você descobre a infidelidade também pode impactar sua recuperação. Por exemplo, trabalhamos com casais em que uma das partes descobre uma traição ocorrida anos ou décadas antes. Isso pode parecer menos doloroso porque está no passado distante, mas, para alguns parceiros que foram traídos, fica ainda mais difícil se recuperar porque passam a questionar os últimos 20 ou 30 anos de seu relacionamento – lutando com o que foi real e o que foi baseado em engano.

Uma infidelidade pode parecer "maior" e ser mais difícil de curar a depender de quem era a pessoa externa. A infidelidade envolveu uma "dupla" traição em algum sentido? Por exemplo, a terceira pessoa era alguém que você conhecia e confiava – um amigo, colega ou membro da família? Essas "traições duplas" quase sempre tornam a recuperação mais difícil. Alguém próximo a você sabia sobre a infidelidade, mas não contou, interagindo com você como se nada estivesse acontecendo? Os sentimentos de traição se multiplicam e a recuperação fica mais complicada quando outras pessoas em sua vida estiveram envolvidas na infidelidade, direta ou indiretamente, fazendo você sentir que não sabe em quem confiar ou se algum limite é realmente seguro.

Um fator complicador semelhante surge se a infidelidade ocorreu com alguém que ocupava uma posição de confiança para você ou seu par, ou para vocês dois como casal. Em muitas circunstâncias, podemos colocar certas pessoas em posições únicas de confiança, com quem podemos nos abrir, mostrar uma vulnerabilidade que normalmente não faríamos com outras pessoas. Por exemplo, tiramos a roupa na frente de profissionais de saúde ou revelamos nossos pensamentos e sentimentos mais íntimos a um terapeuta, conselheiro ou líder religioso. Isso sempre é feito com o entendimento de que a pessoa nessa posição de confiança não usará o que sabe sobre nós ou seu poder para nos machucar. Se você experimentou uma violação desse tipo de alguém em quem confiava, não apenas seu par traiu você, mas também as instituições importantes em sua vida e as pessoas que representam essas instituições. Violações desse tipo quase sempre tornam a recuperação da infidelidade mais difícil.

## Experimentando o presente

Mesmo que você tenha feito um bom trabalho em entender o passado, o que aconteceu não desaparece – ainda faz parte da sua vida presente. Por exemplo, haverá momentos ou situações que desencadeiam sentimentos fortes relacionados à infidelidade – talvez o "aniversário" de descoberta, ou algum lugar por onde você passe e que lembra a pessoa externa. No entanto, as consequências de algumas traições podem aumentar a frequência ou a profundidade desses sentimentos de maneiras contínuas e inevitáveis. Por exemplo, se uma criança nasceu como resultado do relacionamento extraconjugal, é possível continuar tendo memórias dolorosas desencadeadas, bem como interações difíceis com seu par ou filho, que podem confundir vocês dois. Ou, ainda, se seu par contraiu uma infecção sexualmente transmissível e passou para você, pode ser que você experimente sofrimento físico e emocional que desencadeiam repetidamente lembranças dolorosas. Mesmo consequências menos dramáticas, mas duradouras – por exemplo, interrupções em importantes relacionamentos sociais, religiosos ou familiares, ou dificuldades financeiras devido a mudanças no trabalho resultantes da infidelidade –, podem servir como gatilhos que acionam lembranças em momentos inesperados, tornando mais difícil curar e recomeçar.

## Prevendo o futuro

A forma como você pensa sobre o futuro também impactará sua capacidade de seguir em frente. Curar-se e prosseguir com seu par são ações que requerem senso de segurança e previsibilidade para lhe dar confiança de que você não se machucará novamente da mesma maneira; portanto, quaisquer aspectos da infidelidade que aumentem o risco de eventos semelhantes no futuro farão de você mais cauteloso e tornarão a recuperação mais difícil. Por exemplo, se seu par teve múltiplos relacionamentos extraconjugais no passado, mesmo que vocês tenham trabalhado juntos para a recuperação do casal, reconciliar-se e continuar juntos pode ser um risco maior. Da mesma forma, se você se machucou pela traição de um "ex" ou teve outras pessoas em sua vida que também cometeram infidelidade de alguma forma, a recuperação da traição recente pode ser mais difícil para você, pois suas experiências ao longo do tempo podem ter construído um reservatório de desconfiança. Se esse for o seu caso, tente separar as ações do seu par da infidelidade de outras pessoas, pois assim você poderá lidar com sua situação atual como ela é.

O sentido que seu par dá à traição também pode diminuir seu compromisso em fazer mudanças importantes. Se seu par não assume responsabilidade por seu papel na infidelidade ou faz declarações como "Eu estava bêbado e não sabia o que fazia", "Não foi minha culpa; aquela pessoa estava me perseguindo" ou "Foi seu melhor amigo; claro que confiei nele", recomeçar provavelmente será mais difícil para você, mesmo que haja algum fundo de verdade nas declarações. A falha de um parceiro ou uma parceira em assumir responsabilidade por seus próprios comportamentos e fazer mudanças necessárias e difíceis inevitavelmente dificulta confiar no futuro.

Finalmente, se seu par permanecer em situações de alto risco para violações de limites ou comportamentos inadequados com outras pessoas, a recuperação provavelmente será mais difícil – mesmo que seu par esteja motivado a mudar. Por exemplo, se circunstâncias futuras exigirem que interações com a pessoa externa continuem ocorrendo ou que seu par seja colocado em situações semelhantes àquelas em que a infidelidade ocorreu, o risco aumenta, e seus sentimentos de segurança diminuem. Portanto, se as circunstâncias puderem colocar seu par em situações de alto risco no futuro, é importante que vocês dois reconheçam isso e trabalhem juntos para minimizar tais momentos ou proteger-se da melhor maneira possível.

## Curando-se de traições complicadas

Você não pode desfazer o passado, mas pode tomar medidas para lidar com aspectos complicados da infidelidade para alcançar seus próprios objetivos de recuperação. Por exemplo, se a infidelidade durou anos e você precisa descobrir o que era real e o que era fantasia em seu relacionamento, então vocês precisam ter conversas importantes, mas difíceis, sobre como foi aquele período da vida para os dois. *É difícil seguir em frente quando você não sabe de onde está saindo.* Se a infidelidade envolveu outras pessoas importantes em sua vida, seja como a pessoa externa ou outras que sabiam do relacionamento extraconjugal, mas não contaram, então você e seu par precisarão decidir se vão confrontar essas pessoas ou as instituições que elas representam, reconhecendo os potenciais riscos ou as consequências negativas dessas confrontações. Por exemplo, se a infidelidade foi com um colega de trabalho ou um membro da família, você corre o risco de toda a sua família saber ou de pessoas no local de trabalho espalharem a notícia de maneiras prejudiciais? Se a pessoa externa fazia parte de uma agência ou instituição em que você confiava, você notifica a instituição ou inicia uma reclamação formal que pode colocar em risco a licença ou o emprego da pessoa? Você pode decidir se isso é apropriado e importante, mas certifique-se de entender as possíveis implicações de tal processo para você ou seu par, para que ambos possam tomar uma decisão em conjunto. Em alguns casos, pode ser valioso buscar orientação confidencial de outras pessoas com experiência ou conhecimento relevante.

Lidar com gatilhos emocionais contínuos exige delicado equilíbrio. Por um lado, você deve evitar envolver-se desnecessariamente em situações que desencadearão reações dolorosas – por exemplo, socializar com a pessoa externa, visualizar sua página nas redes sociais ou assistir a filmes envolvendo infidelidade em um encontro romântico. Por outro lado, se você está tentando evitar ou negar o que aconteceu ou restringindo demais seu mundo para evitar gatilhos emocionais, você pode estar permitindo que o passado controle seu presente e seu futuro de maneiras prejudiciais. O equilíbrio ideal entre minimizar e tolerar gatilhos pode variar ao longo do tempo. Por exemplo, imediatamente após descobrir a infidelidade do seu par, você pode precisar cuidar de si, evitando certas situações que podem intensificar emoções dolorosas. Mas, à medida que você avança na recuperação e essas emoções diminuem, pode ser importante expandir seu mundo e reduzir sua evitação – sempre reavaliando quando, onde e como lidar com gatilhos emocionais de maneiras que permitam que você viva a vida da forma mais plena possível.

Em termos de futuro, você deve avaliar a probabilidade de que nova infidelidade possa ocorrer, em linha com o que discutimos ao longo deste livro. *Embora o passado possa ser um bom preditor do futuro, nem você nem seu par estão destinados a repeti-lo*. Seu objetivo é avaliar se existem fatores complicadores adicionais ou mudanças que você e seu par estão dispostos a fazer para que o passado não se repita. Nas próximas páginas, discutiremos o que pode ajudar se você estiver se sentindo em uma prisão, independentemente de quão complicada a infidelidade possa ter sido.

## COMO SUPERAR?

Se você ainda enfrenta dificuldade para superar dor, raiva ou vergonha intensas deixadas pela infidelidade, siga os passos adicionais descritos a seguir.

### Avalie os riscos e benefícios de seguir em frente

O principal risco de seguir em frente é abrir-se e machucar-se novamente. Outro obstáculo pode ser a relutância em abrir mão da influência ou do poder adicional concedido à pessoa que foi traída. No entanto, continuar dominando um relacionamento por meio da dor ou da raiva acaba por destruir qualquer oportunidade de reconstruir um relacionamento saudável. Cultivar sentimentos de profunda culpa ou vergonha em seu par, agarrando-se à sua própria dor ou raiva, eventualmente transforma a culpa em ressentimento.

Em contraste, deixar para trás a dor do passado pode servir como um poderoso presente que não apenas promove melhor saúde emocional e física em ambos, mas inspira seu par a trabalhar mais em nome do relacionamento e dar mais em troca.

### Tome a decisão de perdoar ou seguir em frente

Em seu livro *Forgiveness is a choice*, Robert Enright enfatiza que deixar de lado a mágoa e perdoar o agressor são escolhas que a pessoa é livre para aceitar ou rejeitar. A decisão de perdoar não significa que você completou o processo, e sim que você fez "um bom começo" ao se comprometer com o processo. Tomar a decisão de superar sua mágoa, raiva ou vergonha requer que você tenha uma visão sobre como quer estar emocional, relacional e talvez espiritualmente – e se comprometer com um processo que tenha maior potencial de colaborar para o atingimento dessa meta. O Exercício 11.2 pode ajudar nesse processo.

De vez em quando, você ainda terá pensamentos e sentimentos negativos relacionados à infidelidade, mesmo depois de tomar a decisão de perdoar ou seguir em frente. Se você se encontrar nessa situação a ponto de interromper seus esforços, as seguintes diretrizes podem ajudar:

- *Encontre maneiras mais construtivas de expressar seus sentimentos.* Embora seja importante compartilhar seus sentimentos de mágoa com seu par (por exemplo, explicando que você precisa de algum tempo sozinho antes de poder interagir de forma calorosa ou íntima), também é importante que você tenha maneiras de expressar seus sentimentos separadamente dessa pessoa. Formas alternativas de desabafar incluem manter um diário ou conversar com um amigo de confiança, levando em consideração as diretrizes para isso incluídas no Capítulo 4.

- *Trabalhe no desenvolvimento de técnicas mais eficazes para gerenciar seus sentimentos quando estes ameaçam sair do contro*le. Certifique-se de reconhecer quando seus sentimentos estão perto de sair do controle – como quando você está tendo pensamentos particularmente "acalorados", sofrendo tensão muscular ou outros sinais físicos de tensão, falando de maneira áspera ou com raiva, batendo portas ou experimentando outras pistas de escalada de raiva que você aprendeu a reconhecer. Use algumas técnicas para gerenciar sentimentos intensos descritas no Capítulo 3 – seja meditação ou relaxamento, um passeio, exercícios moderados ou uma pausa até que seus sentimentos estejam controlados.

- *Desenvolva técnicas mais eficazes para interromper pensamentos negativos que interferem em sentimentos positivos ou em comportamentos construtivos.* Reconhecer pensamentos negativos repetitivos e simplesmente dizer a si mesmo para "parar" pode ser útil, assim como limitar seu tempo para ter esses pensamentos a um determinado horário do dia ou período definido (por exemplo, por 15 minutos, mas não mais). Redirecionar seus pensamentos para um tópico diferente ou distrair-se com uma atividade diferente também pode ajudar. Isso não é negação, e sim exercer controle sobre seus pensamentos negativos que ocorrem de maneiras pouco úteis.

  Outra maneira de interromper pensamentos negativos é refletir sobre os assuntos de uma perspectiva diferente, mais positiva. Por exemplo, em vez de se concentrar em memórias dolorosas da infidelidade, lembre-se de que as memórias não são tão frequentes ou devastadoras quanto antes. Concentre-se no progresso que você e seu par já fizeram para reconstruir um relacionamento feliz e seguro.

- *Trabalhe para desenvolver compaixão por seu par.* Continue se esforçando para entender como seu par agiu de maneira dolorosa e para reconhecer a angústia e as falhas humanas dessa pessoa. A compaixão surge do cuidar de seu par e desejar o fim da própria dor – seja você a pessoa que foi traída ou a que cometeu a infidelidade.

- *Recorra a recursos espirituais ou semelhantes que ajudem a dar significado ao desapego e fortaleçam seus esforços para alcançar esse objetivo.* Se a raiva, a culpa ou a vergonha contínuas interferem em seus esforços para recomeçar pelo bem do seu par ou do seu relacionamento, você ainda pode trabalhar em direção ao perdão com base em valores pessoais ou espirituais. Recorrer a tais valores pode ajudar você a trabalhar para deixar o passado para trás, mesmo quando você não se sente fazendo isso.

■ *Expresse seu desejo de perdoar ou seguir em frente e descreva as etapas que você se dispõe a seguir nesse processo*. Fazer uma declaração explícita ao seu par sobre seu compromisso em seguir em frente pode promover na pessoa maior compreensão e paciência nos momentos em que você experimentar reveses, além de ajudar seu par a deixar para trás a mágoa ou o ressentimento do passado. É importante que ambos entendam que seu compromisso em seguir em frente implica um processo ainda em desenvolvimento, e não um estado final já alcançado. Isso não significa que você não continuará a se lembrar da infidelidade ou a sofrer por ela, mas que você não permite mais que a mágoa, a raiva, a culpa ou a vergonha governem sua vida. Você se compromete voluntariamente a não punir mais seu par ou você mesmo pela infidelidade ou exigir mais compensação.

■ *Considere buscar ajuda profissional externa para lidar com sentimentos difíceis ou tomar decisões desafiadoras*. Revise as diretrizes que oferecemos para buscar ajuda profissional no Capítulo 5. Lembre-se de que buscar ajuda externa não é sinal de fraqueza ou autoindulgência, e sim sobre se tornar saudável novamente por você mesmo e pelo bem daqueles que você ama e que se importam com você.

**Não importa se você é a pessoa que foi traída ou a que cometeu infidelidade, trabalhe nos exercícios a seguir.** Eles podem ajudar você a examinar onde se encontra atualmente no processo de recomeçar e, em seguida, tomar e implementar uma decisão de deixar para trás a dor profunda, a raiva ou a vergonha que continua a machucar você ou seu relacionamento.

## EXERCÍCIOS

### EXERCÍCIO 11.1 Examinando seu progresso

*Faça duas listas.* Primeiro, liste as etapas que você e seu par já alcançaram em relação a recomeçar ou melhorar sua situação. Por exemplo, vocês podem reconhecer que a pessoa que cometeu infidelidade assumiu total responsabilidade pelo ocorrido e não mais se envolve em flertes ou comportamentos inapropriados com outras pessoas. Talvez vocês percebam que, antes, a pessoa que foi traída costumava machucar a que cometeu infidelidade com lembranças dolorosas da traição, mas agora tenta evitar fazer isso.

Segundo, liste as etapas que vocês ainda precisam cumprir para prosseguir e clarifique os obstáculos que estão dificultando ou impedindo essa evolução. Por exemplo, a pessoa que foi traída pode perceber a necessidade de começar a mostrar mais confiança na pessoa que cometeu infidelidade – como decidir limites razoáveis para o comportamento do seu par e depois dar a chance de demonstrar sua confiabilidade. Ou, talvez, você ou seu par tenham caído em antigos padrões que colocaram seu relacionamento em risco – por exemplo, dedicando muitas horas ao trabalho ou outras atividades fora de casa e negligenciando seu relacionamento quando juntos. Se você ou seu par reconhecerem isso como um obstáculo para seguir adiante, precisam trabalhar para estabelecer limites mais saudáveis para envolvimentos externos e melhores maneiras de se conectar um com o outro.

### EXERCÍCIO 11.2 Tomando a decisão de deixar para trás a dor, a raiva ou a vergonha profunda

Primeiro, liste os riscos e os benefícios potenciais de deixar para trás seus sentimentos de mágoa, raiva ou vergonha. Em seguida, liste os benefícios e riscos de não deixar a dor para trás.

Exemplo da pessoa que foi traída:

*"Tenho medo de deixar para trás minha raiva e meu par voltar aos velhos hábitos. Porém sei que, a longo prazo, um relacionamento forte precisa ser baseado no amor, e não na raiva ou no medo."*

Exemplo da pessoa que cometeu infidelidade:

*"Machuquei tanto meu par que não consigo imaginar não ter essa profunda culpa e vergonha, mas sei que me comprometi a fazer o que for preciso para nos curar da traição, e me punir todos os dias acabará me derrotando, mas não ajudará meu par ou nosso relacionamento."*

Segundo, considere estratégias que você pode implementar se continuar se sentindo em uma prisão, apesar de sua decisão de recomeçar. Sentimentos negativos podem continuar ocorrendo por muito tempo porque estão relacionados à forma como você pensa sobre a situação.

Exemplo da pessoa que foi traída:

*"Sei que continuar pensando em cada vez que você mentiu para mim só mantém minha raiva viva. Quero me lembrar dos esforços que fez para melhorar nosso relacionamento e demonstrar seu compromisso em reconstruir a confiança."*

Exemplo da pessoa que cometeu infidelidade:

*"Nunca quero esquecer o que fiz ou o mal que causei a você e ao nosso relacionamento, mas quero usar isso para me lembrar todos os dias do que é preciso fazer de melhor para fortalecer e proteger o que temos agora e no futuro, não para me culpar".*

# 12
## O relacionamento tem salvação?

*Kyle e Mariana vinham tentando lidar com a infidelidade há seis meses, mas ele ainda estava muito abalado. A decisão de tentar salvar o relacionamento foi uma última tentativa de descobrir se era possível recomeçar. Nos últimos seis meses, eles tinham feito progressos ao conversar sobre seus sentimentos e decidir como passar o tempo juntos em casa. Kyle demorou um pouco para se abrir novamente, mas Mariana foi paciente. Aos poucos, o rancor dele diminuiu e, às vezes, parecia que tudo havia voltado ao normal.*

*No entanto, algumas consequências dolorosas da infidelidade de Mariana persistiam. Para Kyle, parecia que algo havia se perdido para sempre no relacionamento. Ele não conseguia mais vê-la da mesma forma. Eles haviam reconstruído uma amizade razoável, mas a alegria e a cumplicidade anteriores não voltaram. Kyle não queria seguir em frente sem Mariana, mas também não queria passar o resto da vida em um relacionamento sem intimidade ou paixão verdadeira. Ele conseguiria confiar de novo nela? Quanto tempo levaria? Se nunca conseguisse, ele seria capaz de aceitar e continuar com Mariana? Ou seria melhor para ambos terminar o relacionamento e seguir caminhos separados como amigos?*

Algumas pessoas, como Kyle e Mariana, se esforçam muito para entender a infidelidade e reconstruir um relacionamento cuidadoso, mas continuam com dificuldade para recuperar a confiança, a intimidade ou a alegria que sentiam antes. Mesmo depois de superar a raiva, decidir entre continuar juntos ou se separar pode ser difícil. Neste capítulo, vamos ajudar você a decidir como seguir em frente, seja com seu par ou separados. Talvez você já tenha decidido o que fazer – se for o caso, ainda recomendamos que leia este capítulo e faça os exercícios, pois pode ajudar a definir melhor os motivos da sua decisão ou a conversar sobre isso com seu par de forma mais eficaz. Analisar as questões abordadas aqui também pode ajudá-los na identificação do que ainda precisa ser trabalhado, seja para salvar o relacionamento, seja para construir vidas felizes separados.

## QUAIS SÃO AS MINHAS OPÇÕES?

Depois de uma infidelidade, algumas pessoas não demoram para perceber que querem recuperar o relacionamento, assim como outras já escolhem seguir caminhos separados desde o início. A maioria das pessoas, no entanto, especialmente a pessoa que foi traída, fica em dúvida. Muitas gostariam de reconstruir a relação, mas ficam magoadas, com medo ou com muita raiva para saber se isso é possível. Outras tendem a se separar, mas não querem desistir do relacionamento sem antes fazer todos os esforços possíveis para reconciliação. No fim das contas, existem quatro caminhos principais:

**1. Permanecer juntos de forma saudável.** Alguns casais se comprometem a reconstruir o relacionamento e fazem o trabalho necessário para que isso aconteça. Ambos os parceiros lidam com seus próprios sentimentos de mágoa, raiva ou culpa de uma forma que permita dar passos positivos para recuperar a confiança e a intimidade. A infidelidade não é esquecida, mas serve como um lembrete da necessidade de cuidar e fortalecer constantemente a relação, além de lidar com eventuais estresses ou conflitos.

**2. Permanecer juntos sem uma reconciliação saudável.** Há casais que continuam juntos, mas interagindo de forma dolorosa, prejudicando o relacionamento um do outro com os filhos ou com outras pessoas, tendo discussões frequentes e intensas – isto é, ficam juntos sem conseguir reconstruir um relacionamento saudável. Mesmo que não sejam abertamente hostis, permanecem isolados em um retiro emocional. A mágoa, a raiva ou a desconfiança persistem e atrapalham os passos necessários para voltar a ter uma relação construtiva e íntima.

**3. Terminar de forma saudável.** As pessoas podem decidir terminar o relacionamento da maneira menos dolorosa possível para si e para aqueles que amam, como filhos e familiares. Elas se esforçam para não causar mais sofrimento um ao outro durante ou após o processo de separação. Se tiverem filhos, tentam, juntos, proteger seu bem-estar emocional e físico. Cada um usa o que aprendeu com a infidelidade para construir uma vida feliz e produtiva, seja só ou em um relacionamento saudável com outra pessoa.

**4. Terminar de forma disfuncional.** Há quem termine o relacionamento e continue interagindo de forma dolorosa. Assim como aqueles que permanecem juntos sem uma reconciliação saudável, esses prejudicam o relacionamento um do outro com filhos, famílias, amigos e colegas ou cortam todo o contato, mas continuam revivendo conflitos e traumas anteriores relacionados à infidelidade. A amargura persistente e a mágoa costumam interferir no desenvolvimento de novas relações íntimas saudáveis e podem ter um impacto negativo duradouro nos relacionamentos íntimos de seus filhos.

Claro que ninguém opta pelas alternativas prejudiciais de propósito, mas algumas pessoas acabam tomando esse caminho por falta de escolha e compromisso com alternativas melhores. Seguir em frente de forma saudável, seja juntos ou separados, exige uma avaliação cuidadosa dos recursos e potenciais riscos que cada um traz para o relacionamento. Em seguida, é preciso decidir se ficam juntos ou não e se comprometer em seguir essa decisão da melhor maneira possível.

## COMO DECIDIR?

É comum as pessoas terem sentimentos contraditórios sobre o relacionamento, principalmente quando passam por discussões frequentes e intensas ou por longos períodos de solidão ou afastamento emocional. Depois de uma infidelidade, sentimentos confusos são muito frequentes. Pode ser que nenhuma decisão seja totalmente certa para você. No entanto, é importante lidar com esses sentimentos e escolher seguir em frente em uma direção ou outra. Refletir a respeito do que você aprendeu sobre si mesmo, o outro e seu relacionamento é essencial para tomar a decisão certa.

### Refletindo sobre o seu par

Relembre os aspectos do seu par considerados por você ao trabalhar nos capítulos anteriores. Se você é a pessoa que foi traída, o que concluiu sobre o caráter do seu par? A infidelidade foi um evento isolado ou parte de uma longa série de comportamentos desleais ou ações egocêntricas? Algumas qualidades positivas do outro, como sensibilidade emocional e necessidade de conexão, podem ter contribuído para a infidelidade por terem se manifestado de forma prejudicial? A infidelidade ocorreu durante um período de sérios problemas no relacionamento?

Seu par assumiu a responsabilidade pela infidelidade e expressou arrependimento de forma genuína? Já demonstrou capacidade de fazer mudanças difíceis no passado, incluindo mudanças não relacionadas ao casal? Pense se seu par já fez mudanças importantes desde que a infidelidade veio à tona – por exemplo, não se colocando mais em situações que podem encorajar comportamentos inadequados com outras pessoas. Seu par e a pessoa de fora cortaram completamente o contato, ou as interações ficaram restritas ao absolutamente essencial devido a um ambiente de trabalho compartilhado?

Se quem cometeu infidelidade também está com dificuldade para decidir o que fazer, é importante que reflita sobre os fatores relacionados à outra parte da relação. Por exemplo, seu par se dispôs a pensar se contribuiu de alguma forma para deixar o relacionamento em risco? Mostrou progresso em superar a dor ou a raiva causada pela infidelidade? Lembre-se: pessoas que foram traídas geralmente precisam de muito mais tempo para se recuperar do que quem cometeu a infidelidade. Portanto, talvez seja importante ser paciente agora e focar em prosseguir no relacionamento da melhor maneira possível até ter certeza de que: (1) a pessoa que foi traída não será capaz de reconstruir uma relação próxima e feliz com você, mesmo com o passar do tempo e mesmo com todos os esforços feitos; ou, (2) independentemente da decisão e da capacidade de recuperação do outro, você quer terminar o relacionamento e seguir seu próprio caminho.

### Refletindo sobre o relacionamento

Reflita sobre os fatores do relacionamento que você identificou anteriormente como potenciais causas para o risco de infidelidade. Vocês abordaram essas questões de forma suficiente? Por exemplo, se havia conflitos frequentes ou intensos antes da infidelidade, vocês desenvolveram estratégias mais eficazes para lidar com as diferenças e tomar decisões juntos? Se o relacionamento ficou vulnerável em parte porque estavam desconectados um do outro, vocês encontraram maneiras mais eficazes de ter intimidade emocional ou física?

Mesmo que o relacionamento antes da infidelidade fosse satisfatório para vocês dois, o trauma pode ter causado grande sofrimento e produzido efeitos negativos duradouros. Se a infidelidade criou novos problemas (por exemplo, conflitos com família ou amigos), pense se conseguiram trabalhar juntos para resolvê-los ou se estão nessa direção. Vocês conseguiram voltar a se divertir juntos e fazer outras atividades que gostavam? Conversaram sobre como gostariam de levar a relação adiante?

Além disso, reflita sobre o relacionamento a partir de uma perspectiva mais ampla. Por que decidiram ficar juntos no início e como essa união ajudou vocês a crescer? O que fizeram de melhor juntos e quais desafios superaram? Será possível recuperar o que era bom?

## Refletindo sobre si

Se você é a pessoa que foi traída, precisa saber como controlar seus sentimentos para não ficar sem esperança e não continuar atacando o outro de forma destrutiva. Também precisa examinar seus aspectos que podem ter contribuído para a vulnerabilidade da relação. Por exemplo, se sua dificuldade em expressar sentimentos gerou discussões intensas ou distância emocional entre o casal, você deve buscar maneiras mais construtivas de abordar tais sentimentos. Independentemente da sua decisão de manter o relacionamento ou não, é importante encontrar meios de superar a dor e focar no futuro. Finalmente, caso decida manter a relação, será importante redescobrir como reconstruir a alegria e a intimidade com seu par. Você se dispõe a correr riscos apropriados, aos poucos, para recuperar a confiança no outro e a intimidade enquanto casal?

Se você é a pessoa que cometeu infidelidade, também tem desafios para enfrentar ao decidir como seguir em frente. Você refletiu honestamente sobre seus aspectos que levaram à infidelidade? Identificou e abordou suas próprias contribuições para a vulnerabilidade da relação? O que você se dispõe a dar e do que vai abrir mão para ajudar na reconstrução do relacionamento? Será que consegue se comprometer a fazer dar certo a longo prazo, mesmo se seu par estiver com dificuldade de superar agora? Se a culpa e o arrependimento em excesso estiverem atrapalhando a restauração de uma relação íntima e alegre com o outro, você conseguirá fazer o que for preciso para superar esses sentimentos?

## Outras considerações

Ao pensarem sobre a manutenção do relacionamento, muitas pessoas consideram o impacto de suas decisões sobre os filhos. No entanto, é difícil prever esse impacto. Especialistas divergem sobre os efeitos que o conflito entre os pais, a separação ou o divórcio pode ter nas crianças. Porém, há um fato claro: muitos aspectos entram em jogo, como a qualidade do relacionamento dos pais e sua interação com os filhos antes da separação, a idade das crianças, o seu envolvimento com os pais, a interação dos pais entre si após o término e como o fim do relacionamento afeta o bem-estar econômico e social das crianças. Sabe-se também que ficar juntos "pelos filhos" raramente é benéfico se os adultos continuam tendo discussões frequentes. Pesquisas e descobertas clínicas confirmam que o bem-estar emocional geral das crianças é melhor quando seus pais:

- reduzem a frequência e a intensidade das discussões em casa, especialmente quando testemunhadas pelos filhos, ou colaboram para minimizar conflitos após a separação;
- se comprometem a não envolver os filhos em seus conflitos e desentendimentos durante ou após a separação.

*Qualquer que seja o rumo tomado no relacionamento, é fundamental que ambos se esforcem para lidar com a situação de forma saudável, pelo bem dos filhos e pelo próprio bem.*

Para algumas pessoas, a decisão sobre ficar ou não em um relacionamento também é fortemente influenciada por valores pessoais ou religiosos. Se você está enfrentando essas questões, pode ser útil conversar com amigos, familiares ou profissionais cuidadosamente escolhidos, ou, ainda, buscar orientação de um conselheiro espiritual de confiança. Porém, cuide para não colocar muita importância em qualquer conselho que receber, não importa o quão bem-intencionado seja quem o deu. No final das contas, você precisa assumir a responsabilidade de tomar sua própria decisão.

Conte a seu par sobre os fatores que estão pesando na sua decisão e peça que ele pense nisso também. Comece refletindo sobre os motivos positivos para permanecer no relacionamento e, em seguida, identifique suas preocupações, descrevendo a importância delas. O que seria necessário de cada um de vocês para resolvê-las? Por fim, lembre-se de que será preciso esforço de ambos para que a relação tenha sucesso. Qualquer um de vocês pode terminar o relacionamento, independentemente da vontade ou do esforço do outro. Da mesma forma, qualquer um de vocês pode sabotar o relacionamento deixando o outro fazer todo o trabalho de mudança.

## E SE EU DECIDIR FICAR?

Se você tem trabalhado sozinho neste livro até agora, é um bom momento para convidar novamente seu par para ler e trabalhar com você. Talvez vocês não precisem fazer todos os exercícios juntos neste momento, mas, mesmo que você já os tenha feito por conta própria, peça ajuda para identificar o que colocou a relação em risco e lidar com isso da melhor forma possível. Além disso, se vocês decidirem seguir em frente juntos, seu desafio será continuar os esforços que começaram ao trabalhar nos capítulos anteriores: curar o passado, fortalecer o presente e enriquecer o futuro. As tarefas necessárias já foram apresentadas, mas certos aspectos desse trabalho, descritos a seguir, exigirão esforço contínuo.

### Curando o passado

Vocês começaram a trabalhar na cura do passado quando conversaram sobre o que aconteceu e como isso os impactou. Os casais dão passos importantes em direção à cura quando a pessoa que cometeu infidelidade assume a responsabilidade, expressa arrependimento de forma genuína e demonstra esforços para mudar, bem como quando a pessoa que foi traída reconhece isso. A cura pode continuar à medida que os casais passam por um processo de libertação e reconciliação, como descrito no capítulo anterior.

Curar-se de uma infidelidade exige entender, da melhor forma possível, como ela aconteceu. No entanto, chega um momento em que continuar perguntando "Por que você fez isso?" não traz novas informações, além de ser emocionalmente desgastante e interferir na reconstrução da intimidade e da dedicação para continuarem juntos. As informações que vocês têm agora sobre o contexto da infidelidade dão pistas sobre o que cada um precisa fazer de diferente? Se sim, pode ser hora de deixar de lado as perguntas sobre os motivos e concentrar-se em reconstruir o futuro.

É importante lembrar de que curar o passado é um processo que permanecerá mesmo depois que vocês tenham trabalhado nas questões de perdão e tomado uma decisão clara de prosseguir juntos. Provavelmente, no futuro, vocês se lembrarão da infidelidade e do seu impacto com mágoa, tristeza ou culpa. Nesses momentos, tente se concentrar em como vocês já avançaram no processo de cura, recupere a expectativa de onde querem chegar e se comprometa a fazer o que for preciso no momento para tolerar ou superar esses sentimentos.

### Fortalecendo o presente

Com a leitura dos capítulos anteriores, você refletiu sobre o que seria necessário para reduzir os fatores de risco e aumentar os fatores de proteção em você, em seu par e no relacionamento. Reveja suas respostas aos exercícios desses capítulos e analise como vocês têm lidado com suas características e contextos pessoais que contribuíram para a vulnerabilidade da relação. Vocês têm fortalecido suas qualidades essenciais para a recuperação? Fortalecer o presente não significa voltar ao que era antes, e sim aproveitar ao máximo onde você está. Envolve mais do que reduzir conflitos e requer criar oportunidades para intimidade e alegria, bem como implementar tudo o que você aprendeu sobre manter um relacionamento seguro e amoroso e continuar realizando esses esforços, especialmente quando for difícil e você desanimar.

### Enriquecendo o futuro

Mesmo que os casais continuem juntos, é possível que ainda se sintam estagnados. Para avançar, é necessário saber onde você quer chegar e ter um "mapa" que aponte o caminho. Em certo nível, o mapa pode envolver planos específicos para lidar com reveses e voltar ao caminho certo. Em outro nível, seguir em frente envolve visualizar o quadro geral do seu futuro juntos a longo prazo. Vocês se sentirão mais conectados emocionalmente quando ambos souberem e concordarem com a maneira de se desenvolver como casal ou família. Conversem sobre como gostariam de seguir com o relacionamento e o que estão dispostos a fazer para isso.

## COMO RECUPERAR A CONFIANÇA?

A confiança pode ser uma das últimas qualidades a ser restaurada em um relacionamento após uma infidelidade. Há quem apresente mais dificuldades com isso devido a feridas ou traições em relacionamentos anteriores. Outras pessoas podem enfrentar mais desafios para ganhar ou manter a confiança por serem mais reservadas ou terem tendência de testar os limites das regras e expectativas da relação. Em geral, a maioria dos casais começa o relacionamento com confiança mútua, mas, depois de uma infidelidade, pode ser muito difícil confiar novamente. Reconstruir a confiança leva tempo, e o progresso ao longo do caminho requer pequenos passos, como os listados no quadro a seguir.

Podemos distinguir diferentes níveis ou tipos de confiança. Além de questões relativas à fidelidade, talvez vocês se preocupem com a confiança em outras áreas do relacionamento; por exemplo, você confia que seu par vai ouvir quando vocês discutirem um problema? Confia que ele vai tratar você com cortesia e respeito quando estiver com outras pessoas? Acredita que ele vai cumprir os acordos feitos para resolver situações que colocaram a relação em risco? Se você disser que chegará em casa em determinado horário, seu par pode contar com você para aparecer na hora marcada ou ligar antes? Uma maneira de reconstruir a confiança é cooperar para atingir e manter

Como reconstruir a confiança:
- Para quem foi traído:
    - Comece com atitudes simples e gradativas, mesmo que seja desconfortável no início.
    - Evite a tentação de "bisbilhotar". Por exemplo, não olhe o celular do outro sem sua permissão.
- Para quem cometeu infidelidade:
    - Evite segredos.
    - Respeite os limites do relacionamento.
    - Cumpra o que foi combinado com relação a questões do relacionamento.

acordos sobre certas questões ou áreas por vez. À medida que a confiança cresce em áreas específicas, pode começar a se regenerar em um nível geral, já que a esperança também cresce.

## Como a pessoa que foi traída pode voltar a confiar?

Confiança envolve seguir em frente diante da incerteza. Você precisa decidir se vai tentar reconstruir o relacionamento com confiança mútua. É inevitável que, para fazer isso, você precise aceitar algum grau de risco de se magoar novamente, não importa quão pequeno seja. Reconstruir a confiança não significa deixar de se preocupar, mas, gradualmente, identificar riscos que você consegue correr e sua capacidade de tolerar a incerteza de enfrentar uma nova infidelidade. Pense nas diferentes situações que contribuem para você desconfiar da fidelidade do outro e liste-as em ordem crescente de dificuldade. Quando você sente menos insegurança? Quais fatores de risco você acredita ter eliminado? Converse com seu par sobre seus medos e discutam o que ambos devem fazer para reduzir os riscos.

Quais pequenas atitudes você pode ter agora para voltar a confiar? Estabeleçam acordos específicos sobre questões que não estejam diretamente relacionadas à fidelidade. Por exemplo, imagine que vocês combinaram que seu par passaria mais tempo com você ou com os filhos em vez de ficar tanto tempo no trabalho ou na companhia de outras pessoas. Ajudaria a reconstruir a confiança se ele cumprisse esse combinado? Você sente que seu relacionamento ficaria mais seguro se ele conversasse com você sobre os próprios sentimentos ou sobre as decisões que vocês precisam tomar? Cumprir esses acordos talvez não resolva os problemas de confiança em relação à infidelidade, mas se esforçar para isso pode ser uma base inicial para confiar de modo geral.

Sem considerar os esforços do outro, o que você precisa fazer por conta própria para tolerar o desconforto de aceitar os riscos? Por exemplo, quando você estiver sofrendo com a desconfiança, será positivo se você se lembrar do quanto o outro está se esforçando para mudar a situação? Ao longo do caminho, como você saberá se está progredindo na capacidade de confiar? Reconheça que isso levará tempo e procure oportunidades para avançar aos poucos. Se continuar tendo dificuldade, releia a discussão do Capítulo 11 sobre o que pode atrapalhar seu progresso e as estratégias para superar obstáculos.

Reconstruir a confiança é um processo progressivo. Depois de descobrir a infidelidade, qualquer nível de incerteza sobre os comportamentos futuros da pessoa pode parecer esmagador. Por isso, inicialmente, é importante que a pessoa "vá além" para recuperar sua confiança, sendo completamente aberta com você sobre o que está fazendo, com quem está e para onde está indo. Com o tempo e conforme observa evidências do compromisso da pessoa em reconquistar sua confiança, você precisa reduzir a quantidade de informações que quer saber diariamente. É improvável que você seja feliz no relacionamento se, com o passar do tempo, sentir que precisa monitorar seu par. Além disso, depois de um tempo, a pessoa provavelmente vai se ressentir por perceber sua desconfiança e se sentir controlado, não importa quanto tenha trabalhado para mudar. Portanto, o processo necessário para restabelecer a confiança muda conforme o outro demonstra ser confiável e conforme você dá pequenos passos para aceitar algum grau de incerteza.

## Como a pessoa que cometeu infidelidade pode reconquistar a confiança?

É necessário assumir a responsabilidade pela infidelidade e prometer mudar – mas, geralmente, isso não é suficiente para reconquistar a confiança. Ser fiel agora não prova que você não será infiel no futuro. Para recuperar a confiança, você precisa se comprometer com as mudanças descritas no Capítulo 11 e tomar medidas para fazer mais do que os combinados essenciais. Por exemplo, não basta evitar segredos; você precisa ser transparente, sobretudo em relação ao contato que mantém ou não com a pessoa com quem teve a relação extraconjugal ou com qualquer outra pessoa que seu par possa considerar uma ameaça. Evitar intimidade emocional ou física com outras pessoas ou ultrapassar os limites que vocês estabeleceram ao concordarem com uma relação não monogâmica não é o bastante; você precisa considerar limites mais rígidos que eliminem a possibilidade de haver uma relação especial com outra pessoa. Lembre-se de que seu par talvez não queira ou não consiga aceitar outros comportamentos seus anteriormente aceitáveis, como passar muito tempo com os amigos, porque isso traz à tona tudo o que levou à infidelidade.

Talvez tenha sido mais fácil aceitar restrições ou tolerar a desconfiança da pessoa no início, quando ela descobriu a infidelidade, mas agora esteja mais difícil lidar. Conversem sobre os momentos de desconfiança com a finalidade de voltar a confiar, considerando os receios do seu par. Em seguida, vocês precisam chegar a um acordo sobre o que estão dispostos e são capazes de fazer. Lembre-se de que a pessoa pode levar mais tempo do que você gostaria para voltar a confiar.

> Jada estava passando um tempo em outra cidade, ajudando sua mãe a se recuperar de uma cirurgia cardíaca. Em um período de ausência de algumas semanas, Darius aceitou o convite de uma colega para jantar em sua casa, e eles passaram a noite juntos. Darius confessou o ocorrido a Jada semanas depois de seu retorno. Nos difíceis meses que se seguiram, eles identificaram vários fatores que haviam tornado a relação vulnerável à infidelidade. Ambos queriam salvar o relacionamento, se possível, e rapidamente tomaram medidas para limitar interferências externas e reservar tempo para si mesmos.
> 
> Recuperar a confiança exigiu que os dois se esforçassem. Darius reconheceu que, dadas as preocupações de longa data de Jada sobre seus comportamentos com mulheres e sua infidelidade, ele precisava ser completamente aberto sobre as interações que tinha com os outros, mesmo que isso às vezes a deixasse mais angustiada. Ele fez grandes esforços para mantê-la informada sobre onde estava durante o dia, se precisava trabalhar até tarde e, nesse caso, quem mais estaria com ele. Com o tempo, Jada ficou mais confortável com menos informações, enquanto Darius ainda se manteve responsável. Ela se esforçou para entender melhor seus próprios medos e identificar como se sentir mais confiante consigo mesma. Quando Jada foi visitar sua mãe novamente, seu desconforto voltou, e o casal encontrou grandes desafios, mas também oportunidades para saber como permanecer conectados durante as ausências de Jada e comunicar suas necessidades um para o outro. Um ano após a infidelidade de Darius, eles tinham conseguido reconstruir o relacionamento e, ao lidar com os fatores de risco anteriores, criar uma relação mais saudável e resistente.

# E SE EU DECIDIR TERMINAR?

Se um de vocês decidir terminar o relacionamento, a forma como a separação será conduzida definirá se o processo será destrutivo ou construtivo e em que medida. Além disso, é provável que determine quão bem vocês sairão dessa situação.

**Para terminar de forma saudável, vocês precisam:**

1. pensar antecipadamente nos possíveis problemas práticos e emocionais que a separação causará para cada um e para outras pessoas diretamente afetadas por essa decisão;
2. manter a dignidade, tratando um ao outro com cortesia e civilidade.

Mesmo que pareça difícil ou que o outro não mereça, manter um comportamento civilizado ajuda a preservar o seu respeito próprio e traz benefícios a longo prazo, especialmente se vocês têm filhos.

## O que preciso planejar?

Ao terminar um relacionamento de longo prazo, muitos aspectos devem ser considerados, mas os principais envolvem questões práticas, como onde vocês vão morar, como vão lidar com as finanças, como será a divisão dos bens e como informar outras pessoas sobre a separação. Também há preocupações mais específicas, como o cuidado dos filhos e o autocuidado.

Se possível, vocês devem discutir onde cada um vai morar durante o processo de separação e depois dele. Determine quem será responsável por cada conta até que tudo esteja finalizado, como pagamento de casa ou carro, dívidas de cartão de crédito, roupas ou despesas médicas para as crianças, e assim por diante. Pode ser útil conversar sobre como vocês vão dividir os bens que possuem, especialmente para planejar as grandes compras necessárias ao montar casas separadas. Evite discutir por itens pequenos e de pouco valor emocional, como panelas e utensílios de cozinha, que podem ser facilmente substituídos. Se conseguirem ter um relacionamento cooperativo, provavelmente vocês conseguirão lidar com a separação por conta própria ou com a ajuda de um mediador. Se tiverem dificuldade para terminar o relacionamento de maneira construtiva, busquem ajuda de um profissional.

Em algum momento, você precisará informar outras pessoas sobre sua decisão de terminar a relação. Faça isso lentamente, começando pelos que mais precisam saber (por exemplo, familiares ou talvez seu empregador). Evite entrar em detalhes sobre as dificuldades que vocês enfrentaram. Falar sobre seu par de forma negativa pode colocar amigos ou até mesmo familiares em uma posição difícil. Além disso, no futuro, vocês podem precisar interagir com essas pessoas em grandes eventos como formaturas, casamentos ou funerais.

### Como garantir o bem-estar dos nossos filhos?

O princípio mais importante no cuidado com sua prole é este: *vocês precisam colocar o bem-estar dos filhos acima da sua dor e da sua raiva.* Incentivem que seus filhos continuem tendo uma relação positiva e afetuosa com ambos os pais. Façam o possível para que as mudanças na vida deles sejam mínimas, mas os preparem para o que vai mudar e expliquem como vão ajudá-los. Pode ser importante informar vizinhos ou pais dos melhores amigos das crianças sobre sua decisão, porque eles podem oferecer conforto e estabilidade quando a situação não estiver boa para você e seu par. Também pode ser bom informar os professores dos seus filhos, principalmente se houver problemas na escola.

As crianças costumam se sentir impotentes e vulneráveis quando seus pais se separam. Elas se preocupam com a nova moradia, onde vão estudar, se perderão amigos e farão novos, com que frequência vão ver cada um dos pais e assim por diante. Crianças mais novas são particularmente suscetíveis ao medo de serem abandonadas, mas filhos de qualquer idade podem se sentir responsáveis pela separação. Também podem ficar com raiva, seja porque a separação está afetando negativamente suas próprias vidas ou, especialmente em crianças mais velhas, por uma questão de moralidade, desejando que os pais tivessem tomado decisões melhores ou agido de forma diferente. Não é incomum ver sinais de ansiedade (por exemplo, choro ou dificuldades para dormir), raiva (por exemplo, acessos de raiva e agressão verbal ou física contra os outros), retraimento ou apego, além de rebeldia contra as regras dos pais. Também não é incomum que a raiva seja expressa mais abertamente para quem ficar responsável pela guarda, em parte porque esse relacionamento pode ser visto pela criança como mais seguro.

Ofereça aos seus filhos a oportunidade de falar sobre os sentimentos deles e escute-os sem julgamentos. Eles precisam de encorajamento e da tranquilidade de que, com o tempo e com esforço, tudo vai melhorar e ficar mais estável. Acima de tudo, lembrem-se de que um fator crítico na adaptação dos seus filhos é se vocês conseguirão colaborar um com o outro para cuidar deles e tomar decisões importantes. Não os envolvam nos conflitos do casal esperando que sejam mediadores. Por fim, não desabafem com eles suas frustrações nem os façam escolher entre um dos pais.

## Como cuidar do meu bem-estar?

Os efeitos emocionais de uma separação para adultos muitas vezes são semelhantes aos que as crianças sentem. Você pode se sentir impotente e vulnerável e preocupar-se com onde vai morar, por exemplo. O adulto terá as preocupações adicionais sobre quanto dinheiro terá, com que frequência verá seus filhos, se ainda terá seus amigos e se encontrará novamente alguém para ter um relacionamento amoroso. Às vezes, a pessoa se sente abandonada ou rejeitada pelo outro, ou, ainda, profundamente culpada por terminar o relacionamento ou por fazer o outro terminar. Pode haver crises de ansiedade e episódios depressivos, o que, muitas vezes, dificulta o sono, a concentração no trabalho ou o cuidado com seu bem-estar (por exemplo, manter uma boa alimentação e fazer exercícios).

Preparar-se com antecedência, resolvendo questões práticas e fortalecendo o apoio social e emocional de amigos e familiares, pode evitar que essas reações negativas se tornem muito intensas ou duradouras. O tempo pode não curar todas as feridas, mas ajuda. Releia os aspectos importantes de autocuidado descritos no Capítulo 5. Pense em como você está ou não cuidando do seu bem-estar. Além disso, reflita sobre como pode compensar a perda de alguns relacionamentos investindo em novos ou fortalecendo outros. Tenha em mente que, além do luto inicial, terminar um relacionamento pode proporcionar oportunidades de crescimento e renovação em outras áreas da vida.

*Jared teve um relacionamento extraconjugal com a jovem inquilina que alugava seu apartamento da época de solteiro. Callie e ele se dedicaram por um ano a tentar entender os aspectos que culminaram na infidelidade. Os dois queriam salvar o relacionamento, se possível, e concordaram em fazer terapia juntos. Choraram muito nas primeiras sessões — Callie por estar profundamente magoada, e Jared por sentir muito remorso. Ao explorar o contexto da infidelidade, tiveram* insights *sobre o padrão de Jared de buscar situações que proporcionassem emoção, arriscando seu próprio bem-estar. Porém, ao cometer infidelidade, ele arriscou não apenas seu próprio bem-estar, mas também o de Callie.*

*Jared conseguiu compreender melhor seu padrão de comportamentos arriscados e tomou medidas importantes para estabelecer limites para si mesmo. Continuou se dedicando fielmente a apoiar Callie e reconquistar sua confiança. Ela não queria que o relacionamento terminasse, mas a impulsividade de Jared ao longo da vida era um risco que ela não conseguia tolerar. Depois de meses enfrentando seus próprios sentimentos, Callie concluiu que, embora considerasse Jared importante e um amigo, nunca conseguiria recuperar a intimidade e a admiração que tinha antes e considerava essenciais. Queria um parceiro que a valorizasse e compartilhasse da mesma visão de comprometimento que ela tinha, não alguém que se esforçasse para se adaptar a essa visão. Depois de mais alguns meses de luta interna sobre o que fazer, eles decidiram terminar o relacionamento e seguir cada um o seu caminho. Embora a decisão tenha sido dolorosa no início, eles conseguiram seguir em frente da maneira mais saudável em razão do esforço que fizeram no sentido da autocompreensão e de entender um ao outro.*

## E SE EU NÃO CONSEGUIR ME DECIDIR?

Depois de avaliar cuidadosamente todos os fatores relacionados ao destino do relacionamento, você ainda pode ter dificuldade em tomar uma decisão. Confira a seguir situações comuns que podem contribuir para isso.

- Seu par fez mudanças importantes, mas ainda há muitas questões não resolvidas para você acreditar que o relacionamento dará certo a longo prazo.
- Seu par continua se comportando de um modo que torna difícil recuperar a confiança e a intimidade, mas você ainda não se convenceu de que o caminho restante é seguir em frente sem ele.
- Seu par fez tudo o que você pediu, e você deixou de lado a mágoa e a raiva, mas não recuperou a intimidade e não tem certeza se ela voltará.
- O relacionamento não é tão ruim a ponto de não conseguir aguentá-lo, e você está relutante em terminar por causa do impacto negativo que acredita que isso teria em seus filhos.

Para resolver os dois primeiros problemas, talvez você precise esclarecer mais algumas coisas e contar com o outro para isso. Por exemplo, se questões importantes permanecerem não resolvidas, converse com a pessoa sobre seus receios e proponha que cada um reflita sobre o que poderia fazer para resolvê-las. Se seu par ainda estiver colocando seu relacionamento em risco, evidencie os comportamentos que estão dificultando a recuperação e fale com clareza o que será necessário para você permanecer no relacionamento. Em ambos os casos, estabeleça um prazo para que haja algum progresso e para reavaliar a situação e tomar uma decisão.

Se a pessoa já está fazendo tudo o que você pediu, mas seus sentimentos ainda prendem você de alguma forma, talvez você precise se concentrar mais em si e no que pode estar atrapalhando o seu avanço. Nessas situações, geralmente recomendamos que sigam tentando resgatar o relacionamento de maneira cuidadosa, a fim de que a intimidade retorne. O trauma de uma infidelidade costuma produzir uma espécie de torpor emocional, e o tempo que cada pessoa leva para recuperar seus sentimentos pode variar. Dito isso, há duas ressalvas: a primeira é que é importante estabelecer um prazo realista para que seus sentimentos voltem ao normal. Mesmo com esforço constante, pode levar meses ou até anos para você sentir proximidade emocional de novo, e ninguém pode dizer quanto tempo seria suficiente. A segunda é que o tempo, por si só, não será suficiente. Esperar que a intimidade emocional volte por conta própria, sem tentar desenvolvê-la, provavelmente não funcionará.

Por fim, se você não se decidiu ainda porque se preocupa com os possíveis efeitos em seus filhos, converse com amigos de confiança que terminaram relacionamentos anteriores e têm filhos com idades semelhantes. Ler livros de autores conceituados, escritos a partir de diferentes perspectivas, também pode oferecer uma compreensão equilibrada da vulnerabilidade e da resiliência das crianças diante da separação dos pais. (Para questões relacionadas à separação, veja a seção "Recursos extras", ao final deste livro.)

Não tome decisões precipitadas nem aja por impulso antes de ter certeza de que considerou todos os fatores relevantes. Também é importante considerar quais ações são sustentáveis ou reversíveis. Por exemplo, decidir ficar no relacionamento por três meses para entender melhor como tudo aconteceu pode ser menos turbulento do que se separar por um tempo para ver como é. No entanto, também é importante não adiar sua decisão indefinidamente – manter o *status quo*, evitando uma decisão, raramente melhora a situação atual.

Faça os exercícios a seguir, que podem ajudá-lo a tomar uma decisão e, em seguida, reflita sobre como colocá-la em prática. No capítulo final, ajudaremos você a dar um passo para trás e ter uma visão geral sobre tudo o que você fez e aprendeu desde a descoberta da infidelidade, bem como o que esperar nos próximos meses.

## EXERCÍCIOS

**EXERCÍCIO 12.1** Tomando uma decisão sobre o destino do relacionamento

Se ainda não definiu o que fazer, este exercício pode ajudá-lo a tomar essa decisão. Se já o fez, a atividade ajudará a esclarecer os fatores que influenciaram sua decisão.

*Faça duas listas: uma com os motivos para permanecer no relacionamento e outra com os motivos para terminar.* Considere os fatores que você identificou anteriormente ao fazer os exercícios dos Capítulos 6 a 9. Como nem todos os fatores terão a mesma importância, pode ser útil atribuir números ou pesos a cada um dos itens da sua lista (3 para muito importante, 2 para importante, 1 para menos importante). Confira a seguir um exemplo de motivo importante para permanecer junto com seu par:

> "Meu parceiro mostrou estar arrependido, e consigo ver as mudanças que está fazendo. Se ele continuar se dedicando a mudar, quero me dedicar também para fazer nosso relacionamento dar certo."

Já o exemplo a seguir ilustra um motivo importante para terminar o relacionamento:

> "Embora nossa relação tenha sido boa na maior parte do tempo, acho que estávamos juntos por medo da solidão. Quero e acredito que posso ter um relacionamento muito mais amoroso e gratificante com outra pessoa."

Depois de fazer suas listas e avaliar a importância dos fatores, reúna essas informações e veja para onde elas apontam. Essa decisão não é um processo matemático simples nem apenas uma questão de razão ou lógica. As melhores decisões são aquelas que combinam raciocínio e sentimentos. Reserve um tempo para trabalhar nesse processo e releia suas anotações quando estiver sentindo angústia ou otimismo em diferentes níveis. Dessa forma, você terá mais chances de chegar a uma visão equilibrada que considere todos os aspectos relevantes e enfatize aqueles que você determinou serem mais importantes.

Se você e seu par estiverem lendo este livro juntos, façam este exercício individualmente e depois conversem sobre o que escreveram para entender o caminho que cada um está tomando. Se estiverem tomando rumos diferentes, provavelmente vocês terão conversas muito difíceis. Reserve um tempo para pensar sobre essas questões críticas antes de iniciar a discussão, mas converse com seu par antes de tomar uma decisão final.

Se estiver lendo esta obra por conta própria, faça o exercício e peça que seu par também o faça. Mesmo sem ler o livro ou sem ter realizado os exercícios anteriores, é possível listar alguns prós e contras de permanecer no relacionamento ou terminá-lo. Se a pessoa não quiser participar deste exercício de forma alguma, faça e converse com ela sobre a decisão que você está contemplando.

> **EXERCÍCIO 12.2** Colocando a decisão em prática

### Se decidiram manter o relacionamento

*Se decidiram seguir juntos, faça uma lista dos aspectos que ainda precisa abordar para dar ao seu relacionamento mais chances de sucesso no futuro.* Foque nas mudanças que competem a cada um – pessoais, de relacionamento e nas relações com outras pessoas ao seu redor. Depois de listar as transformações necessárias nessas áreas, conversem sobre estratégias para colocá-las em prática. Um mês depois, e novamente seis meses depois, releia sua lista e reveja os passos que vocês deram.

### Se decidiram terminar

Se decidiram terminar o relacionamento, façam isso da maneira mais saudável possível e resolvam questões emocionais e práticas. *Seus sentimentos vão evoluir com o tempo, então marquem várias conversas para falar sobre isso.* Muitas vezes, é necessário resolver questões emocionais antes de passar para questões práticas. Não se concentrem apenas na mágoa e na raiva. Trabalhamos com casais que, ao terminar o relacionamento, conversaram sobre tudo de bom que viveram juntos; por exemplo, como cresceram ou do que vão sentir falta. Esses casais seguiram em frente melhor do que outros que terminaram o relacionamento com raiva.

*Faça uma lista das questões práticas importantes que vocês precisarão resolver*, como moradia, finanças, divisão de bens, outras pessoas que precisam saber da separação, bem-estar dos filhos e seu próprio bem-estar. Como pode ser difícil ter conversas construtivas sobre essas questões críticas, combinem antecipadamente sobre como tornar esse processo produtivo e respeitoso – por exemplo, discutindo esses problemas apenas nos finais de semana, quando estiverem descansados, ou abordando apenas uma questão por vez durante a conversa, para que as emoções não se acumulem. Tratar um ao outro com dignidade e justiça fará com que vocês se sintam melhores particularmente e com relação ao outro.

# 13
## O que está por vir?

Grace tentava prestar atenção na amiga Addie, mas sua mente continuava divagando. "Estou completamente perdida", desabafou Addie. "Queria acordar desse pesadelo!" Algumas semanas antes, Addie descobriu que seu marido, Grant, estava tendo um caso há seis meses. Agora, Addie e Grant estavam vivendo em quartos separados dentro da mesma casa. "Eu simplesmente não sei o que fazer", disse Addie a Grace. "Grant parece incapaz de tomar uma decisão. Acho que ele não está mais dormindo com ela, mas sei que eles conversam quase todos os dias. Eu não quero perder Grant, mas não consigo imaginar como superar isso. Nós tínhamos sonhos juntos – muito para viver, tudo a perder. Como ele pôde fazer isso?"

Grace ponderava até que ponto poderia expor a situação à amiga. Ela e o marido Jesse passaram por uma crise semelhante dois anos antes. Addie não sabia sobre isso, mas Grace certamente entendia o trauma que a amiga estava vivenciando. Grace se lembrava de quão perto ela e Jesse estiveram de terminar o relacionamento e de como ambos lutaram para reconstruí-lo do zero. Foram três meses até as brigas finalmente acabarem e mais seis meses até o casal ter algum entendimento real do que havia acontecido e por quê. Dois anos depois, ainda havia mágoas quando lembravam da traição, mas estavam mais fortes e sábios. Haviam renovado o compromisso um com o outro e compreendiam melhor do que nunca o que isso exigia de ambos.

Grace sabia que Addie e seu marido precisariam de mais ajuda do que ela ou Jesse poderiam oferecer, mas, pelo menos, ela poderia ouvir os sentimentos de Addie e encorajá-la sobre o potencial de recuperação deles. "É um processo longo e difícil", disse Grace, "mas acho que posso contar a você mais ou menos como é...".

O que está por vir e como se preparar para isso? Assim como Grace e o marido Jesse, vocês podem enfrentar lembranças dolorosas em certos momentos. Esperamos que você tenha ganhado força e sabedoria ao trabalhar com os capítulos anteriores e que tenha decidido se vai se separar ou permanecer no relacionamento. Neste último capítulo, vamos ajudar você a se preparar para o que está por vir. Para a maioria das pessoas, recuperar-se da infidelidade é um processo que não acaba mesmo depois de a decisão sobre os próximos passos já ter sido tomada. Independentemente do que foi decidido, saber quais desafios podem surgir e ter algumas estratégias para lidar com eles pode ajudar na aderência ao processo de recuperação.

Confira a seguir o que fazer para proteger o seu relacionamento atual ou futuro e seguir em frente de forma saudável.

- Considere que pode haver recaídas envolvendo sentimentos e lembranças dolorosas.
- Use as lembranças relacionadas à infidelidade para evitar que ela se repita.
- Evite situações e pessoas que possam colocar o relacionamento em risco.
- Use as habilidades de comunicação que você desenvolveu para:
  - expressar seus sentimentos de forma mais construtiva;
  - lidar com conflitos e tomar decisões em casal de maneira mais eficaz.
- Crie oportunidades para que vocês se aproximem fisicamente.
- Valorize o seu relacionamento.
- Mantenha o foco no que você quer para o futuro.
- Busque ajuda se sentir que você ou o relacionamento precisam.

## CONSIDERE A OCORRÊNCIA DE LEMBRANÇAS DOLOROSAS

Vocês podem continuar tendo sentimentos ou lembranças dolorosas. Esperamos que, com tempo e esforço, esses momentos se tornem cada vez menos frequentes, mais curtos e menos intensos em termos de impacto negativo. Geralmente, a pessoa que foi traída costuma ter lembranças difíceis por mais tempo do que quem cometeu a infidelidade (embora o contrário também possa ocorrer). Certas circunstâncias, como a data em que você descobriu a traição ou datas importantes do relacionamento, podem despertar lembranças adormecidas por semanas ou meses. Essas recordações não indicam necessariamente uma "regressão" ou que está "recomeçando do zero". Elas são, na verdade, uma parte dolorosa, mas natural, do processo de seguir em frente.

Considerar que você pode ter esses pensamentos e avaliá-los com cuidado pode ajudar a evitar que se tornem eventos traumáticos por si só. Você pode usar as habilidades desenvolvidas no Capítulo 2 para trabalhar essa situação. Por exemplo, se está sofrendo por causa dessas lembranças, você pode lidar com elas por conta própria usando técnicas de autocuidado, ou compartilhar suas dificuldades com o outro, além de ter um tempo exclusivo para você ou pedir um tempo especial juntos como forma de ter proximidade e segurança. Se perceber que a pessoa está sofrendo por remoer lembranças da infidelidade que cometeu, você pode acolhê-la em seus sentimentos, perguntar o que poderia fazer naquele momento para ajudar, reafirmar o progresso que já alcançaram como casal e tranquilizá-la de que continuará ao seu lado, para seguirem juntos da melhor maneira possível.

## FAÇA BOM USO DE SUAS MEMÓRIAS

Use suas memórias da infidelidade como uma forma de "vigiar" ou permanecer vigilante – não de maneira temerosa, mas saudável e protetora. Uma infidelidade destrói a ilusão que muitos casais têm de que "isso nunca acontecerá com a gente". Para seguir em frente de maneira construtiva, você precisa continuar usando o que sabe sobre a infidelidade para manter a si mesmo e seu relacionamento seguros. Por exemplo, se sua relação se tornou vulnerável porque um de vocês estava dedicando muito tempo ao trabalho ou a outras pessoas, ou se vocês se distanciaram emocional ou fisicamente em casa, será que isso está acontecendo de novo? Não se desviem das mudanças importantes ou dos compromissos renovados.

Se decidiu se separar, você também pode usar suas memórias de forma construtiva. Por exemplo, pode entender melhor o que é mais importante ao considerar um novo relacionamento. Pode entender a si mesmo de maneira mais profunda e compreender como construir e manter um relacionamento menos propenso à infidelidade. Também pode ter mais preparo para reconhecer riscos externos e saber como lidar com eles.

Vistas por essa perspectiva, as memórias relacionadas à infidelidade podem ser mais do que apenas dolorosas ou perturbadoras. Elas podem servir como um lembrete de como avançar de maneira mais reflexiva e intencional, mantendo seus valores e prioridades em ordem.

## EVITE RISCOS DESNECESSÁRIOS

Ninguém tem tanto a perder em seu relacionamento quanto vocês. Ninguém se esforçará tanto para proteger seu relacionamento quanto vocês devem fazer. O trabalho pode exigir seu tempo; as crianças precisam de sua atenção e sua energia emocional constantemente; os amigos podem querer sua companhia sem seu par; as pessoas podem minimizar a importância dos seus compromissos com o relacionamento ou a família. *O mundo está cheio de potenciais riscos e ameaças ao seu relacionamento.* Dedique tempo e energia a atividades e amizades que o apoiem e fortaleçam, evitando se envolver desnecessariamente com quem não faz isso.

Você precisa tomar a iniciativa de evitar situações que, direta ou indiretamente, aumentam a vulnerabilidade da sua relação. Isso pode acontecer mesmo que as pessoas não encorajem a infidelidade de forma explícita; basta interagir com outras pessoas de maneiras que não priorizam seu relacionamento. Cabe a você resistir a essas influências externas à medida que surgem.

## MANTENHA A COMUNICAÇÃO

Conversem com frequência e de maneira eficaz. Fatores comuns que contribuem para a infidelidade envolvem o distanciamento emocional que ocorre quando cada componente do casal começa a levar sua vida de forma desconectada da vida do outro, ou quando ressentimentos se acumulam devido a estratégias ineficazes de lidar com conflitos ou tomar decisões juntos. Para se recuperarem, vocês precisam conversar. No entanto, muitas vezes, após a turbulência inicial, os casais voltam a padrões de comunicação anteriores que dificultavam a colaboração e a proximidade emocional.

Existem duas maneiras de manter uma comunicação eficaz. Uma envolve "conversas para fortalecer a conexão", que devem ocorrer diariamente durante 10 a 15 minutos como forma de saber o que está acontecendo na vida um do outro. Resista à tentação de reduzir o diálogo a "Como foi o seu dia?", "Bom" ou uma resposta igualmente breve. Faça perguntas abertas, como "Me conte sobre o seu dia. O que aconteceu de bom? O que aconteceu de ruim?". Crie um momento para ter essa conversa em que vocês possam ouvir um ao outro. Se esperar que uma conversa surja de forma casual, provavelmente não surgirá. Você precisa criar tempo e colocar esforço para manter a conexão.

A outra maneira de manter uma comunicação eficaz é reservar de 20 a 30 minutos por semana para falar sobre questões do relacionamento. O objetivo dessa troca é que cada um de vocês reconheça e aborde quaisquer questões que tenham surgido durante a semana ou que precisem de mais discussão. Essa conversa pode começar com a simples pergunta "Como estão as coisas entre nós?". Isso permite que vocês conversem sobre o que fizeram de bom e momentos em que sentiram proximidade, além de identificar quaisquer preocupações. Se o relacionamento estiver indo bem, discutam o porquê ou como isso está acontecendo. O que você mais apreciou na semana passada? Quando sentiram mais proximidade? Esse tempo também pode ser usado para discutir o que está por vir nos próximos dias ou semanas que exigirá trabalho em conjunto.

## MANTENHA O CONTATO FÍSICO

Crie oportunidades para a proximidade física. Abrace ou toque suavemente seu par ao longo do dia para mostrar afeto — ao acordar, ao se encontrarem e antes de dormir. Deem as mãos quando estiverem sentados no sofá ou caminhando. Aconcheguem-se com frequência. A proximidade física pode ajudar a aliviar tensões ou pequenas irritações que podem surgir dentro ou fora do relacionamento.

Reserve tempo para a intimidade sexual ou outras formas de proximidade física. Se vocês têm dificuldades sexuais e querem melhorar a relação física, talvez precisem buscar ajuda profissional. Conversem sobre como manter ou revitalizar sua vida sexual. Lembre-se de que não é necessário nem realista esperar um "sexo incrível" todas as vezes que vocês tiverem esse momento de intimidade. O importante é manter a conexão física de forma mutuamente recompensadora, prazerosa e carinhosa.

## VALORIZE SEU RELACIONAMENTO

Valorizar o relacionamento é mais do que proteger contra riscos e manter uma boa comunicação – envolve dedicar energia e compromisso para nutrir e fortalecer seu vínculo. Procure oportunidades para estarem juntos de maneiras novas e empolgantes. Pense na pessoa amada ao longo do dia e encontre formas de expressar isso – por exemplo, enviando uma mensagem rápida ou deixando um bilhete carinhoso para ela encontrar durante o dia. Lembre-se dos melhores momentos do seu relacionamento, quando você se sentiu especial – talvez durante o início do namoro ou em momentos posteriores, quando sentiram uma boa conexão. O que vocês diziam e faziam para valorizar um ao outro? Isso exige resistir à tentação de se acomodar e pressupor que o relacionamento está garantido; exige imaginação e criatividade, sustentadas por um compromisso duradouro.

## FOQUE NO QUE VOCÊ ESPERA DO FUTURO

Existem dois tipos de pensamentos que podem prejudicar os casais. O primeiro é "esperar para ver". Indivíduos que adotam essa atitude criam incerteza em si e no outro. Esperar que algo ruim aconteça impede o acontecimento de algo bom. Na maioria das relações, momentos ruins podem acontecer de uma forma ou de outra, e isso é mais provável se houver um vazio no relacionamento porque uma das partes ou ambos estão hesitantes em se comprometer com uma visão para o futuro. Além disso, o impacto de eventos negativos é maior, porque não há uma base sólida de interações positivas contínuas para ajudar a compensar ou suavizar esses eventos.

O segundo tipo de pensamento que pode prejudicar os casais é "jogar a toalha" durante momentos de conflito. Após a infidelidade, alguns casais restabelecem uma aliança frágil, mas não fazem o trabalho diário para solidificar sua situação. O relacionamento permanece vulnerável ao menor estressor, pequenas divergências rapidamente se transformam em grandes conflitos, e uma das partes pode ameaçar terminar o relacionamento. Essas ameaças têm um impacto destrutivo que dura muito mais do que a situação em que são feitas, mesmo quando a pessoa mais tarde se desculpa e "retira" o que disse. Resista à tentação de fazer essas ameaças, não importa o quanto você sinta mágoa ou raiva no momento. A melhor maneira de resistir ao desespero e aos impulsos de desistir é manter uma visão clara de quão longe vocês chegaram e para onde querem ir. Não há problema em se desviar do curso, desde que saibam para onde estão indo e possam reajustar a direção.

## SE NECESSÁRIO, BUSQUE AJUDA

O processo para se recuperar da infidelidade não costuma ser tranquilo. Aprender novas habilidades e mudar padrões enraizados, essenciais para seguir em frente, são competências dificilmente alcançáveis na primeira tentativa. É provável que você precise voltar e reler capítulos deste livro à medida que avança. Questões anteriores podem ressurgir, às vezes da mesma forma, às vezes de maneira um pouco diferente. Novos problemas também podem aparecer, mas muitos podem ser enfrentados utilizando os recursos que você já desenvolveu ao trabalhar nos capítulos anteriores.

Você não precisa passar pelo processo de recuperação sem seu par. Se vocês decidiram prosseguir juntos, é importante que se apoiem mutuamente, buscando conforto e força um no outro ao longo do caminho. Vocês também podem contar com o apoio dos amigos mais próximos, com quem compartilharam suas dificuldades, buscando ajuda nos momentos mais difíceis. Por fim, pode ser útil buscar assistência de pessoas com experiência especificamente na recuperação de feridas emocionais, como psicólogos ou outros profissionais de saúde mental (individualmente ou como casal), para lidar com os desafios que continuem surgindo ao longo da caminhada. Talvez seja preciso reler, no final do Capítulo 5, nossas orientações sobre como fazer isso, além de consultar as organizações profissionais listadas na seção "Recursos extras".

## MENSAGEM FINAL

Em nossa experiência como terapeutas, nunca deixamos de admirar os valores e o compromisso demonstrados por indivíduos e casais que nos procuraram em busca de ajuda para tomar boas decisões após um caso de infidelidade. A abertura ao expor suas feridas e a sinceridade ao buscar auxílio para seguir em frente são testemunhos de sua força. Muitas vezes, confiamos mais na capacidade dessas pessoas de alcançar e implementar decisões saudáveis do que elas próprias, e raramente nos decepcionamos.

Como mensagem final, queremos expressar nossa confiança na sua capacidade de prosseguir da melhor forma. Não subestimamos a dificuldade dessa luta; sabemos que, em alguns momentos, você continuará sentindo mágoa, raiva, tristeza, ansiedade ou até desesperança. Também sabemos que, ao ler os capítulos e fazer os exercícios aqui disponibilizados, você já demonstrou um nível de compromisso que distingue você de outras pessoas que desistem cedo ou procuram uma "solução rápida" sem fazer o trabalho árduo de entender o que deu errado e abraçar um processo de reconstrução mais completo e difícil.

*Você consegue.* Sabemos disso por nossa experiência ao observar inúmeras outras pessoas fazendo o que parecia impossível no início. Queremos que *você* saiba que também é capaz. Você não está só. Seja paciente, persistente e forte. Mais importante: mantenha a esperança. Você já sobreviveu ao pior. Temos confiança de que agora você pode criar o melhor.

# Recursos extras

## COMO ENCONTRAR TERAPEUTAS PERTO DE VOCÊ

**Observações:** no Capítulo 5, na seção sobre como buscar ajuda, demos orientações gerais para encontrar um terapeuta para você ou para o casal. A seguir, listamos *sites* em que se pode encontrar terapeutas de diversas associações profissionais de saúde mental. Pesquisando na internet, é possível encontrar instituições similares em sua região.* A crescente oferta de serviços de telemedicina também pode ampliar a rede de terapeutas disponíveis para atender às suas necessidades.

American Psychological Association
*locator.apa.org*

American Association for Marriage and Family Therapy
*www.therapistlocator.net*

Australian Psychological Society
*www.psychology.org.au*

British Psychological Society
*www.bps.org.uk/find-psychologist*

---

*N. de R.T. No Brasil, é possível consultar *sites* como o do Conselho Federal de Psicologia (https://site.cfp.org.br/) e da Associação Brasileira de Terapia Familiar (https://abratef.org.br/), além de representantes regionais da área.

# LIVROS

## Como fortalecer o relacionamento

Christensen, A., Doss, B. D., & Jacobson, N. S. (2018). *Diferenças reconciliáveis: Reconstruindo seu relacionamento ao redescobrir o parceiro que você ama, sem se perder* (2ª ed.). Novo Hamburgo: Sinopsys.

Doherty, W. J. (2007). *Resgate seu casamento: Como proteger seu relacionamento das armadilhas do mundo moderno.* Rio de Janeiro: Verus.

Enright, R. D. (2019). *Forgiveness is a choice: A step-by-step process for resolving anger and restoring hope.* Washington, DC: American Psychological Association.

Gottman, J. M., & Silver, N. (2000). *Sete princípios para o casamento dar certo: Conceitos desenvolvidos com base em pesquisas de universidades norte-americanas que nos ajudam a construir um relacionamento emocionalmente inteligente* (2ª ed.). Rio de Janeiro: Objetiva.

Johnson, S. (2023). *Me abraça forte: Como usar a terapia focada nas emoções para resgatar, manter ou aprofundar seu relacionamento.* Rio de Janeiro: Sextante.

## Como lidar com desafios no relacionamento

### INTIMIDADE SEXUAL

Gottman, J., & Gottman, J. S. (2007). *And baby makes three: The six-step plan for preserving marital intimacy and rekindling romance after baby arrives.* New York: Three Rivers Press.

Metz, M. E., & McCarthy, B. W. (2020). *Enduring desire: Your guide to lifelong intimacy.* New York: Routledge.

### FINANÇAS DO CASAL

Felton, M., & Felton, C. (2011). *Couples money: What every couple should know about money and relationships.* Scotts Valley, CA: CreateSpace.

### FILHOS (CRIANÇAS E ADOLESCENTES)

Duffy, J. (2019). *Parenting the new teen in the age of anxiety.* Miami, FL: Mango Publishing.

Forehand, R. L., & Long, N. (2010). *Parenting the strong-willed child: The clinically proven five-week program for parents of two- to six-year-olds* (3rd ed.). New York: McGraw Hill.

Kazdin, A. E. (2010). *O método Kazdin: como educar crianças difíceis*. São Paulo: Novo Século.

## Como lidar com desafios individuais
### SAÚDE EMOCIONAL

Abramowitz, J. S. (2021). *The family guide to getting over OCD: Reclaim your life and help your loved one*. New York: Guilford Press.

Miklowitz, D. J. (2024). *Bipolaridade: Transtorno bipolar*. Belo Horizonte: Autêntica.

Sheffield, A. (2003). *Depression fallout: The impact of depression on couples and what you can do to preserve the bond*. New York: Quill.

Thieda, K. N. (2013). *Loving someone with anxiety: Understanding and helping your partner*. Oakland, CA: New Harbinger.

### SAÚDE FÍSICA

Kivowitz, B., & Weisman, R. (2018). *Love in the time of chronic illness: How to fight the sickness and not each other*. Los Angeles: Rare Bird Books.

## Questões de diversidade

Diggs, A., & Paster, V. (2000). *Staying married: A guide for African American couples*. New York: Kensington.

Dolan-Del Vecchio, K. (2008). *Making love, playing power: Men, women, and the rewards of intimate justice*. Berkeley, CA: Soft Skull Press.

Harper, H. (2009). *The conversation: How Black men and women can build loving, trusting relationships*. New York: Gotham Books.

Lovelark Press. (2022). *Growing us: An LGBTQ+ guided relationship journal*. Author.

Nogales, A. (1999). *Dr. Ana Nogales' book of love, sex, and relationships: A guide for Latino couples*. New York: Broadway Books.

Shelling, G., & Fraser-Smith, J. (2008). *In love but worlds apart: Insights, questions, and tips for the intercultural couple*. Bloomington, IN: AuthorHouse.

Wang, J. T. (2022). *Permission to come home: Reclaiming mental health as Asian Americans*. New York: Balance.

## Antes, durante e após a separação

Emery, R. E. (2016). *Two homes, one childhood: A parenting plan to last a lifetime*. New York: Avery.

Hawkins, A. J., Harris, S. M., & Fackrell, T. A. (2022). *Should I try to work it out? A guidebook for individuals and couples who have been thinking about divorce* (2nd ed.). Provo, UT: Family Matters Press. Free download available at *htttps://extension.usu.edu/strongermarriage/divorce-prevention*.

Hetherington, E. M., & Kelly, J. (2002). *For better or for worse: Divorce reconsidered*. New York: Norton.

Papernow, P. L. (2013). *Surviving and thriving in stepfamily relationships: What works and what doesn't*. New York: Routledge.

Wallerstein, J. S., & Blakeslee, S. (2003). *What about the kids? Raising your children before, during, and after divorce*. New York: Hyperion.

# Índice

## A

Agir como se nada tivesse acontecido 31, 32-33 *Ver também* Comportamento após a infidelidade
Agressão 15-16, 35-36, 38-39, 109-110
Ajuda profissional
    autocuidado e, 108-112
    contar para outros sobre a infidelidade e, 77; 94-96
    exercícios relacionados a, 112-113
    seguir em frente e, 247-248; 277
    terminar o relacionamento e, 263-264
Alimentação 107-108
Ambiente negativo 201-208
Amigos
    apoio de outras pessoas para o relacionamento, 163-165
    autocuidado e, 104-105, 106-107
    fim do relacionamento e, 263-265
    quando outras pessoas enfraquecem seu relacionamento e, 161-163, 164
    responsabilidades com os, 154-155
    seguir em frente e, 246-247
    visão geral, 92-97
Ansiedade
    autocuidado e, 107-108
    exercício físico e, 107-108
    fim do relacionamento e, 265-266
    intimidade sexual e, 139-140
    procurar ajuda profissional e, 109-110
    visão geral, 13, 101-102
Apoio de outras pessoas. *Ver também* Amigos; Outras relações; Apoio social
    apoio ao relacionamento, 163-165
    autocuidado e, 101-102, 104-105, 106-107
    o que dizer a familiares e amigos, 92-97
    o que dizer aos filhos e, 92-93
    terminar o relacionamento e, 265-266
Arrependimento
    barreiras para seguir em frente e, 240-241
    lembranças e, 41-43
    pessoa que cometeu infidelidade e, 25-26; 169-170; 187-189
    visão geral, 13
Atividades de lazer *Ver* Fatores da vida a considerar
Atividades prazerosas 135-136
Atos de cuidado 39-41, 49-51
Atração sexual 171-173, 176
Autocuidado
    buscar ajuda profissional e, 108-112
    exercícios relacionados a, 111-113

necessidades emocionais e, 101–107; 111–113
necessidades físicas e, 106–109
necessidades sociais e, 106–107
seguir em frente e, 246–247
terminar o relacionamento e, 265–267
visão geral, 100–102

## B

Busca por tranquilidade 15–16; 171–172

## C

Carinho 40–41, 148–150 *Ver também* Intimidade; Intimidade física; Toque físico
Compaixão 167–168, 247–248
Compartimentalização 182–183
Complicações da vida *Ver* Fatores da vida a considerar
Comportamento após a infidelidade
  exercícios relacionados ao, 28–29, 48–51, 72–76
  logo após a descoberta do relacionamento extraconjugal, 31–32
  procurar ajuda profissional e, 109–110
  recuperar-se da infidelidade e, 205–207
  visão geral, 14–16, 16–20
  voltar ao normal ou construir um "novo normal" e, 39–41
Compromisso
  discutir o impacto da infidelidade no relacionamento, 37–38
  entender por que a pessoa cometeu infidelidade, 177
  seguir em frente, 229–231, 247–248
  reconquistar a confiança, 258–263
  relutância em encerrar o relacionamento extraconjugal, 185–186
  definir o que é ou não infidelidade, 3–4
Compromissos externos 154 *Ver também* Fatores da vida a considerar

Comunicação *Ver também* Discussões; Conflito; Conversar sobre a infidelidade
  com crianças, 91–92
  dificuldade em decisões sobre o futuro do relacionamento, 267–268
  escrever cartas, 69–76
  estabelecer limites, 32–40
  exercícios relacionados à, 72–76, 96–98
  falar sobre sentimentos, 56–64
  logo após a descoberta do relacionamento extraconjugal, 31–40
  pausas e comunicação, 67–70, 72–73
  prevenir mais danos, 67–73
  princípios para comunicação, 54–57
  quando o relacionamento extraconjugal ainda não terminou, 88–89
  seguir em frente, 273–275
  sobre sexo, 139–140
  tomada de decisões e comunicação, 64–68
  voltar ao normal ou construir um "novo normal", 39–41
Conexão emocional *Ver também* Intimidade
  comunicação e, 273–275
  decisões sobre o futuro do relacionamento e, 254–255
  entender como o relacionamento se tornou vulnerável, 133–136
  entender o papel da pessoa que foi traída, 195
  entender por que a pessoa cometeu infidelidade, 172–174
  relutância em encerrar o relacionamento extraconjugal e, 184–186
Conexão mente-corpo 101–102
Confiança 171–172
  contar para outros sobre a infidelidade e, 93–95
  dificuldade em decisões sobre o futuro do relacionamento, 266–267
  medo de nova infidelidade, 207–209; 239–240

pessoa que cometeu infidelidade e, 25
reagir às tentativas de contato da pessoa de fora e, 85
recuperar a, 258–263
recuperar-se da infidelidade e, 203–208
segurança e, 18–19
Confiar *Ver* Honestidade; Transparência
Conflito *Ver também* Discussões; Comunicação
  comunicação e, 275
  decisões sobre o futuro do relacionamento, 254–255
  dificuldade de lidar com, 131–134
  entender como o relacionamento se tornou vulnerável, 126–134
  exercícios relacionados a, 147–148
  fontes de, 127–132
  impacto nos filhos, 255–257
  níveis de, 127–128
Contar para outros sobre a infidelidade 79; 88–93; 97–99 *Ver também* Outras relações
Contato com a pessoa de fora *Ver* Pessoa de fora
Conversar sem considerar o outro *Ver* Comunicação
Conversar sobre a infidelidade *Ver também* Comunicação
  como o relacionamento ficou, 36–40
  estabelecer limites, 32–40
  exercícios para, 46–48
  exercícios relacionados a, 72–73
  o que aconteceu, 32–36
  por que a infidelidade aconteceu, 35–37
  prevenir danos adicionais, 37–73
  princípios para, 54–57
  sentimentos, 56–64
Crenças culturais, 230–231
Crenças distorcidas 102–104
Cuidar dos filhos *Ver* Filhos; Fatores da vida a considerar; Responsabilidades parentais

Cuidar-se *Ver* Autocuidado
Culpa 13, 64–65, 65–66, 68–69 *Ver também* Por que a pessoa cometeu infidelidade; Fatores da vida a considerar; Fatores do relacionamento a considerar; Papel da pessoa que foi traída
  barreiras para seguir em frente e, 240–241
  lembranças e, 41–43
  pessoa que cometeu infidelidade e, 169–170
  sentimentos da pessoa que cometeu infidelidade e, 25–26
  visão geral, 13
Curar o passado 257–258

# D

Deixar de lado 230–233; 245–249 *Ver também* Seguir em frente
Desabafar 70–72; 104–105; 246–247
Desafios nos relacionamentos 143–145
Desconexão 133–136, 254–255 *Ver também* Conexão emocional
Desculpas 118, 232–233
Desentendimentos *Ver* Discussões; Conflito
Desrespeitar os limites na internet 87
Discriminação 156–158
Discussões 24–25, 55–57, 126–134 *Ver também* Comunicação; Conflito
Distanciamento entre o casal 31
Diversão 135–136, 180

# E

Encerrar o relacionamento extraconjugal 87–89
Entender *Ver também* Entender como a infidelidade aconteceu
  exercícios relacionados a, 220–223
  relato sobre a infidelidade e, 216–220

revisar exercícios e trabalho realizado e, 212–214
seguir em frente e, 241–243
ter uma visão coerente sobre a infidelidade e, 213–215
visão geral para, 212
Entender como a infidelidade aconteceu *Ver também* Entender; Fatores do relacionamento a considerar; Papel da pessoa que foi traída; Vulnerabilidade do relacionamento à infidelidade
conversar, 35–37
exercícios relacionados a, 220–223
futuro do relacionamento e, 20–22; 203–208
infidelidade e, 20–22; 203–208
pessoa que cometeu infidelidade e, 24
relato da infidelidade, 216–220; 220–221; 221–223
seguir em frente e, 186–188; 241–243
ter uma visão coerente sobre a infidelidade e, 213–215
Equilíbrio
da pessoa que cometeu infidelidade, 167–169
discussões e, 54–55, 56–57 *Ver também* Comunicação
seguir em frente e, 229–230
ter uma visão coerente sobre a infidelidade e, 213–215
Esclarecimento 62–63, 65–66, 71–72 *Ver também* Comunicação
Escrever *Ver também* Escrever cartas
cuidados pessoais e, 104–105
exercícios relacionados a, 72–76; 220–223
para expressar sentimentos, 69–73
relato da infidelidade, 216–220
seguir em frente e, 246–247

Escrever cartas *Ver também* Escrever
autocuidado e, 104–105
exercícios relacionados a, 72–76
para expressar sentimentos, 69–73
relato da infidelidade, 216–220
seguir em frente e, 246–247
Escuta 43–45; 60–64; 64–68 *Ver também* Comunicação
Esperança 202–204
Espiritualidade, 105–107, 230–231, 247–248
Esquecer 230–233
Estabelecer limites *Ver também* Limites
exercícios relacionados a, 96–108
fatores relacionados ao trabalho e, 152
pessoa de fora e, 81–84; 96–98
questionar se a infidelidade poderia ter sido evitada e, 199–202
Estatísticas sobre casos extraconjugais, 3, 19–21, 21–23
Estresse, 100–102, 155–158. *Ver também* Finanças
Exercícios
características da pessoa que foi traída que ajudam ou impedem a recuperação Exercício 9.2), 210–211
características da pessoa que foi traída que podem ter contribuído para a relação ficar mais propensa à infidelidade (Exercício 9.1), 209–210
colocando a decisão em prática (Exercício 12.2), 269–270
como lidar com a pessoa com quem meu par me traiu? (Exercício 4.1), 96–98
conversando sobre a infidelidade (Exercício 2.1), 46–48
crie um resumo do que pode ter influenciado para a infidelidade ocorrer (Exercício 10.1), 220–221, 222

cuidando de suas necessidades
  emocionais (Exercício 5.1), 111-113
decidindo como interagir no momento
  (Exercício 2.2), 48-51
decidindo se é preciso buscar ajuda
  profissional (Exercício 5.2), 112-113
enfrentando os *flashbacks* (Exercício 2.3),
  50-52
entendendo suas reações ao que
  aconteceu (Exercício 1.1), 27-29
escrevendo a carta (Exercício 3.2), 72-76
examinando seu progresso (Exercício
  11.1), 248-249
fortalecendo-se com recursos externos
  (Exercício 7.2), 165-166
identificando e lidando com conflitos
  (Exercício 6.2), 147-148
identificando influências externas
  negativas (Exercício 7.1), 164-166
identificando os objetivos do processo
  (Exercício 6.1), 146-148
o que dizer aos filhos e como reduzir
  o impacto sobre eles? (Exercício 4.2),
  97-99
planeje os intervalos (Exercício 3.1),
  72-73
prepare e compartilhe seu relato
  (Exercício 10.2), 220-221, 221-223
promovendo a intimidade emocional
  (Exercício 6.3), 147-149
promovendo intimidade física (Exercício
  6.4), 148-149
questões pessoais de quem cometeu
  infidelidade que contribuíram para sua
  ocorrência (Exercício 8.1), 189-190
questões pessoais de quem cometeu
  infidelidade que facilitam ou
  dificultam a recuperação (Exercício
  8.2), 189-190
tomando a decisão de deixar para trás
  a dor, a raiva ou a vergonha profunda
  (Exercício 11.2), 248-250

tomando uma decisão sobre o destino
  do relacionamento (Exercício 12.1),
  268-270
Exercício físico 107-109; 246-247
Expectativas
  entender como o relacionamento se
    tornou vulnerável, 142-143
  entender o papel da pessoa que foi traída,
    195-196
  entender por que a pessoa cometeu
    infidelidade, 173-175
  quando o relacionamento extraconjugal
    ainda não terminou, 87-89
Explosões de raiva 109-110 *Ver também* Raiva

# F

Familiares 92-97, 155-155, 263-265 *Ver
também* Fatores da vida a considerar;
Outras relações
Fatores da vida a considerar *Ver também*
Culpa; Rotinas, tarefas domésticas e
afazeres; Entender como a infidelidade
aconteceu; Vulnerabilidade do
relacionamento à infidelidade
  apoio de outras pessoas ao
    relacionamento e, 163-165
  compromissos externos e, 154
  criação de filhos e, 153-154
  entender por que a pessoa cometeu
    infidelidade e, 170-171
  estresse e, 155-158
  exercícios relacionados aos, 164-166
  famílias e amigos próximos e, 154-155
  *hobbies* e interesses e, 155-156
  quando outras pessoas minam seu
    relacionamento e, 157-164
  tarefas domésticas e, 155
  ter uma visão coerente sobre a
    infidelidade e, 213-215
  trabalho e, 152
  visão geral dos, 150-142

Fatores de risco *Ver* Vulnerabilidade do relacionamento à infidelidade
Fatores do ambiente a considerar *Ver* Fatores da vida a considerar
Fatores do relacionamento a considerar *Ver também* Culpa; Familiares; Futuro do relacionamento; Papel da pessoa que foi traída; Entender como a infidelidade aconteceu; Vulnerabilidade do relacionamento à infidelidade
  como lidavam com desacordos antes da infidelidade, 126-134
  conexão emocional antes da infidelidade, 133-136
  decisões sobre o futuro do relacionamento e, 254-255
  entender como o relacionamento se tornou vulnerável, 123-126
  entender o papel da pessoa que foi traída 201-204
  entender por que a pessoa cometeu infidelidade, 170-171; 178-179; 180-182
  exercícios relacionados a, 146-149
  fortalecer o relacionamento, 144-147
  intimidade física antes da infidelidade, 136-141
  perspectiva mais ampla do relacionamento e, 140-145
  relacionamento após a infidelidade, 16-20
  relutância em terminar o relacionamento extraconjugal e, 185-186
  ter uma visão coerente sobre a infidelidade e, 213-215
  valorizar o relacionamento, 276
  visão geral, 117-124
Fatores que contribuíram *Ver* Por que a pessoa cometeu infidelidade; Fatores da vida a considerar; Outras relações; Papel da pessoa que foi traída; Vulnerabilidade do relacionamento à infidelidade

Fatores relacionados ao trabalho 152 *Ver também* Fatores da vida a considerar
Filhos 88-93, 97-99, 255-257 *Ver também* Fatores da vida a considerar; Responsabilidades parentais; Outras relações
Fim do relacionamento *Ver também* Separação; Futuro do relacionamento; Seguir em frente
  conversar sobre como o relacionamento ficou e, 37-40
  entender por que a pessoa cometeu infidelidade, 179, 181-182
  exercícios relacionados ao, 268-270
  quando o relacionamento extraconjugal ainda não terminou, 87-89
  seguir em frente e, 229-231
  visão equilibrada da pessoa que cometeu infidelidade e, 168-169
  visão geral, 19-21, 22-23, 22-24, 252-253, 262-267
Finanças 87-89, 94-96, 263-264 *Ver também* Fatores da vida a considerar; Estresse
Fortalecer o presente 257-259
Frequência das relações sexuais 137-139 *Ver também* Intimidade/comportamento sexual
Futuro do relacionamento *Ver também* Tomada de decisão; Fim do relacionamento; Seguir em frente; Permanecer no relacionamento
  considerar que pode haver lembranças dolorosas, 272-273
  decidir permanecer, 256-259, 269-270
  dificuldade em decidir sobre, 266-269
  enriquecer, 258-259
  escolhas, 251-253
  exercícios relacionados ao, 189-190, 268-270

fim do relacionamento e, 262–267, 269–270
impactos nos filhos, 255–257
papel da pessoa que foi traída e, 203–208
questionar, 19–23
reconquistar a confiança e, 258–263
seguir em frente após a infidelidade e, 188–189
visão geral, 17–18, 251–252, 271–272

## G

Gatilhos 41–47; 50–52; 242–243; 244–245
 *Ver também* Lembranças; Memórias
Grupos destinados a casais, 164–165

## H

*Hobbies Ver* Fatores da vida a considerar
Honestidade
 pessoa que cometeu infidelidade e, 24–25
 quando outras pessoas minam seu relacionamento e, 161; 162–163
 reagir às tentativas de contato da pessoa de fora e, 85
 reconquistar a confiança e, 259–260
 visão geral, 4–5

## I

Impulsividade 177–179
Infecções sexualmente transmissíveis (ISTs) 34; 35–36; 242–243
Infidelidade 3–4, 12–14, 203–208, 258–263
Interesses *Ver* Fatores da vida a considerar
Interpretação *Ver* Comunicação
Intimidade *Ver também* Afeto; Conexão emocional; Intimidade física; Intimidade/comportamento sexual
 conversar sobre o impacto da infidelidade no relacionamento e, 36–37
 decisões sobre o futuro do relacionamento e, 254–255
 dificuldade em tomar decisões sobre o futuro do relacionamento e, 266–268
 entender como o relacionamento se tornou vulnerável e, 136–141
 entender o papel da pessoa que foi traída e, 195
 entender por que a pessoa cometeu infidelidade e, 172–174
 exercícios relacionados a, 50–51; 147–149
 falar sobre sentimentos e, 57–58
 reconquistar a confiança e, 261–262
 voltar ao normal ou construir um "novo normal" e, 40–41
Intimidade emocional 147–149, 172–174
 *Ver também* Intimidade
Intimidade física 136–141; 148–149; 195 *Ver também* Intimidade; Intimidade/comportamento sexual
Intimidade não sexual 136–137; 148–149
 *Ver também* Intimidade; Intimidade física
Intimidade/comportamento sexual *Ver também* Intimidade; Intimidade física
 conversar sobre o que aconteceu no relacionamento extraconjugal e, 35–36; 55–57
 entender como o relacionamento se tornou vulnerável, 137–141
 exercícios relacionados à, 50–51; 148–149
 logo após a descoberta do relacionamento extraconjugal, 31
 voltar ao normal ou construir um "novo normal" e, 40–41
Irmãos *Ver* Familiares; Outras relações
Isolamento 101–102; 106–107

## J

Justificar a infidelidade 232–233

## L

Lapsos de julgamento 177–179
Lazer e diversão 135–136; 180
Lembranças 41–47, 50–52 *Ver também* Memórias; Gatilhos
Limites *Ver também* Expectativas
    casos que ainda estão ocorrendo e, 87–89, 183–185
    conflitos relacionados a, 128–130
    definir o que é ou não infidelidade e, 3–4
    discutir o que aconteceu, 32–36
    estabelecer, 31–41
    exercícios relacionados a, 27–28, 96–98
    pessoa de fora e, 80–85
    pessoas que podem minar o relacionamento e, 157–164
    princípios para discussão e, 55–56
    questionar se a infidelidade poderia ter sido interrompida ou evitada, 199–202
    recuperar a confiança e, 258–263
    seguir em frente e, 235–237
    trauma causado pela infidelidade e, 12–13

## M

Manter amizade com a pessoa de fora 80–82 *Ver também* Pessoa de fora
Meditação 105–107; 246–247
Memórias *Ver também* Lembranças; Gatilhos
    antecipar contratempos e, 273
    exercícios relacionados a, 50–52
    lembranças da infidelidade e, 41–47
    lembranças e, 41–47
    seguir em frente e, 242–243; 273–274
Motivos da infidelidade 117–118 *Ver também* Fatores do relacionamento a considerar

## N

Necessidades 194–195
Necessidades emocionais 101–107, 111–113
Necessidades físicas 106–109 *Ver também* Saúde
Nutrir 107–108

## O

Oportunidade 160–162; 170–171
Oração 105–107
Outras relações *Ver também* Amigos; Pessoa de fora
    contar para outros sobre a infidelidade e, 77–79; 98–99
    encerrar o relacionamento e, 263–265
    entender a infidelidade e, 241–243
    exercícios relacionados a, 97–99
    lidar com familiares e amigos, 92–97
    lidar com os filhos, 88–93; 97–99
    recuperar-se da infidelidade e, 205–206; 206–207

## P

Papéis no relacionamento 142–143 *Ver também* Fatores do relacionamento a considerar
Papel da pessoa que foi traída *Ver também* Pessoa que foi traída
    afastar o outro, 195–196
    ambiente negativo e, 201–204
    atender às necessidades do outro, 194–195
    decisões sobre o futuro do relacionamento e, 254–256
    exercícios relacionados ao, 209–210; 210–211
    o que a pessoa de fora tem de diferente, 196–197

perceber a infidelidade, 197–199
questionar se a infidelidade poderia ter sido evitada, 198–204
recuperação e, 203–208
ser um parceiro ou uma parceira melhor, 197–198
ter uma visão coerente sobre a infidelidade e, 213–215
visão geral, 191–194

Papel de cuidadores 153–155 *Ver também* Fatores da vida a considerar

Pensamentos 27–28; 72–76; 187–189; 246–248

Perda 13

Perdão 230–233, 236–237, 238–239, 240–241, 247–248

Permanecer no relacionamento. *Ver também* Compromisso; Futuro do relacionamento; Recuperar-se da infidelidade
  ajuda profissional e, 277
  antecipar contratempos, 272–274
  comunicação e, 273–275
  evitar riscos, 273–275
  o que você espera do futuro, 276–277
  seguir em frente e, 229–231
  valorizar o relacionamento, 276
  visão geral, 271–272

Perseguição da pessoa de fora 161–164 *Ver também* Pessoa de fora

Perspectiva 54–55; 140–145

Perspectiva ampla 213–215, 229–230

Pessimismo 181–182; 185–186

Pessoa de fora *Ver também* Outras relações
  contato com a, 34; 79–80; 201–202
  conversar sobre a, 34; 35
  entender a infidelidade e a, 241–243
  entender por que a pessoa cometeu infidelidade e a, 170–171
  exercícios relacionados à, 96–98
  limites a definir se o relacionamento extraconjugal ainda não terminou, 87–89
  limites a definir se o relacionamento extraconjugal terminou, 80–85
  o que a pessoa de fora tem de diferente, 196–197
  quando outras pessoas minam seu relacionamento e a, 157–164
  reagir às tentativas de contato da, 85–87
  seguir em frente e a, 244–245
  visão geral sobre a, 77–78; 79–89

Pessoa que cometeu infidelidade *Ver também* Por que a pessoa cometeu infidelidade
  barreiras para seguir em frente e, 240–241
  comportamentos prejudiciais da, 237–239
  entender como o relacionamento se tornou vulnerável e, 125–126
  entender os motivos da infidelidade e, 118; 120–121
  exercícios relacionados à, 189–190
  formas de ajudar e, 23–25
  papel da pessoa que foi traída e recuperação, 192–194; 205–208
  reação às lembranças da pessoa que foi traída, 43–46
  reconquistar a confiança e, 259–260; 261–263
  redimir-se e, 229–230
  sentimentos da, 25–27
  tentativa de prevenir futura infidelidade e, 207–209
  visão equilibrada da, 167–169
  visão geral da, 4; 22–27; 167–170

Pessoa que foi traída *Ver também* Papel da pessoa que foi traída
  barreiras para seguir em frente e, 239–241

decisões sobre o futuro do relacionamento e, 254–256
entender como o relacionamento se tornou vulnerável e, 124–126
entender os motivos da infidelidade e, 117; 121
exercícios relacionados à, 210–211
papel da pessoa que foi traída, 239–241
reconquistar a confiança e, 259–262
tentativa de prevenir futura infidelidade, 207–209
visão geral, 4

Planejamento 263–265

Por que a pessoa cometeu infidelidade *Ver também* Pessoa que cometeu infidelidade; Entender como a infidelidade aconteceu
    exercícios relacionados a, 189–190
    falta de resistência à infidelidade, 176–179
    o que atrai os outros no meu par, 176
    o que meu par está buscando, 170–175
    quando o relacionamento extraconjugal ainda não terminou, 179–183
    relutância em encerrar o relacionamento extraconjugal, 183–186
    seguir em frente após a infidelidade e, 186–189
    ter uma visão coerente sobre a infidelidade e, 213–215
    visão geral, 167–169; 169–171

Pornografia 87

Preferências 130–131; 132–134

Prevenir mais danos 67–73; 206–209

Prever uma infidelidade
    entender o papel da pessoa que foi traída, 197–199
    medo de uma nova infidelidade, 239–240
    questionar se a infidelidade poderia ter sido evitada, 198–204
    seguir em frente e, 242–244

Profissionais do sexo, contato com 87

Punir a pessoa que cometeu infidelidade *Ver* Retaliação

Quando o relacionamento extraconjugal ainda não terminou 87–89; 179–186; 244–245

Questionar o que aconteceu 32–36; 46–48; 55–57 *Ver também* Comunicação; Conversar sobre a infidelidade

Questionar o que fazer 36–40; 48–51 *Ver também* Comunicação; Conversar sobre a infidelidade

Questionar por que a pessoa cometeu infidelidade 35–37; 48 *Ver também* Comunicação; Conversar sobre a infidelidade; Fatores do relacionamento a considerar; Entender como a infidelidade aconteceu

## R

Raiva
    escrever cartas e, 70–72
    lembranças e, 44
    sentimentos da pessoa que cometeu infidelidade e, 25
    visão geral, 13, 15–16, 101–102

Reconciliação 236–238 *Ver também* Futuro do relacionamento

Reconhecimento 233–234

Recuar 18–19; 137–138; 203–204

Recuperar-se da infidelidade *Ver também* Futuro do relacionamento; Seguir em frente
    ajuda profissional e, 277
    antecipar contratempos e, 272–273
    comunicação e, 273–275
    curar o passado e, 257–258
    decidir permanecer no relacionamento e, 256–259

encerrar o relacionamento e, 262-267
evitar riscos e, 273-274
exercícios relacionados a, 210-211; 212-214; 220-223
lembranças e contratempos e, 41-47
memórias e, 273-274
papel da pessoa que foi traída e, 203-208
passos para seguir em frente, 232-238
pensar no que quer para o relacionamento e, 276-277
recuperar a confiança e, 258-263
revisão de exercícios e trabalho concluído, 212-214
superar bloqueios e, 245-249
tentativa de prevenir futura infidelidade e, 207-209
valorizar o relacionamento e, 276
visão geral, 271-272; 278
Redimir-se 229-230
Reflexão 62-63; 64 *Ver também* Comunicação
Relacionamentos abertos 162-164; 183; 261-262
Relacionamentos não monogâmicos 162-164; 183; 261-262
Relações longas 87-89; 179-186; 244-245
Relato da infidelidade 216-220; 220-221; 221-223
Religião 105-107; 230-231
Remorso 234-235
Resistir à infidelidade 176-179
Resolução de problemas 57-58; 64-68 *Ver também* Tomada de decisões
Responsabilidade *Ver também* Por que a pessoa cometeu infidelidade; Papel da pessoa que foi traída
   decisões sobre o futuro do relacionamento e, 253-254; 256-257

entender como o relacionamento se tornou vulnerável, 124-125
entender por que a infidelidade aconteceu e, 118
falar sobre sentimentos e, 60-61
pessoa que cometeu infidelidade e, 169-170; 180; 181-182; 193
questionar se a infidelidade poderia ter sido evitada, 198-204
recuperar a confiança e, 261-262
seguir em frente e, 233-235
tempo e, 68-69
visão geral, 13
Responsabilidades dentro do relacionamento 130-131 *Ver também* Rotinas, tarefas e afazeres
Responsabilidades parentais *Ver também* Filhos; Fatores da vida a considerar
   decisões sobre o futuro do relacionamento e, 255-257; 267-268
   encerrar o relacionamento e, 263-266
   visão equilibrada da pessoa que cometeu infidelidade e, 168-169
   visão geral sobre, 153-154
Ressentimento 201-203
Restituição 229-230; 231-232; 234-236
Retaliação 15-16; 35-36; 79; 109-110; 229-230
Revezes 41-47; 272-273
Reviver o trauma *Ver* Lembranças
Romper *Ver* Separação; Fim do relacionamento
Rotinas, tarefas domésticas e afazeres *Ver também* Fatores da vida a considerar
   conflitos relacionados a, 130-131
   contar para outros sobre a infidelidade e, 94-96
   conversar sobre como o relacionamento ficou e, 36-37

encerrar o relacionamento e, 263-264
exercícios relacionados a, 49-50
logo após a descoberta do relacionamento extraconjugal, 31
visão geral, 15-16; 16-17; 155
voltar ao normal ou construir um "novo normal" e, 39-41

## S

Satisfação pessoal 195
Saúde 101-102; 106-109; 139-141
Seguir em frente *Ver também* Fim do relacionamento; Futuro do relacionamento; Recuperar-se da infidelidade
  ajuda profissional e, 277
  barreiras para, 237-241
  comunicação e, 273-275
  decisões sobre o futuro do relacionamento e, 256-259; 269-270
  encerrar o relacionamento e, 262-267
  evitar riscos e, 273-274
  exercícios relacionados a, 189-190; 248-250; 269-270
  fatores complicadores e, 240-246
  memórias e, 273-274
  papel da pessoa que foi traída e, 203-208
  passos para, 232-238
  perdoar sem esquecer e, 230-233
  pessoa que cometeu infidelidade e, 186-189
  superar bloqueios e, 245-249
  tentativa de prevenir futura infidelidade e, 207-209
  trabalhar neste programa por conta própria e, 25-27
  visão geral de, 7; 19-23; 227-231
Segurança *Ver também* Segurança emocional; Segurança física
  exercícios relacionados à, 48-51
  falta de segurança após a infidelidade, 31-32
  quando se separar pode ser bom, 38-39
  recuperar-se de uma infidelidade e, 203-208
  visão equilibrada da pessoa que cometeu infidelidade e, 167-168
  visão geral, 17-19
Segurança emocional 17-19, 38-39, 118, 132-133 *Ver também* Sentimentos após a infidelidade; Segurança
Segurança física 15-16; 38-39 *Ver também* Segurança
Sentimento de ter direito 181-182
Sentimentos após a infidelidade
  autocuidado e, 101-107
  compartilhar com o outro, 17-19
  considerar que pode haver lembranças dolorosas, 272-273
  contato com a pessoa de fora e, 81-84
  conversar, 56-64
  decisões sobre o futuro do relacionamento e, 252-254
  dificuldade em tomar decisões sobre o futuro do relacionamento, 266-269
  entender por que a pessoa cometeu infidelidade, 187-189
  escrever uma carta para expressar, 69-76
  exercícios relacionados aos, 28-29, 72-76, 111-113, 248-250
  futuro do relacionamento e, 20-21
  lembranças dolorosas e, 41-47
  lidar com, 246-247
  logo após a descoberta do relacionamento extraconjugal, 31-32
  perdão e, 231-232
  recuperação após a infidelidade e, 205-207
  seguir em frente e, 242-243
  sentimentos da pessoa que cometeu infidelidade, 25-27
  superar obstáculos, 245-249

superar, 103–105
tempo e, 68–69
visão equilibrada do relacionamento e, 229–230
visão geral, 11–17
Sentir que o outro compreende 53–55, 60–64 *Ver também* Comunicação
Sentir-se desejável e desejo 137–139, 171–173, 176 *Ver também* Intimidade/comportamento sexual
Separação *Ver também* Fim do relacionamento
   conversar sobre como o relacionamento ficou e, 37–40
   impacto nos filhos, 255–257
   quando o relacionamento extraconjugal ainda não terminou, 183–185
   visão geral, 19–21, 23–24, 262–267
Separação *Ver também* Fim do relacionamento
   conversar sobre como o relacionamento ficou e, 37–40
   impacto nos filhos, 255–257
   quando o relacionamento extraconjugal ainda não terminou, 87–89; 183–185
   quando se separar pode ser bom, 38–39
   visão geral, 252–253; 262–267
Sexualidade 171–173
Sinais de infidelidade 197–199
Sobreviver aos sentimentos 103–105 *Ver também* Sentimentos após a infidelidade
Soluções, 65–68
Sono 101–102; 107–108
Superar *Ver* Seguir em frente

# T

Tarefas domésticas *Ver* Rotinas, tarefas domésticas e afazeres
Tempo 67–70; 74–73; 104–106; 246–247

Tentação 159–162
Terapeutas 79; 94–96; 109–111 *Ver também* Ajuda profissional
Tomada de decisões *Ver também* Futuro do relacionamento; Resolução de problemas
   busca de ajuda profissional e, 109–111
   comunicação e, 64–68, 275
   decidir continuar, 251–253, 256–259
   decidir encerrar o relacionamento, 251–253, 262–267
   dificuldade na, 266–269
   escolhas após a infidelidade, 251–253
   exercícios relacionados à, 268–270
   falar sobre sentimentos e, 57–58
   futuro do relacionamento, 20–21, 251–259, 262–267
   quando o relacionamento extraconjugal ainda não terminou, 87–89
   sair do lugar, 245–249
Toque físico 81–84; 136–137; 275–276
Torpor 14–15; 267–268
Trabalho 152 *Ver também* Fatores da vida a considerar
Traições complicadas 243–246
Transparência 161; 162–163; 261–262 *Ver também* Honestidade; Confiança
Transtorno bipolar 178–179
Transtornos emocionais 178–179 *Ver também* Ansiedade; Tristeza
Transtornos mentais 178–179 *Ver também* Ansiedade; Tristeza
Trauma 11–17; 41–47; 186–187
Tristeza
   autocuidado e, 107–108
   busca de ajuda profissional e, 109–110
   exercício físico e, 107–108
   intimidade sexual e, 139–140
   rompimento e, 265–266
   visão geral, 13, 101–102

## U

Uso de substâncias, 108–109, 170–171, 178–179

## V

Validação 64; 71–72
Valores 130–131; 182–183; 204–205; 247–248
Valores mais importantes *Ver* Valores
Vidas duplas 179–182
Vulnerabilidade do relacionamento à infidelidade *Ver também* Por que a pessoa cometeu infidelidade; Fatores da vida a considerar; Fatores do relacionamento a considerar; Papel da pessoa que foi traída; Entender como a infidelidade aconteceu
   decisões sobre o futuro do relacionamento e, 254–257

   entender, 117–124
   evitar riscos, 273–274
   exercícios relacionados à, 146–148; 209–210; 220–223
   fortalecer o relacionamento, 144–147
   medo de nova infidelidade, 239–240
   memórias e, 273–274
   pensar o que quer para o relacionamento e, 276–277
   perdão e, 231–232
   quando outras pessoas minam seu relacionamento e, 157–164
   revisão de exercícios e trabalho realizado e, 213–214
   ter uma visão coerente sobre a infidelidade e, 213–215
   visão geral, 6–7